세균에서 생명을 보다

세균에서 생명을 보다

생물학의 미래를 보여준 세균학의 결정적 연구들

고관수 지음

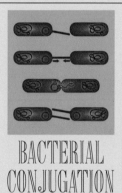

BACTERIAL CONJUGATION

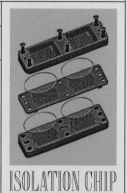

ISOLATION CHIP

JEFFREY GORDON

PENICILLIN
IN AQUEOUS SUSPENSION

BARRY MARSHALL

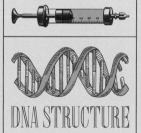

DNA STRUCTURE

계단
PAPER STAIRS

일러두기

• 책과 학술지는 《 》, 그림은 〈 〉로 구분했다.

• 외래어는 국립국어원의 외래어 표기 규정을 따랐다. 일부 용어는 관습적 표현과 원어 발음을 감안해 표기했다.

세균학의 여정

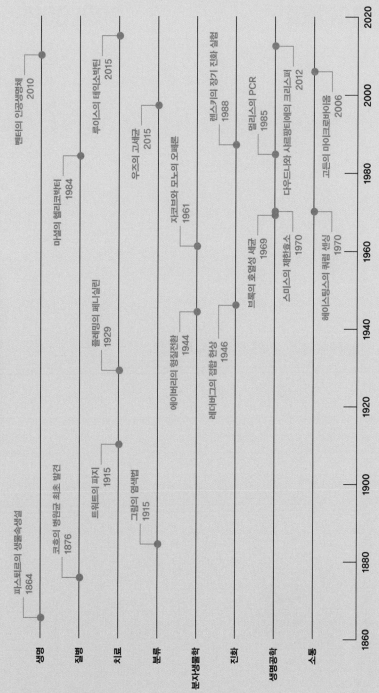

생명
파스퇴르의 생물속생설
1864

질병
코흐의 병원균 최초 발견
1876

치료
트워트의 파지
1915
플레밍의 페니실린
1929
루이스의 테이소박틴
2015

분류
그람의 염색법
1915
우즈의 고세균
2015

분자생물학
에이버리의 형질전환
1944
자코브와 모노의 오페론
1961

진화
레더버그의 접합 현상
1946
벤터의 인공생명체
2010
마셜의 헬리코박터
1984

생명공학
브록의 호열성 세균
1969
스미스의 제한효소
1970
다우드나와 샤르팡티에의 크리스퍼
2012
멀리스의 PCR
1985
렌스키의 장기 진화 실험
1988

소통
헤이스팅스의 쿼럼 센싱
1970
고든의 마이크로바이옴
2006

1860　1880　1900　1920　1940　1960　1980　2000　2020

들어가며 PROLOGUE

네덜란드의 한 포목점에서 시작되다

네덜란드의 수도이면서 베네치아 못지않은 운하의 도시 암스테르담 근교에는 예쁜 도시와 마을이 많다. 풍차마을이라 불리는 잔세스칸스와 레고 모양의 건물이 예쁜 잔담이라는 마을이 있고, 4월이면 튤립을 비롯한 온갖 꽃들이 화려한 자태를 뽐내며 사람들을 유혹하는 축제가 벌어지는 쾨켄호프도 있다. 그리고 남서쪽으로 기차를 타고 한 시간 정도 가면 세계적인 기업 이케아IKEA의 본사가 있는 델프트라는 작은 도시가 있다. 이곳은 16세기에는 네덜란드 왕가의 선조 빌럼 반 오라녜Willem van Oranje 공의 근거지였다. 네덜란드 축구 국가대표팀의 별명 '오렌지 군단'이 바로 이 오라녜 공에서 비롯되었다. '오

요하네스 페르메이르, 〈델프트 풍경〉

라네'의 영어 발음이 오렌지라, 오렌지색은 네덜란드의 상징색이 되었다.

델프트는 〈진주 귀걸이를 한 소녀〉를 그린 화가 요하네스 페르메이르Johannes Vermeer, 1632~1675의 도시이기도 하다. 페르메이르는 인물, 그것도 평범한 여성을 주로 그렸지만, 델프트의 도시 풍경을 그린 그림도 2점 남겼다. 페르메이르가 그린 17세기 델프트를 보면 조용한 소도시의 풍경이 잘 나타나 있다. 비슷한 시기 델프트를 방문했던 영국의 일기 작가 새뮤얼 피프스Samuel Pepys가 "가는 거리거리마다 강과 다리가 있는 무척이나 사랑스러운 도시"라고 묘사한 것에 절로 고개가 끄덕여진다.

도시를 가로지르는 강의 남쪽에서 북쪽을 바라본 그림 〈델프트 풍경)을 좀 더 자세히 들여다보자. 우선 왼쪽으로 길게 이어진 지붕이 보인다. 네덜란드 번영의 상징이었던 동인도회사의 지부 건물이다. 중앙에 보이는 다리의 양편으로 가톨릭 성당과 프로테스탄트 교회가 마주 보고 서 있다. 신·구교 간 극심했던 종교 갈등을 뒤로 한 채 고즈넉한 모습이다. 네덜란드가 오랫동안 관용의 국가였다는 사실을 잘 보여준다. 그림 왼쪽으로 강변에 여객용 바지선과 화물선이 매여 있다. 오른편에 보이는 부두에는 파손된 돛대를 매단 선박이 수리를 위해 정박해 있다. 청어잡이 배다. 네덜란드는 청어를 잡아 벌어들인 돈으로 해상 무역에 투자했고, 번영의 대열에 들어설 수 있었다.

지금은 인구가 10만 명밖에 되지 않는 크지 않은 도시지만, 과거의 델프트는 네덜란드에서도 꽤 번잡하고, 중요한 도시였다. 한때는 네덜란드 독립 운동의 중심지였고, 실질적인 수도 역할을 하던 때도 있었다. 네덜란드 동인도회사가 수입한 중국 도자기의 영향을 받아 만들기 시작한 푸른 도자기인 델프트 블루(로열 델프트)가 이곳에서 유럽 각지로 수출되기도 했다. 델프트는 꽤 바쁘고 어수선한 도시였지만, 조금만 안쪽으로 들어가면 깨끗한 골목길 사이로 사람들이 정을 나누는 예쁜 도시이기도 했다. 페르메이르는 〈골목길〉이란 그림을 통해 그런 소박한 골목길 풍경을 그려 이 도시에 대한 애정을 표현했다.

화가는 델프트의 어느 건물 2층 자신의 아틀리에에서 부산한 가족들의 소음을 뒤로 한 채 한쪽 창문으로 들어오는 빛에 비친 여인들의 삶의 모습을 그렸다. 그즈음, 소란한 시장의 한 포목점 건물에 딸린 작은 골방에서는 한 사내가 웅크리고 앉아 있었다. 그는 무언가를 한

세균에서 생명을 보다

참 동안 들여다보며 작은 탄성을 내기도 하고, 잠깐씩 눈을 돌려 빈 종이에다 그림을 그리곤 했다.

화가의 친구이기도 했고, 〈지리학자〉라는 그림의 모델이 되어 주기도 했던 그 사내는 학업을 위해 잠시 떠났던 것 말고는 이 도시를 거의 벗어난 적 없는 델프트 토박이였다. 포목점의 견습생으로 시작해 어엿한 자신의 가게까지 차렸고, 이제는 적당히 넉넉한 생활을 누리고 있었다. 남는 시간에는 델프트 시의 공무원 노릇까지 했다. 그런 그가 마흔이 넘은 나이에 새로운 취미를 찾았다. 바로 렌즈였다. 어떻게 렌즈에 대한 정보를 얻게 되었는지는 정확히 알 수 없다. 아마도 자신의 가게를 오가는 사람들이나 시청 사람들에게 렌즈를 이용하면 작은 물체를 크게 볼 수 있다는 얘기를 들었을 것이다. 미세한 옷감의 질을 확인할 수도 있어 포목점 일에도 도움이 되리라 생각하지 않았을까?

그는 안경 제조업자를 찾아가 렌즈 연마 기술을 배우고 와서는, 남다른 솜씨로 렌즈를 깎아 수백 개의 현미경을 만들었다. 그건 요즘 흔히 보는 현미경과는 달랐다. 렌즈가 하나뿐인, 겨우 손가락만한 크기의 현미경이었다. 두께가 3밀리미터밖에 되지 않지만, 사내는 앞뒤가 완벽히 대칭을 이루는 렌즈를 붙인 현미경으로 온갖 것을 들여다봤다. 집안을 돌아다니는 곤충을 잡아 관찰하기도 하고, 머리카락과 손톱도 확대해 보았다. 고래의 근육섬유와 피부 각질도 관찰했고, 정육점에서 얻어온 황소 눈알도 현미경으로 보았다. 아마 감탄했을 것이다. 우물물을 길어다가 보기도 하고, 시궁창의 물도 떠서 보았다. 개의 정액도 보고, 사람의 정액도 관찰했다. 돈도 되지 않고, 그렇다고 고상해 보이지도 않는 취미였다. '도대체 뭐 하는 짓이지'하고 주위 사람들은 수군댔을 것이다.

집 근처 연못에서 떠온 물을 현미경 아래에 놓고 들여다봤을 때 그는 깜짝 놀았다. 먼지나 떠다니고 있을 거라고 생각했는데, 그곳에는 수많은 생명체가 우글거리고 있었다. 나중에 자신이 극미동물極微動物, animacules이라 이름 붙인 생명체들이 곳곳에 있었다. 그림 솜씨가 좋았던 그는 자신이 관찰한 모든 것을 그렸다. 그를 비웃지 않았던 한 친구가 영국의 왕립협회에 편지를 보내보라고 응원했고, 사내는 자신이 관찰한 사실과 그림을 네덜란드어로 써서 보냈다. 그가 알고 있는 언어는 네덜란드어뿐이었다. 최초로 미생물, 다시 말해 세균이 세상에 드러나는 순간이었다. 우리가 살고 있는 세상에 눈에 보이는 것 말고도 더 많은, 더 오묘한 것들이 있음을 비로소 알게 되었다. 그 사내의 이름은 안토니 판 레이우엔훅Antonie Philips van Leeuwenhoek, 1632~1723이었다.

영국의 왕립협회에 보낸 편지가 영어로 번역되어 왕립협회 회지에 출판되었고, 사람들은 비로소 그를 인정하기 시작했다. 3년 만에 레이우엔훅은 왕립협회의 특별회원이 되었고, 그 후 수십 년간 190여 편의 논문을 발표했다. 세균학의 역사는 바로 이 레이우엔훅이라는 아마추어 과학자의 취미에 가까웠던 관찰에서 비롯되었다. 그가 죽은 후 그의 현미경은 모두 분실되었고, 지금 존재하고 있는 것은 그가 그린 그림을 토대로 재현한 것이다. 렌즈 연마 기술도 전수하지 않아 관련 연구는 당분간 정체되었다. 그러나 한번 물꼬가 트이자, 느린 속도지만 세균에 대한 지식은 늘어갔다. 1800년대 중반 이후 파스퇴르와 코흐의 시대에 이르러 세균이 질병의 원인이라는 사실이 널리 인정되면서 세균학의 전성기가 펼쳐졌다. 이 책은 바로 레이우엔훅이 물꼬를 튼 세균, 그리고 세균학에 관한 이야기다.

세균에 관한 결정적 연구들

레이우엔훅의 발견 이후 펼쳐진 세균학, 혹은 세균과 관련한 연구들 중에서 가장 중요하다고 여겨지는 연구들을 소개한다. 다소 주관적인 기준에서 골랐지만, 이 연구들이 중요하지 않다고 여길 이는 거의 없으리라 생각한다.

여덟 개의 키워드로 과학자들과 그들의 연구를 묶었다. 과거의 획기적인 연구를 먼저 고르고, 그에 상응하는 최근의 연구를 쌍으로 연결하기도 했고, 서로 비교되는 연구끼리 묶기도 했다.

먼저 세균학의 전성기를 연 두 과학자 파스퇴르와 코흐의 연구에 각각 '생명'과 '질병'이라는 키워드를 붙였다. '생명'이라는 키워드에 어울리는 연구로, 벤터의 인공생명에 관한 연구를 파스퇴르의 생물속생설 증명 실험과 대응시켰다. 코흐의 탄저균 발견과 함께 '질병'이라는 주제어로 묶은 연구는 마셜의 헬리코박터균 발견이다.

'질병'이라는 주제어 다음으로는 당연히 '치료'라는 키워드다. 여기에 플레밍의 페니실린 발견을 포함하는 것은 누가 보더라도 당연하다. 더불어 최근 루이스의 테익소박틴이라는 새로운 항생제 발견과 오래되었지만 최근 다시 주목받는 박테리오파지 요법을 소개했다.

다음으로 세균학의 역사에서 굉장히 중요하고 기본적인데도 교양서에서는 거의 다루지 않는 그람의 그람 염색법 개발과 우즈의 3역 체계와 고세균 발견을 '분류'라는 키워드로 묶었다.

분자생물학은 세균을 연구 모델로 삼으며 시작되었다. '분자생물학'이라는 키워드 아래에 소개하는 것은 에이버리의 폐렴구균 실험을 통한 DNA의 유전 물질 증명과 자코브와 모노의 오페론 발견이다. 이건 누구라도 인정할 것이다. 진화와 관련해서도 세균을 통해서 얻은 것이 많았다. 레더버그의 접합 현상 발견과 렌스키의 대장균 진화 실험이 대표적이다. 이 두 연구는 '진화'에서 중요한 증거로 받아들여진다.

현대 유전공학, 또는 생물공학의 중요한 도구가 된 멀리스의 PCR, 스미스의 제한효소, 다우드나와 샤르팡티에의 크리스퍼를 '생명공학'이라는 키워드로 묶고 살펴보았다. 마지막으로 헤이스팅스의 쿼럼 센싱과 고든의 마이크로바이옴 연구를 소개했는데, 이 둘을 묶는 단어로 '소통'보다 더 적절한 것은 없어 보인다.

해당 연구 분야의 전체적인 흐름도 이야기하지만, 우선은 그 분야의 처음, 혹은 가장 중요한, 아니면 인상적인 논문을 중심으로 소개했다. 사실 나도 여기에 소개한 원래의 논문들을 읽을 기회는 없었다. 아마도 해당 분야의 전문 연구자들도 크게 다르지 않을 것 같다. 어떤 전공 분야를 공부하고 연구를 할 때, 보통 처음에는 교과서를 통하고, 다음은 해설 논문을 통해서 잘 정리된 내용을 접하고, 이후에는 최신의 논문들로 전문성을 더해간다. 그러다 보니 그 분야를 연 원래의 논문을 접할 기회는 사실 거의 없다. 그러나 오리지널 논문을 읽고 그 논문을 중심으로 해당 분야를 파악하다 보니, 학문과 연구의 독창성과 파급력이라는 걸 더욱 깊이 생각하게 되었다. 교과서에서 요약하고 정리하여 설명하는 것과는 다른 결의 내용도 볼 수 있었다. 파스퇴르의 논문과 그람의 논문은 영어로 번역된 걸 읽을 수밖에 없었고, 코흐의 독일어 논문은 번역된 것도 찾을 수 없어 부득이 번역기의 도움을 받고, 인터넷 사전을 찾아가며 읽었다.

　여기 소개한 이들 말고 다른 사람, 다른 논문이 더 중요하다고 주장할 여지가 없지는 않겠지만, 여기에 언급된 이들과 논문이면 세균 연구의 흐름을 파악하는 데는 충분할 거라 믿는다.

차례 CONTENTS

생명
LIFE

1

"모든 생명체는 알에서 나온다.Omne vivum ex ovo"

— 윌리엄 하비William Harvey, 1578~1657

"살아 있는 유기체의 장벽 안에서 일어나는 시공간의 사건들을
물리학과 화학으로 어떻게 설명할 수 있을까?"

— 에르빈 슈뢰딩거Erwin Schrödinger, 1887~1961

루이 파스퇴르의 1861년 발표 논문 표지(왼쪽)와 크레이그 벤터 연구진의 2010년 논문 첫 장

생명의 범위를 눈에 보이지 않는 세균까지 확장한 레이우엔훅 이후로 생명의 본질을 밝히는 연구는 세균에서 시작할 수밖에 없었다. 세균학의 시대를 연 주인공인 파스퇴르는 백조목 플라스크를 이용한 실험을 통해 생명체가 생명체로부터만 비롯된다는 것을 명명백백하게 증명했다. 그로부터 160년 후 벤터는 인공적으로 생명체, 세균을 만들어냈다.

01

모든 생명체에는
부모가 있다

루이 파스퇴르의 생물속생설

"여러분,

생명체가 어떤 식으로든 자연 발생을 통해 생명을 유지하고 스스로 조직화하는

현상을 본 적이 있습니까? 이것은 우리가 과학적으로 해결해야 할 문제이지, 종

교나 철학, 혹은 어떤 체계에 관한 문제가 아닙니다. 주장이나 선험적 인식의 문

제도 아닙니다. 이것은 사실의 문제입니다. 그리고 여러분도 아시다시피, 저도 생

명이 자연 발생하는 경우는 없다는 걸 증명할 수는 없습니다. 자연 발생과 같은

문제에서 부정의 증명, 즉 없다는 것을 증명하는 것은 가능하지 않습니다. 하지만

저는 가장 열등한 생명체들이 자연 발생한다고 주장했던 모든 실험의 관찰자들은

그들이 보지 못했거나 피할 수 없었던 환상이나 오류의 희생자였다는 것을 엄격

하게 증명할 수 있다고 주장합니다."

파스퇴르의 1861년 논문

"대기 중에 존재하는 조직화된 미립자에 대하여: 자연발생설에 대한 고찰"에서

이처럼 루이 파스퇴르Louis Pasteur, 1822~1895는 자연발생설spontaneous generation을 부인하는 논문의 첫머리에서 자신의 연구가 무엇에 관한 것인지를 명확히 밝히고 있다.

파스퇴르의 업적 목록을 보고 있으면 숨이 턱 막힌다. 화학자로 시작한 경력이 발효는 생명 현상이라는 증명, 혐기성 세균의 발견, 누에병의 원인 파악, 맥주와 와인 변질의 원인 규명으로 이어지고, 마침내 로베르트 코흐와 함께 세균병인론germ theory of disease을 정립하기에 이른다. 결국엔 콜레라와 탄저병, 광견병 같은 치명적인 질병을 예방하는 백신 개발로까지 나아간다. 평범한 과학자인 내게는 한 과학자의 업적이라고 보기에는 비현실적인 느낌마저 든다. 물론 그의 명성에 신화가 혼란스럽게 섞여 있기는 하다. 그렇지만 그가 위대한 미생물학자, 아니 과학자라는 것은 누구도 부인할 수 없다.

현기증 날 정도로 많은 파스퇴르의 업적은 각각의 해당 분야에서 새로운 차원을 열어젖힌 것으로 평가되고 있다. 그중에서도 대중에게 가장 인상 깊게 받아들여지는 연구 중 하나가 바로 생물속생설biogenesis을 증명한 '백조목swan-neck 또는 col de cygne 플라스크' 실험이다. 오랫동안 이어져 온 과학계의 논쟁을 끝장낸 대표적인 '결정적 실험experimentum crucis'이다. 간단하지만 우아한 실험 하나로 생명에 대한 근본적인 질문을 해결했다는 점에서 인상 깊을 수밖에 없다. 세균학을 포함한 생물학의 역사에서 가장 인상적인 장면으로 삼아도 될 만한 실험이다. 파스퇴르의 이 실험은 단순히 흥밋거리 수준의 논쟁을 넘어서 철학적 논쟁마저 종식시켰다. 그리고 질병의 세균 이론으로, 무균 기술을 통한 질병 예방으로 이어졌다.

세균에서 생명을 보다

생물은 어디에서 오는가

1822년 프랑스 동부의 돌Dole이라는 작은 마을에서 태어난 파스퇴르는 진지하고 모범적인 소년이었다. 어렸을 적에 재능을 보였던 분야는 그림 그리기였다. 그가 친구를 그린 그림은 지금까지도 남아 있다. 그의 그림에선 과학적 재능에서 중요한 요소인 관찰력과 집중력을 엿볼 수 있다. 1842년 프랑스에서도 명문으로 꼽히는 파리고등사범학교 입학시험에서 합격권인 16등이었지만 입학을 포기한다. 그러고는 다음 해 다시 시험을 치렀고 5등으로 입학했다. 일반 사람들은 이해할 수 없는 상황이 분명해 보이지만 평생에 걸친 완전성에 대한 집착이 여기서도 엿보인다고밖에 할 수 없다.

그렇게 입학한 파리고등사범학교에서 파스퇴르는 물리학과 화학을 전공했다. 특히 그는 결정학에 관심이 있었고, 연구 대상으로 포도주에 포함된 주석산타르타르산을 선택했다. 그는 세심한 관찰과 실험을 통해 주석산 결정에 두 가지 형태, 즉 거울상이 존재한다는 것을 발견했다. 이를 현대 용어로는 광학 이성질체라고 한다. 한 종류는 한쪽 방향으로 진행하는 빛, 즉 편광을 시계 방향으로 회전시키는 데 반해, 다른 종류는 반시계 방향으로 회전시켰다. 그리고 이 두 종류의 주석산을 혼합한 라세미산이 편광에 대해 아무런 효과도 갖지 않는, 즉 광학적으로 불활성화된 상태라는 것도 발견했다. 분자의 결정 구조와 광학 활성의 관계에 관한 최초의 연구였고, 이를 인정받은 파스퇴르는 스트라스부르 대학의 화학 교수가 될 수 있었다.

파스퇴르가 화학에서 생물학으로 방향 전환을 하게 된 계기도 광

젊은 시절의 파스퇴르

학 활성과 관련이 있다. 그는 특정 곰팡이가 날이 더워지면 칼슘 파라주석산 용액에서 잘 자란다는 사실을 관찰했다. 다른 사람이라면 곰팡이로 오염된 용액을 하수구에 갖다 버렸겠지만, 파스퇴르는 그러지 않았다. 그는 파라주석산 용액이 원래 절반은 왼쪽으로 빛을 회전시키고 나머지 절반은 오른쪽으로 회전시키는, 두 종류의 비대칭적 광학 이성질체를 포함하고 있다는 것을 알고 있었다. 용액에 들어 있는 광학적 성질이 서로 다른 파라주석산이 곰팡이의 생장에 어떤 영향을 줄 것인지 궁금했고, 좀 더 들여다보기로 했다. 그는 곰팡이가 자란 파라주석산 용액의 광학 활성을 조사해 보았다. 파스퇴르는 용액의 성분 중 빛을 오른쪽으로 회전시키는 것만 용액에서 없어지고, 왼쪽으로 회전시키는 것은 그대로 남아 있다는 사실을 발견했다. 곰팡이는 편식하고 있었다. 곰팡이는 빛을 오른쪽으로 회전시키는 것만 생장에 이용했던 것이다. 이런 현상은 실용적으로는 곰팡이를 이용하여 이성질체를 분리하는 방법으로 활용될 수 있었다. 하지만 이 현상은 그보다 더 큰 함의가 있다는 것을 파스퇴르는 깨달았다.

"분자의 비대칭성은 죽은 것과 살아 있는 것을 명백하게 구별 짓는 특징이다."

세균에서 생명을 보다

이렇게 그는 비대칭성이라는 생명의 비밀을 엿보았고, 이어서 포도주와 맥주의 발효 연구를 통해 생물학의 길로 접어들었다.

당시 많은 과학자들은 발효가 화학적인 현상이라 여기고 있었다. 효모는 복잡한 화학 물질에 불과하고, 당이 알코올로 전환될 때 촉매로 작용한다는 게 당시의 보편적인 인식이었다. 그러나 파스퇴르는 발효된 용액에서 광학적 비대칭성이 있는 아밀알코올을 발견했고, 효모 세포가 출아 과정을 통해 증식하는 것도 관찰했다. 발효가 살아 있는 생명체의 활동이라는 것을 밝혀낸 것이다. 알코올 발효뿐만 아니라 젖산이나 아세트산 발효에도 살아 있는 생명체가 관여한다는 것을 과학적으로 증명해 냈다. 1857년, 이제 충분한 연구 경력을 쌓고 명성을 얻게 된 파스퇴르는 모교인 파리고등사범학교의 교수로 돌아온다.

파스퇴르가 자연발생설과 관련한 논쟁에 뛰어든 것은 다름 아닌 발효에 관한 자신의 연구가 갖는 의미 때문이었다. 그는 화학자로서 경력을 시작한 후, 자연스레 생명 현상에 관한 연구로 넘어왔고, 미생물에 관한 연구를 거듭하면서 오랫동안 과학자들이 다뤄왔던 주제에 대해 생각하게 되었다. 포도즙이 포도주가 되고, 포도주가 식초로 변하고, 우유가 부패하는 것이 미생물 때문이라는 것을 알게 된 것이다. 그렇다면 이 미생물은 도대체 어디서 오는 것인지, 근본적인 질문을 던질 수밖에 없었다.

자연발생설과 생물속생설

파스퇴르가 자연발생설을 무너뜨리는 백조목 실험을 시작한 것은 1859년부터인 것으로 알려져 있고,* 이와 관련한 첫 논문("대기 중에 존재하는 조직화된 미립자에 대하여: 자연발생설에 대한 고찰")은 1861년에 발표했다. 최종적으로는 1864년 4월 7일 소르본 대학의 '과학의 밤' 행사에서 '자연발생설에 관하여'라는 논문을 발표함으로써 관련 연구의 종지부를 찍었다.

파스퇴르가 자연발생설에 치명적인 타격을 가했던, 생물속생설을 입증한 실험이 왜 중요한지를 이해하기 위해서는 자연발생설과 생물속생설에 관한 논쟁의 역사를 살펴볼 필요가 있다. 파스퇴르도 자신의 논문과 강연에서 레디, 니덤, 스팔란차니로 이어지는 논쟁을 자세히 언급하고 있다.

자연발생설의 시작은, 서구의 모든 과학과 함께 과학에 관한 오해가 그렇듯 아리스토텔레스에서 비롯된다. 아리스토텔레스는 발생 과정이 잘 드러나지 않는 적지 않은 생물에 대해서, 생물이 자연 발생한다고 기술했다. 그 후로 자연발생설은 상식이 되었다. 데카르트도, 괴테도, 혈액의 순환을 처음 밝힌 윌리엄 하비도 그렇게 생각했다. 17세기 벨기에의 화학자 얀 헬몬트Jan Baptist Van Helmont는 땀에 젖은 셔츠를 항아리에 두면 쥐가 생긴다는 것을 보이며 자연발생설을 열렬히

---

* 참고로 1859년은 찰스 다윈이 《종의 기원》을 출판한 해다. 뒤에 다시 얘기하겠지만 파스퇴르는 진화론에 부정적이었다.

지지하기도 했다.

생물속생설도 꽤 오랜 역사를 가지고 있다. 생물속생설에 관한 최초의 기록은 아마도 호메로스의《일리아드》에서 찾을 수 있지 않을까 싶다. 치열한 전투가 끝나고 땅바닥에 널려진 시체들을 보면서 아킬레우스는 다음과 같이 울부짖는다.

"그러나 나는 파리들이 파트로클로스의 상처에 날아들어, 그 속에서 구더기를 기를까 봐 두려워하고 있어요. 그러면 그의 시체가 더럽혀질 거예요. 그에게는 생명이 남아 있지 않아 살이 부패할 테니 말이에요."

호메로스는 분명 파리가 구더기를 낳는다고 했던 것이다. 영국의 진화발생학자인 아르망 마리 르로이의《과학자 아리스토텔레스의 생물학 여행 라군》에 따르면, 생물속생설에 관한 최초의 체계적인 실험이라고 하는 프란체스코 레디Francesco Redi의 실험은 이 호메로스의 구절이 옳은지를 검증하기 위한 것이었다고 한다. 레디의 실험은 파스퇴르가 1861년 논문에서도 인용하고 있다. 이탈리아 피사 대학의 교수였던 레디는 유리병을 여러 개 준비하고, 각각의 유리병마다 죽은 뱀, 강에서 잡은 물고기, 뱀장어, 송아지의 고기 조각을 각각 넣었다. 어떤 유리병은 종이나 고운 면직물로 밀봉했지만, 어떤 유리병은 열어 놓은 채 방치했다. 그러고는 며칠 동안 가만히 두고 유리병 내에 어떤 일이 벌어지는지 관찰했다. 그 결과 열어 놓은 유리병에서는 파리 떼가 생겼지만, 밀봉한 유리병에서는 그렇지 않았다. 레디는 이후 파리의 생활 주기를 추적했고, 실험 결과와 함께 1668년《곤충의 발생에 관한 실험》이라는 책을 출판했다. 드디어 생물속생설이 승리를 거둔 듯했다.

하지만 레디의 실험 이후에도 자연발생설의 지지자들은 패배를 인정하지 않았다. 특히 논쟁에서 생물속생설을 지지하는 측을 곤란하게 한 것은 아이러니하게도 바로 현미경의 발명과 더불어 등장한 세균의 존재였다. 레이우엔훅이 현미경으로 세균을 관찰한 이래 사람들은 세균의 기원에 대해 실마리를 찾을 수가 없었다. 그래서 오히려 자연발생설이 힘을 얻었다. 이를 공고히 한 것이 영국의 성직자이자 과학자인 존 니덤John Tubeville Needham의 1745년 실험이었다. 니덤은 유리병에 양고기 국물을 넣고 가열한 후 다른 생명체가 들어가지 못하도록 밀봉했다. 며칠이 지난 후 밀폐된 유리병을 열어 현미경으로 육즙을 관찰했다. 니덤은 육즙에서 '작은 동물들', 즉 세균이 가득 차 있는 것을 관찰했고, 세균은 '생기生氣, vital force'에 의해 지속적으로 창조된다고 주장했다. 이 주장을 프랑스의 저명한 박물학자 조르주 뷔퐁Georges Louis Leclerc de Buffon이 적극 지지하기도 했다.

그 후로 20년이 지나 이탈리아의 과학자 라차로 스팔란차니Lazzaro Spallanzani가 니덤의 결과를 반박하는 실험을 한다. 스팔란차니는 니덤의 실험을 거의 그대로 반복했다. 다만 그는 니덤이 육즙을 충분히 끓이지 않아 육즙에 원래 존재하고 있던 세균을 완전히 제거하지 못했다고 여겼다. 그래서 유리병에 육즙을 넣고서 끓이기 전에 유리병의 목을 녹여 밀폐했다. 그런 다음 밀폐한 유리병을 오래 끓였다가 식혔다. 스팔란차니는 끓였다 식힌 육즙이 썩지도 않고, 어떤 세균도 나타나지 않는 것을 확인했다. 그는 여러 가지 밀폐 방법을 이용해서 반복 실험을 했다. 밀폐의 정도와 육즙에서 나타나는 세균의 수가 밀접한 연관성이 있었다. 즉, 플라스크의 내용물이 외부 공기와 얼마나 접촉했는지가 육즙에서 생기는 세균의 수를 결정한다는 사실을 보인 것이다. 그러나 니덤을 비롯한 자연발생설을 옹호하는 사람들은 생물이 자라기 위해선 생기란 게 필요한데, 스팔란차니는 그것을 완전히 차단해 버렸고, 또 육즙을 너무 끓여 배아를 완전히 파괴해 버렸기 때문에 아무것도 만들어질 수 없었다고 주장하면서 이를 받아들이지 않았다.

그렇게 100년 가까운 세월이 흘렀고, 논쟁은 결론이 나지 않고 있었다. 파스퇴르의 실험은 그런 상황에서 이루어졌다.

백조목 플라스크 실험

앞서 파스퇴르가 자연발생설과 관련된 논쟁에 관심을 가지게 된 이유가 자신의 발효와 세균에 관한 연구가 지닌 함의와 생명의 발생에 관한 근본적인 궁금증 때문이라고 했다. 그러나 직접적인 계기도 있었다.

파스퇴르는 발효 과정이 순수한 화학 반응이 아니라 미생물에 의한 것이라는 사실을 밝혀내면서 포도주가 발효되기 위해서는 효모가 첨가되어야만 한다고 주장했다. 그런데 프랑스의 과학자 클로드 베르나르Claude Bernard는 이를 반박하며 효모가 자연 발생하는 것이라는 의견을 내놓았다. 베르나르는 항상성homeostasis 개념을 맨 처음 제안할 정도로 뛰어난 과학자였기 때문에 신경이 쓰이지 않을 수 없었다. 게다가 1858년에는 루앙 박물관 관장이던 펠릭스 푸쉐Felix Pouchet가 자연발생설을 증명할 수 있다고 하며 파스퇴르에게 도전장을 냈다. 푸쉐는 공기가 차단된 용기 안에 끓인 건초즙을 오랫동안 두면 미생물이 발생한다고 주장했고, 실험으로 직접 보이기까지 했다.

파스퇴르는 자신의 효모에 관한 실험이 잘못된 것이 아니란 걸 입증하기 위해서라도 자연발생설을 반박해야만 했다. 파스퇴르는 베르나르와 푸쉐의 주장이 틀렸음을 증명하기 위해 누구도 반박하지 못할 실험을 고안하기 시작했다.

파스퇴르가 처음부터 백조목 플라스크를 이용해서 실험한 것은 아니었다. 처음에는 플라스크에 우유나 소변을 채우고 이를 끓여 멸균한 후, 불꽃을 이용해 플라스크의 입구를 녹여서 막았다. 그러고 나서 며칠 후 플라스크를 깨뜨려 보았더니 우유와 소변에 어떤 생명체도 자라고 있지 않다는 것을 관찰했다. 우유도 상하지 않은 상태였다. 하지만 끓이지 않고 두었던 플라스크에서는 세균이 자라고 있었고, 산소도 다 소모되고 없었다. 이를 통해 파스퇴르는 세균이 산소를 이용한다는 것을 확인했고, 정교한 실험을 위해서는 배양액을 멸균은 하되 산소는 공급해야 한다는 것을 깨닫게 되었다. 다음으로는 스팔란차니와 유사한 방법으로 실험을 진행했다. 병에다 효모 배양액을 넣고 주둥이를 불로 밀봉한 다음 끓였다. 역시 병 속에서는 미생물이 자라지 않았다. 여기까지는 이전의 자연발생설 반대자들의 실험과 별 다를 바가 없었고, 자연발생설 옹호자들의 논리를 완벽하게 반박할 수가 없었다. 파스퇴르에게 최종적인 승리를 가져다 준 것은 모두

들 알다시피 백조목 플라스크였다.

백조목 플라스크는 사실 파스퇴르가 처음 고안한 것은 아니다. 백조목 플라스크의 아이디어는 파스퇴르와 같은 대학에 근무하던 교수 앙투안 발라르Antoine Jérôme Balard에게서 나왔다. 화학 교수로 브롬이라는 원소를 발견하기도 한 발라르는 파스퇴르의 고민을 듣고는 플라스크의 주둥이 모양을 바꿔볼 것을 제안했다. 액체를 긴 가지가 달린 플라스크 안에 넣고 열을 가하여 길게 잡아 늘여 S자형으로 만들면 된다고 그림까지 그려주었다. 파스퇴르는 발라르의 제안대로 백조의 목처럼 생긴 플라스크를 만들었다. '백조목' 플라스크라 불리는 도구가 탄생한 것이다. 그렇게 만든 백조목 플라스크 속의 액체를 끓이면 증기가 긴 목의 구멍을 통해 공기와 함께 빠져나가게 된다. 액체를 식히면 공기는 다시 플라스크 속으로 들어오게 되지만 공기에 들어 있는 먼지나 입자들은 플라스크 백조목의 구부러진 부분에 응축된 물에 잡혀 플라스크 안으로 들어가지 못한다. 그렇게 플라스크 안에 있는 액체는 무균 상태를 유지하면서도 공기는 통할 수 있게 만들었던 것이다. 이렇게 장치를 만들었기 때문에 공기가 없어서 아무것도 자랄 수 없다는 반론을 잠재울 수 있었다.

이렇게 만든 백조목 플라스크 안의 액체로는 외부의 공기 속에 존재하는 세균이 침투할 수 없었다. 만약 자연발생설이 옳다면 외부로부터 깨끗한 공기 외에는 아무것도 제공받을 수 없는 플라스크에서도 어떤 생명체든 나타나야 했다. 물론 결론은 우리가 알고 있듯이 플라스크 내의 액체는 끝까지 무균 상태를 유지했다. 그러나 플라스크의 목을 깨뜨려 외부의 공기가 플라스크 내부의 액체와 접촉하도

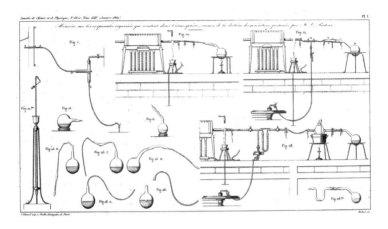

파스퇴르의 백조목 플라스크 스케치

록 하면 세균이 자랐다. 이로써 생물은 생물로부터 생긴다. 증명 끝!

물론 그 과정이 그렇게 간단했던 것만은 아니다. 푸쉐는 여전히 배지, 즉 플라스크 내의 액체를 가열했기 때문에 생명이 발생할 수 있는 기운, 이른바 생기가 파괴되어 그런 결과가 나온다고 주장했다. 이에 파스퇴르는 따로 가열할 필요가 없는 무균의 혈액을 소로부터 추출해서 용액을 만들어 실험하기도 했다. 물론 백조목 플라스크 내의 배양액에서는 어떤 생명체도 생겨나지 않았다. 또한 여러 조건에서 이런 결과가 반복되는지를 보여주기 위해 파리의 실험실만이 아니라 피레네 산맥과 알프스 산맥의 고산 지대로 실험 도구를 옮겨 실험하기까지 했다. 낮은 지대에 비해 높은 지대의 공기에는 미생물이 거의 없다는 것을 전제로 이뤄진 실험이었다. 1861년과 1864년의 논문을 보면 그동안 자연발생설을 두고 벌어진 지루하면서도 격렬한 논쟁을 자세히 개괄하면서, 자신이 어떻게 이 실험을

세균에서 생명을 보다

하게 되었는지도 밝히고 있다. 파스퇴르가 실험 과정을 얼마나 극적으로 밝히고 있는지, 마치 한 편의 장편 서사시처럼 읽히기도 한다. 그는 실험 과정과 결과를 조목조목 자세히 늘어놓은 후 자신 있게 자신의 승리를 선언했다.

"자연발생설은 이렇게 간단한 실험을 통해 치명적인 타격을 입고 결코 회복할 수 없게 될 것입니다."

그리고는 이렇게 마무리했다.

"미세한 존재가 배아도 없이, 자신과 유사한 모체도 없이 세상에 나올 수 있을 만한 상황은 하나도 없습니다. 그렇지 않다고 생각하는 사람들은 착각이나 잘못 수행된 실험, 자신도 모르게, 아니면 어쩔 수 없이 저지른 오류에 속고 있는 것입니다.

자, 이제 저는 여러분께 탐색을 위한 훌륭한 연구 주제를 제시하고자 합니다. 그것은 생명체가 존재하는 지구 표면의 모든 것들을 발효시키고, 부패시키고, 해체하는 역할을 하는 작은 존재의 역할에 관한 것입니다. 그들의 이런 역할은 거대하고, 경이롭고, 긍정적인 감동을 줍니다. 언젠가 제가 이 연구의 결과를 보여주기 위해 다시 이 자리로 돌아올 수 있기를 바랍니다. 그때도 훌륭한 동료들 앞에 설 수 있도록 신께서 허락해 주시길!"

물론 파스퇴르가 1864년 소르본 대학의 발표에서 자신의 연구 결과를 모두 이야기한 것은 아니었다. 사실 그가 수행한 실험들 가운

데는 세균이 자라는 플라스크도 있었다고 한다. 이는 푸쉐의 주장, 즉 자연발생설을 뒷받침하는 결과가 될 수도 있었다. 우리는 자연발생설은 그르고, 생물속생설이 옳다는 것을 알고 있다. 그래서 파스퇴르가 실험하면서 오염이라는 위험에 노출되어 있었고, 그것을 항상 완벽하게 막을 수는 없었을 것이라고 그를 옹호할 수 있다. 한참 후에 파스퇴르가 애초부터 자연발생설이 잘못되었다는 것을 증명하기 위해 실험을 계획하고 수행했다는 것이 나중에 공개된 그의 실험 노트를 통해 알려졌다. 그는 플라스크에서 세균이 관찰되면 '실패'라고 쓰고, 아무것도 관찰되지 않으면 '성공'이라고 썼다. 이는 현대적 기준으로 보면 분명 문제가 있는 연구 방식이다. 하지만 당시는 아직 연구 윤리라는 것이 엄격하게 정립되지 않았던 시기였다. 비록 파스퇴르가 1861년 논문의 끝부분에 다음과 같이 말하기는 했지만 말이다.

"성공해야 할 실험은 성공하고, 실패해야 할 실험은 실패하기 마련입니다. 예외도 없고, 사고도 없고, 또 어떤 종류의 불확실성도 없습니다."

원하는 결과에 맞춘 실험이긴 하지만

파스퇴르가 자연발생설을 부정하려고 한 것은, 발효 현상을 발견하면서 갖게 된 과학적 신념 때문이기도 했지만, 한편으로는 신만이 새로운 생명을 창조할 수 있다는 보수적인 종교관에서 비롯된 것이라는 설명도 있다. 파스퇴르는 다윈의 진화론에 반대했다. 그래서인지 파스퇴르는 자신의 실험이 생명의 기원 문제를 다룬 것이 아니라는 것을 여러 차례 반복하며 강조했다. 물론 파스퇴르가 밝힌 것은 생명의 기원에 관한 것이 아니란 점은 분명하다. 또한 파스퇴르의 승리 선언이 오로지 논리나 실험 결과에 의한 것만은 아니었다는 것도 짚어둘 만하다. 앞서 밝힌 대로 파스퇴르가 애초에 결과를 정해 놓고 실험했으며, 결론과 어긋나는 결과는 묻어두었다는 비판도 존재한다. 과학사학자 퍼트리샤 파라는 《우리가 미처 몰랐던 편집된 과학의 역사》에서 파스퇴르의 연구에 관해 다음과 같이 비판하고 있기도 하다.

"파스퇴르는 연구에 임하면서 중립성을 유지하지 않았다. 그는 원하는 결과를 미리 염두에 두었다. 파스퇴르가 자랑스럽게 외친 '우연은 준비된 자에게만 호의를 베푼다'는 표현이 과학계의 유명한 금언이 된 까닭도 순수한 백지 상태로 과학에 접근해서는 큰 성과를 얻지 못하기 때문이다. … 비판적으로 말하면, 파스퇴르가 무엇이 옳은지를 추구하지 않고 자신이 옳다는 것을 입증할 증거를 추구했다는 뜻이다."

프랑스의 과학계도 애초부터 파스퇴르의 편이었다. 당시 프랑스 과학계의 주류를 이루던 과학자들이 보기에 푸쉐의 주장은 물질주의나 무신론과 관련이 있다고 여겼다. 그래서 푸쉐가 주장하는 자연발생설은 용인하기에 너무 위험해 보였던 것이다. 파스퇴르와 푸쉐의 결과를 두고 프랑스 과학협회는 투표를 진행했고, 투표를 통해 파스퇴르의 승리가 공식적으로 인정됐다. 과학에서 옳고 그름이 공식적인 투표로 정해지는 것은 오늘날에는 잘 벌어지지 않는 일이다. 물론 연구비 심사라든가, 논문 출판, 연구 관련 시상과 같은 일에서 그 비슷한 장면들을 흔하게 볼 수 있긴 하지만 말이다.

여기서 한 가지만 더 지적하자면, 푸쉐의 실험과 비교해서 파스퇴르의 실험은 상당히 행운이 깃든 실험이었다는 점이다. 파스퇴르의 실험과 달리 푸쉐의 실험에서는 거의 항상 세균이 관찰되었다. 사실 푸쉐도 파스퇴르처럼 피레네 산맥에서 실험했다. 그런데 왜 푸쉐의 배양액에선 세균이 관찰되었을까? 여기에는 사용한 배양액과 배양액에 존재하는 세균의 차이 때문이었다. 효모 배양액을 주로 사용한 파스퇴르와 달리 푸쉐는 앞서 얘기한 대로 건초즙을 사용했다. 파스퇴르의 실험 몇 년 후 영국의 과학자 존 틴들John Tyndall이 건초에 여러 시간 끓여도 죽지 않는 세균이 존재한다는 것을 발견했다. 세균 자체는 죽지만 내생포자endospore가 고온에도 살아남았다가, 온도가 낮아지면 발아해서 세균이 생장하고 분열했다. 푸쉐의 실험에서 왜 항상 세균이 나타나는지 이유가 밝혀졌고, 왜 파스퇴르가 옳고 푸쉐가 그른지 과학적으로 이해되었다. 푸쉐의 배양액에는 원래 내생포자를 만들어 내는 고초균Bacillus subtilis이 포함되어 있었고, 이 세균이 만들어 내는 내생포자는 배양액을 끓이더라도 완전히 파괴되지 않아 나중에 세균으로 자랐던 것이다. 역시 생물은 생물로부터 나왔던 것이다.

이처럼 파스퇴르의 실험은 달리 생각해 볼 여지가 전혀 없지는 않다. 백조목 플라스크의 아이디어가 온전히 그의 것만은 아니었고, 그의 실험이 순수한 의도에서 이뤄진 것도 아니었고, 실험의 결과를 미리 예단했던 것도 사실이고, 최종적인 연구 결과에 대한 승인이 자연스럽게 이뤄진 것도 아니다. 그러나 어떤 비판을 하더라도 파스퇴르의 업적만큼은 부정되지 않는다. 그의 실험은 우아했고, 너무도 분명했다. 그의 연구로 논쟁은 더 이상 의미가 없어졌다. 생물은 생물로부터 나온다. 그는 증명해냈다.

인간,
신의 위치를 넘보다

크레이그 벤터의 인공생명체 합성

"우리는 디지털화된 유전체 염기서열 정보에서 108만 개의 염기쌍을 갖는 *Mycoplasma mycoides* JCVI-syn1.0 유전체를 설계 · 합성 · 조립하였고, 이를 *M. capricolum* 세포에 이식하여, 합성된 염색체에 의해서만 제어되는 새로운 *M. mycoides* 세포를 만들어 냈다는 것을 보고합니다. 이 세포에는 '워터마크' 서열*과 의도적으로 설계된 유전자 결실, 다형성polymorphism, 유전체 합성 과정에서 생긴 돌연변이가 포함된 합성 DNA만 존재합니다. 새로운 세포는 표현형을 예측할 수 있으며 지속적인 자기 복제가 가능합니다."

크레이그 벤터 연구팀의 2010년 논문
"화학적으로 합성된 유전체에 의해 조절되는 세균 세포의 창조"의 초록에서

파스퇴르의 실험은 더 이상 이의를 제기하기 힘든 실험으로 여겨진다. 이 실험으로 증명된 생물속생설은 이제는 어떻게 해 볼 수 없는 완벽한 사실로 받아들여진다. 그러니 이와 관련해서는 더 이상의 증

세균에서 생명을 보다

명도 필요 없고, 이를 반박하는 실험도 없다. 아주 완고한 창조론자라면 모를까, 생명체가 이전의 생명체로부터 나온다는 생물속생설을 '과학적으로' 부인할 수는 없을 것이다.

그렇다면 여기에 짝이 되는 연구로는 어떤 것이 있을까? 우선 파스퇴르가 백조목 플라스크 실험을 통해서도 굳이 답하려 하지 않은 문제, 바로 생명의 기원 문제가 있을 수 있다. 그렇다면 1953년의 스탠리 밀러 Stanley Miller와 해럴드 유리Harold Urey의 실험이 있다. 그들은 원시 지구의 대기가 환원된 상태였다고 가정하고 플라스크에 환원성 기체인 수소, 메탄, 암모니아, 수증기를 넣었다. 초기 지구의 높은 온도와 잦은 번개와 화산 활동을 흉내 내 열을 가하고 전기 스파크가 일어나도록 했다. 일주일 후 플라스크 바닥에 생긴 물질을 냉각해서 분석했더니 유기화합물이 발견되었고, 여기에는 생명체에서 단백질을 구성하는 아미노산이 포함되어 있었다. 밀러와 유리의 실험은 1953년에 발표되었는데, 같은 해에 발표된 왓슨과 크릭의 DNA 구조 규명보다 더 센세이셔널하게 받아들여졌다고 한다. 그런데 그 실험은 생명체의 수준으로 세균까지 다루지 않으며, 현대의 실험이라

---

* 벤터와 연구진이 넣은 '워터마크'는 저자들의 이름과 소설가 제임스 조이스의《젊은 예술가의 초상》에 나오는 "살아가기 위해, 실수하기 위해, 타락하기 위해, 승리하기 위해, 재창조하기 위해", 맨해튼 프로젝트의 책임자였던 로버트 오펜하이머에 관한 평전《아메리칸 프로메테우스》에 나오는 "사물을 있는 그대로 보지 말고 그 가능성을 보라", 그리고 물리학자 리처드 파인만의 "창조할 수 없다면 이해한 게 아니다"을 코드화한 것이다. 워터마크 제작에는 특정 아미노산을 가리키도록 지정된 알파벳을 활용했다. 예를 들면 ATG(정확히는 AUG이지만)는 메싸이오닌이라는 아미노산을 지정하는데, 메싸이오닌을 의미하는 공식 부호는 M이니, ATG라는 염기서열은 M이라는 문자를 의미하는 식이다.

고 하기엔 좀 오래된 느낌도 든다. 한국전쟁 시기에 수행된 실험이라고 하면 어느 정도 감이 오지 않을까 싶다. 더군다나 현재는 원시 지구의 대기 조성에 관해 기존과 다른 주장들이 나오면서 연구의 의의는 받아들이되 세부적인 부분에서는 조정이 필요하다는 비판을 받고 있기도 하다.

대신에 크레이그 벤터John Craig Venter, 1946~ 의 인공생명체 연구를 소개하고자 한다. 파스퇴르의 결정적 실험 이후에도 비물질적인 생명력, 혹은 기氣와 같은 것이 생명 활동을 좌우한다는 생기론vitalism은 끈질기게 살아남았다. 생명에 관한 근본적인 시각과 관련된 연구로서, 그런 생기론을 끝장낸 것으로 평가받는 연구가 바로 벤터의 생명 창조 연구다. 그는 생명 현상을 유전자와 분자 수준에서 이해하기 위해, 나아가 생명 현상을 인위적으로 제어하는 방법을 알아내기 위해 인공생명체를 만들어 냈다. 혹은 만들어 내고자 했다.

생명 창조라니! 드디어 인간이 신의 위치에 올라서려는 게 아닌가 하는 생각이 들게 하는 어마어마한 말이다. 마치 메리 셸리의 《프랑켄슈타인》이나 허버트 조지 웰스의 《닥터 모로의 섬》에서와 같이 인공적으로 새로운 생명을 만들어 내는 것처럼 들릴지도 모르겠다. 문학, 그것도 SF 소설에서나 가능한 일이겠지만 과연 그런 일이 과학이란 이름으로 벌어질 수 있을까? 사실 벤터와 그의 동료들이 한 일은 엄밀히 말하면 '인공생명체artificial life'의 제작이다. 하지만 많은 미디어에서 '생명 창조creation of life'라는 표현으로 그들의 연구를 소개했을 뿐 아니라 벤터 역시 논문의 제목에 과감하게도 '창조creation'라는 용어를 쓰고 있다. 《프랑켄슈타인》처럼 생명 창조까지는 아닐지라도

세균에서 생명을 보다

어찌 되었든 어마어마해 보이는 연구인 듯하다. 그렇다면 이런 연구를 한 벤터라는 과학자는 어떤 사람일까? 어떤 이력을 가진 과학자이기에 이런 연구에 손을 뻗치게 되었을까? 그리고 그는 어떤 방법으로 인공생명체를 만들었고, 그 의의는 무엇일까? 이와 같은 것들에 대해 알아보도록 하자.

"빨리 하라. 발견은 기다려 주지 않는다"

우선 이 연구의 책임자인 벤터라는 인물에 대해서 먼저 알아봐야겠다. 벤터가 어떤 인물인지를 알면 그의 인공생명체 합성 연구에 대해 고개를 끄덕일 수 있을지도 모른다.

벤터는 이른바 '괴짜 과학자'로 통한다. 그가 널리 알려진 계기는 인간 유전체 프로젝트Human Genome Project와 관련해서다. 2000년 6월 26일 오전 10시 19분 당시 미국 대통령 빌 클린턴은 백악관에서 인간 유전체 프로젝트의 완성, 아니 아직 100퍼센트는 아니었기에 '1차 조사'가 끝났다고 발표했다.* 영국 총리 토니 블레어는 런던에서 위성을 통해 참석하고 있었다. 기자회견 자리에서 클린턴 대통령 왼쪽에 있던 인물이 제임스 왓슨에 이어 인간 유전체 프로젝트 국제 컨소시엄을 이끈 미국 국립보건원NIH 원장 프랜시스 콜린스Francis Sellers

---

* 마지막까지 미완성으로 남아 있던 Y 염색체의 염기서열을 완전히 해독해서 발표한 것은 2023년 8월에 이르러서였다

크레이그 벤터

Collins였다. 그리고 클린턴의 오른쪽에서 미소 짓고 있던 인물이 바로 셀레라지노믹스Celera Genomics라는 벤처회사의 대표였던 벤터였다.

인간 유전체 프로젝트는 DNA 구조를 발견한 2인조 중 한 명인 제임스 왓슨의 제안으로 출범했다. 미국, 영국, 일본, 독일, 프랑스, 중국의 6개국이 참여한 국제 컨소시엄은 염색체 지도를 제작하는 일부터 시작해 차근차근 정석대로 인간 유전체의 염기서열을 결정해 나가고 있었다. 그런데 국립보건원에 근무하면서 염기서열 분석을 맡고 있던 벤터는 국가기관의 타성에 젖은 관료주의에 반발하여 1992년 국립보건원을 떠나 TIGRThe Institute for Genomic Research라는 회사를 설립하고는 새로운 염기서열 결정 방식을 개발했다. 그리고 염기서열 분석기 제작회사인 퍼킨엘머PerkinElmer, Inc.와 제휴하여 셀레라지노믹스라는 회사를 설립하고 유전체 연구에 본격적으로 뛰어들었다. 회사 이름인 셀레라Celera는 '빨리 가다', '재촉하다'를 뜻하는 라틴어로 벤터가 무엇을 지향했는지를 잘 보여준다. "문제는 속도다. 발견은 기다리지 않는다Speed matters. Discovery can't wait"라는 셀레라지노믹스라는 기업의 캐치프레이즈를 보면 더 이상의 추가 설명은 필요가 없을 듯하다.

그의 자서전《게놈의 기적》을 보면, 벤터는 어린 시절 공부와는 완

세균에서 생명을 보다

전히 담을 쌓고 살았다고 한다. 캘리포니아 해변에서 서핑이나 즐기던 그가 베트남전에 파병되기 전 지능검사를 받으면서 인생이 바뀌었다. 의외로 지능지수가 높다는 판정이 나오면서(자신의 지능지수를 아는 게 전혀 쓸모없는 일은 아닌가보다) 전투부대가 아니라 의무부대에 근무하게 되었고, 제대 후에는 제대군인에 대한 특혜를 받고 대학에 진학했다. 처음에는 전문대에 해당하는 지역 칼리지에, 나중에는 일반 대학에 편입했다. 결국 박사 학위까지 받고, 미국 국립보건원에서 연구원으로 근무하게 된 것이다. 이렇게 평범하지 않은 과정을 통해 과학자가 된 벤터였기에 언제나 개척자의 태도로 새로운 시도를 한 것이 아니었나 싶다.

벤터의 유전체 염기서열 결정 방식은 이른바 '샷건shot-gun'이라고 하는 방법이다. 인간 유전체 프로젝트 국제 컨소시엄은 위치를 아는 유전체 조각을 가지고 한 조각 한 조각씩 염기서열을 결정했다. 반면에 벤터는 유전자 지도를 만드는 과정을 건너뛰고 전체 유전체를 샷건, 즉 산탄총으로 쏘듯 마구잡이로 잘라 수천 개의 조각을 만든 다음 그 조각의 염기서열을 결정하는 방식을 택했다. 염기서열을 1차로 결정하는 단계에서는 각각의 조각들이 전체 유전체의 어느 부분인지 알 수 없지만 컴퓨터 프로그램을 이용해서 퍼즐을 맞추듯 겹치는 부분을 짜 맞추면 전체 염기서열을 결정할 수 있다는 게 벤터의 생각이었다. 이 방법을 이용하여 세균인 헤모필루스 인플루엔자에*Haemophilus influenzae*의 전체 염기서열을 결정하는 데 성공하면서 샷건 방식의 유용성을 입증하였고, 이어서 초파리의 유전체도 해독했다.

이후 벤터와 셀레라는 인간 유전체 해독에 뛰어들었고, 인간 유전체 프로젝트 국제 컨소시엄과 본격적인 경쟁을 벌였다. 그러다 인간 유전체 서열에 대한 특허 문제로 갈등이 심해졌고, 경쟁은 더욱 과열되었다. 벤터 측은 사람의 유전자 서열에 특허를 신청해 유전자 자원의 수익화를 주장했고, 정보 공개도 꺼렸다. 하지만 국제 컨소시엄 측은 자연에 이미 존재하는 유전자를 '발견'하는 것에 그치는 것이라며 특허화에 반대했다. 결국은 미국 정부 측에서 조정에 나섰고, 양측의 수장과 함께 인간 유전체 프로젝트의 완성을 공동 발표하게 된 것이었다. 그렇지만 논문은 《네이처》와 《사이언스》에 각각 발표했다. 벤터는 해독한 염기서열을 특허 대상으로 삼는 문제와 함께 인간 유전체 프로젝트 컨소시엄이 공개한 데이터를 이용하는 등 여러 비판을 받긴 했지만, 염기서열 결정에 혁신적인 방법을 도입했고, 비용 절감에도 큰 역할을 한 것만큼은 인정받고 있다.

그렇게 화려하게, 혹은 요란하게 과학계에서 세계적 인물이 된 벤터는 그로부터 정확히 10년 후 다시 뉴스의 중심에 섰다. 이제는 크레이그 벤터 연구소John Craig Venter Institute, JCVI의 이름으로 생명을 창조했다고, 더 정확히는 인공생명체를 합성해 냈다고 발표한 것이다.

인공 생명체를 창조하다

벤터가 인공적으로 생명을 창조했다고 한 연구의 실체는 과연 무엇일까? 벤터 연구팀의 인공생명체에 관한 결정적 논문은 2010년 7월 2일 《사이언스》에 발표되었다. 논문의 제목은 '화학적으로 합성된 유

세균에서 생명을 보다

전체에 의해 조절되는 세균 세포의 창조'였다. 사실 벤터는 1997년부터 인공생명체 연구를 해오면서 관련 논문을 발표해오고 있었다. 그러다 2010년에 이르러 하나의 완결된 결과를 낸 것이었다. 벤터가 발표한 논문은 전 세계적으로 신문과 방송을 통해 자극적인 제목과 함께 소개되었다. 그만큼 놀라웠고, 미디어의 구미에 딱 맞는 내용이었다. 그런데 당시 그의 논문과 이에 대한 해설 논문을 자세히 읽어보면 세균의 유전체를 통째로 합성해서 새로운 생명체를 만들어 냈다는 미디어의 발표와는 조금 결이 다르다는 것을 알 수 있다.

벤터의 연구팀이 한 일을 간단히 말하면, 염색체를 완전히 제거한 세균 안에 화학적으로 합성한 유전체를 넣은 것이다. 그리고 그 새로운 유전체를 받은 세균이 생명 현상을 나타냈다. 바로 이 점이 중요했다. 그들은 세균 중에서 유전체의 크기가 가장 작은 미코플라스마*Mycoplasma* 속에 속하는 미코플라스마 미코이데스*Mycoplasma mycoides*의 유전체를 새로 합성했다. 연구자들은 DNA 합성 장치를 이용해서 1080개의 염기쌍을 갖는 DNA 조각을 1078개 합성했는데, 이 조각들의 끝에는 80개의 염기를 겹치게 해서 서로 연결할 수 있게 만들었다. DNA 조각은 효모 안에서 반응시켜 하나로 이어진 유전체를 만들어낼 수 있었다. 이게 말처럼 그렇게 간단한 일은 아니었지만, 그들은 여러 단계의 합성 과정을 거쳐 미코플라스마 미코이데스의 유전체를 합성해냈다. 이것을 또 다른 미코플라스마 속의 세균 미코플라스마 카프리콜룸*Mycoplasma capricolum*에 넣었다. 13장에서 자세히 설명하겠지만, 세균은 제한효소라는 걸 가지고 있어서 외부에서 들어온 DNA를 파괴할 수 있다. 그래서 이에 대한 대처도 필요했다. 미코

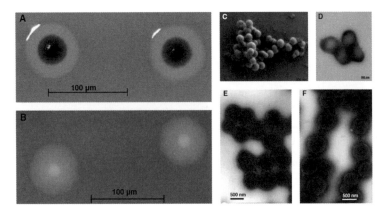

벤터의 연구팀이 2010년에 발표한 JCVI-syn1.0의 이미지. A와 B에서는 야생형 *M. mycoides* 와 비교하고 있다(왼쪽이 JCVI-syn1.0). C부터 D까지는 전자현미경 사진으로, C는 주사전자현미경, D는 투과전자현미경으로 찍은 사진이고, E와 F는 염색 방법을 달리해서 찍은 사진(E는 JCVI-syn1.0, F는 야생형 *M. mycoides*)이다.

플라스마 카프리콜룸의 제한효소를 만들어 내는 유전자를 제거해서 세균 내에서 합성 유전체가 파괴되는 일을 방지했다. 반면에 남아 있는 미코플라스마 카프리콜룸의 유전체는 합성한 유전체에 있는 미코플라스마 미코이데스의 제한효소에 파괴되거나 복제 과정에서 소실되도록 했다. 말하자면 유전체가 완전히 제거된 미코플라스마 카프리콜룸 껍데기에 실험실에서 합성한 미코플라스마 미코이데스의 유전체를 집어넣은 것이라고 할 수 있다. 그렇게 만든 새로운 세균을 *M. mycoides* JCVI-syn1.0이라고 명명했다. 여기서 JCVI는 J. Craig Venter Institute, 즉 크레이그 벤터 연구소의 약자이고, syn1.0은 이 세균의 버전이다.

　원래 벤터의 연구팀은 1995년에 성 접촉을 통해 전염되는 세균이

　　　　　　　　　　　　　　　　　　　세균에서 생명을 보다

자 독립 생활을 하는 생명체 중 가장 작은 유전체를 가지고 있는 것으로 알려진 미코플라스마 제니탈리움*Mycoplasma genitalium*의 전체 유전체 염기서열을 결정한 적이 있었다. 모두 470개의 유전자를 확인했고, 유전자를 하나씩 없애는 작업을 통해 375개의 유전자가 생명 유지에 필수적이라는 사실을 밝혀냈다. 이후 연구팀은 화학적 합성을 통해 미코플라스마 제니탈리움 유전체의 복사본을 만들어 발표했다. 벤터는 이미 이와 관련된 논문에서 "생존에 필수적인 일군의 최소 유전자"에 대한 관심을 기술하고 있다. 이때까지만 해도 인공생명체 합성이 벤터의 주요 연구 주제 중 하나이긴 했지만, 인간 유전체 서열 분석 경쟁이 심해지면서 관련 연구를 잠시 접고 있었다. 이후 인공생명체 연구를 재개하면서 생장 속도가 너무 느린 미코플라스마 제니탈리움 대신 미코플라스마 미코이데스로 타깃을 바꿨다. 그 결과로 나온 것이 바로 *M. mycoides* JCVI-syn1.0이었다. 이렇게 쓰면 이 일이 그다지 복잡하지 않은 것처럼 여겨질 수도 있지만, 그 과정에서 얼마나 많은 문제를 해결해야 했는지는 벤터가 직접 쓴《인공생명의 탄생》에 잘 나와 있다.

벤터의 연구팀이 한 일을 다른 연구와 비교하면, 복제양 돌리를 만들 때 핵을 없앤 난자에 체세포의 핵을 넣고 수정란처럼 발생시킨 것과 비슷해 보인다. 물론 돌리의 체세포 핵은 다른 양의 것을 그냥 가지고 온 것이고, 벤터의 세균 유전체는 한 세균의 유전자를 합성해서 인공적으로 연결한 것이라는 차이가 있긴 하다. 물론 포유류에 속한 양이 훨씬 복잡한 생명체라는 점도 있다.

사실 벤터의 연구는 엄밀히 말하며 진짜 인공생명체를 합성한 것도 아니다. 그러니 생명 창조라고 할 수도 없다. 실제로는 이미 알려져 있는 유전자를 세균 껍데기에 집어넣은 '생물학적'으로는 커다란 의미가 없는 연구라는 비판도 있었다. 하지만 《네이처》로부터는 '합성생물의 새벽'을 열었다는 극찬을 받았고, 《사이언티픽 아메리칸 Scientific American》에서는 "모든 것을 바꾸어버릴 12가지 사건", 《사이언스》에서는 "2010년 최대 과학 뉴스", 'Faculty of 1000'(현재는 F1000)에서는 2010년 최고의 논문 5편에 선정되는 등 큰 주목을 받았다. 윤리적인 부분에 대한 비판도 있었다. 이 논문을 계기로 당시 버락 오바마 미국 대통령은 생명윤리심사 제도를 도입했고, 바티칸에서는 '생명을 창조했다'는 벤터의 주장을 문제 삼기도 했다. 당시 《네이처》에 실린 여덟 명의 전문가들이 내놓은 벤터의 논문과 연구에 대한 평만 봐도 이 연구를 향한 관심, 열광, 우려가 한 눈에 보인다.

> 능력과 함정(마르크 베다우, 리드 대학의 철학 교수), "우리는 이제 생명에 관해 배울 수 있는 전례 없는 기회를 얻게 됐다."
>
> 이제 비용을 낮추자(조지 처치, 하버드 의대의 유전학자), "새로운 기술을 이용하여 의약물, 에너지, 희귀물질 같은 중요한 생산물을 선택적으로 만들어낼 수 있을 것이다."
>
> '바텀업bottom-up' 방식이 더 많은 것을 알려줄 것(스틴 라스무센, 덴마크의 인공생명체와 복잡계 연구자), "생명의 본성에 관해 더 많은 것을 알게 되리라고 믿는다."
>
> 생기론의 종언(아서 캐플런, 펜실베이니아 대학의 생물윤리학 교수), "이것은 인류 역사에서 가장 중요한 과학적 성취 중 하나가 될 것이다."

세균에서 생명을 보다

합성이 혁신을 추동한다(스티븐 베너, 미국의 화학자), "이번 논문은 합성이 생명
공학의 최전선에서 어떻게 혁신을 추동하는지를 보여준다."

자연의 제한은 여전히 유효(마르틴 푸세네거, 취리히 대학의 생물공학 교수), "우리
에게 불안감을 던져 주는 것은 바로 이런 '속도'이며 생명계와 연계된 새
로운 기술의 출현이다."

부품은 속에 있되, 매뉴얼은 아직 없다(제임스 콜린스, 보스턴 대학의 바이오메디
컬공학 교수), "우리 합성생물학자의 일부가 웅대한 환상을 갖고 있을지는
몰라도, 우리의 목표는 사실 훨씬 더 온건한 것이다."

한발짝 더 접근한 '생명의 기원'(데이비드 디머, 산타 크루즈 소재 캘리포니아 대학의
생체분자공학자), "'생명은 어떻게 시작되었나'라는 생물학의 큰 물음 중 하
나에 답하는 일도 가능해질 것이다."

자연에 없는 능력을 가진 생물을 만들고 싶다

그러고 나서 6년 후 크레이그 벤터 연구소는 또 한 편의 논문을 역시
《사이언스》에 발표한다. 이번에 발표한 논문의 제목은 6년 전의 논문
에 비해 상당히 차분했다. '최소 세균 유전체의 설계와 합성'. 2010년
에 발표한 첫 번째 합성 세포의 경우는 미코플라스마 미코이데스라
는 이미 존재하는 세균의 유전체를 복사하는 형식으로 만들어 다른
세균에 도입하였기 때문에 '설계'된 것이라 보기 힘들었고, 합성한 유
전체의 크기도 미코플라스마 제니탈리움의 유전체에 비해 2배 정도
많을 뿐이었다. 연구팀은 생명 유지에 필요한 최소한의 유전자만 갖

는 생명체를 만드는 것을 목표로 했다. 미코플라스마 제니탈리움의 유전체를 기초로 하지만 자연계에 존재하는 세균의 유전체 구성과는 다른 유전체 조합을 갖는 완전히 새로운 인공 종artificial species을 만들어 냈다. 그래서 이 합성 세균의 유전체는 미코플라스마 제니탈리움의 것이라고 볼 수 없다는 의미로 세균 명은 생략한 채 JCVI-syn3.0이라고만 명명했다(중간에 JCVI-syn2.0도 만들었지만 효율이 떨어져서 포기했다). JCVI-syn3.0은 한 번 분열하는 데 3시간가량 걸려, 미코플라스마 미코이데스의 1시간에 비해서는 길지만, 18시간 만에 한 번 분열하는 미코플라스마 제니탈리움에 비해서는 무척 짧아졌다.

JCVI-syn3.0의 유전체에는 473개의 유전자, 53만 1000개의 염기쌍만이 포함되었다. 참고로 JCVI-syn1.0에는 901개의 유전자, 107만 7947개의 염기쌍이 포함되어 있었다. 이 숫자는 대장균이 4000~5000개의 유전자를 갖는 것과 비교하면 얼마나 적은 수인지 알 수 있다. 그런데 놀라운 점은 이들 473개의 유전자가 모두 생명 유지에 필수적이지만, 이 가운데 1/3 가량은 아직 그 기능을 모른다는 것이다. 벤터도 이 점에 대해 매우 놀랍다고 했는데, 그만큼 우리가 생명과 생물학에 대해 모르는 것이 많다는 의미이기도 하다. 벤터는 이 논문으로 20년 동안 이어져 온 연구의 이정표를 세웠다고 자평했다.

그런데 여기서 드는 근본적인 궁금증 하나. 벤터는 왜 이런 연구를 하는 걸까? 그저 연구자로서의 성취 욕구 때문일까? 아니면 단지 과학계의 '이단아', 더 노골적으로 말해 '관종'이라서? 그리고 크리스퍼-캐스9 CRISPR-Cas9 기술이 등장하면서 유전체 조작이 쉬워졌기에 유전체를 간단하게 조작해도 될 일인데, 왜 군이 무無에서 새로운 생명체를 만들려고 고생하는 것일까?

벤터 연구팀의 연구와 같은 학문 분야를 합성생물학synthetic biology이라고 한다. 합성생물학의 주요 목표는 자연에 존재하지 않는 새롭고 향상된 생물학적 기능을 가진 세포를 예측 가능하도록 설계하고 구축하는 것이다. 여기에는 원하는 유전자를 대장균 등의 세균에 넣어 원하는 물질을 만들어내도록 하는, 낮은 수준의 합성생물학까지 포함시킬 수 있다. 벤터의 연구팀이 목표로 하는 것은 이 수준을 높이는 것이라고 할 수 있다. 크리스퍼를 이용한 유전체 편집 기술이 기능을 알고 있는 유전자를 소규모로 변형하는 것이라면, 인공생명체 만들기는 원하는 특징만을 갖는 세포를 만들기 위해 전체 유전체를 합성하는 기술이라고 말할 수 있다. 이를테면 생명 유지에 필요한 최소한의 유전자만 가진 세포에 원하는 유전자만 추가하면 정확히 원하는 특징을 갖는 새로운 생명체를 만들어 낼 수 있는 것이다. 벤터는 인공생명체 합성 연구가 한참 진행되고 있던 시기에 엣지 재단(www.edge.com)과의 대담(존 브록만 엮음, 《궁극의 생명》)에서 합성생물학에 대해 다음과 같이 말했다.

"우리가 생물을 아직 기본 원리 수준에서도 다 이해하지 못하고 있는 상태인데, 도구와 구성 요소들을 갖게 됨으로써 생물을 인공적으로 만드는 일의 시작점을 향해 가고 있다는 겁니다. 그리고 우리는 원하는 생물학적 기능을 지니도록 종을 설계하고, 그 생물이 우리가 원하는 생물학적 기능을 지니도록 설계하고, 기존 체계에 이 종을 추가할 수 있다고 생각해요."

JCVI-syn3.0은 이후의 연구 혹은 공정을 위한 '플랫폼 세포'라고 할 수 있다. 물론 벤터의 인공생명체 합성에는 인간이 조물주의 위치에 올라서서 새로운 생명체를 창조하는 야망 같은 것이 조금은 포함되어 있을지도 모른다. 그러나 이 역시 아직까지는 완전히 아무것도 없는 상태에서 새로운 생명체가 탄생하는 것이 아니다. 기존의 생명체, 엄밀하게는 기존 생명체의 유전체 내지는 유전자를 바탕으로 만드는 것이다. 그러니 파스퇴르의 생물속생설은 여전히 유효하다. 모든 생물은 생물로부터 나온다. 아직은.

질병
DISEASE

2

"서로 다른 두 종류의 과학이 있는 것이 아니라, 과학이 있고 과학의 응용이 있을 뿐이다."

— 루이 파스퇴르Louis Pasteur, 1822~1895

"(감염병과의) 투쟁은 이제 전체적으로 제대로 길에 들어섰고, 고귀한 목적을 향한 열정은 드높기 때문에 비록 조금 늦어진다고 해도 두려워할 필요가 없습니다. 이처럼 이 일을 강력하게 추진한다면, 우리는 승리를 쟁취할 수 있을 것이 분명합니다."

— 로베르트 코흐Robert Koch, 1843~1910

Die Ätiologie der Milzbrand-Krankheit, begründet auf die
Entwicklungsgeschichte des Bacillus Anthracis.[1]

Von

Dr. R. Koch,
Kreisphysikus in Wollstein.

Hierzu Tafel I.

I. *Einleitung.* Seit dem Auffinden der stäbchenförmigen Körper im Blute der an Milzbrand gestorbenen Tiere hat man sich vielfach Mühe gegeben, dieselben als die Ursache für die direkte Übertragbarkeit dieser Krankheit ebenso wie für das sporadische Auftreten derselben, also als das eigentliche Kontagium des Milzbrands nachzuweisen. In neuerer Zeit hatte sich hauptsächlich D a v a i n e mit dieser Aufgabe beschäftigt und, gestützt auf zahlreiche Impfversuche mit frischem oder getrocknetem stäbchenhaltigen Blute, mit aller Entschiedenheit dahin ausgesprochen, daß die Stäbchen Bakterien seien und nur beim Vorhandensein dieser Bakterien das Milzbrandblut die Krankheit von neuem zu erzeugen vermöge. Die ohne nachweisbare direkte Übertragung entstandenen Milzbranderkrankungen bei Menschen und Tieren führte er auf die Verschleppung der, wie er entdeckt hatte, im getrockneten Zustande lange Zeit lebensfähig bleibenden Bakterien durch Luftströmungen, Insekten und dergleichen zurück. Die Verbreitungsweise des Milzbrandes schien hiermit vollständig klar gelegt zu sein.

Dennoch fanden diese von D a v a i n e aufgestellten Sätze von verschiedenen Seiten Widerspruch. Einige Forscher wollten nach Impfung mit bakterienhaltigem Blute tödlichen Milzbrand erzielt haben, ohne daß sich nachher Bakterien im Blute fanden, und umgekehrt ließ sich wieder durch Impfung mit diesem bakterienfreien Blute Milzbrand hervorrufen, bei welchem Bakterien im Blute vorhanden waren. Andere machten darauf aufmerksam, daß der Milzbrand nicht allein von einem Kontagium abhänge, welches oberhalb der Erde verbreitet werde, sondern daß diese Krankheit in einem unzweifelhaften Zusammenhange mit Bodenverhältnissen stehe. Wie würde sonst zu erklären sein, daß das endemische Vorkommen des Milzbrandes an feuchten Boden, also namentlich an Flußtäler, Sumpfdistrikte, Umgebungen von Seen gebunden ist; daß ferner die Zahl der Milzbrandfälle in nassen Jahren bedeutender ist und sich hauptsächlich auf die Monate August und September, in welchen die Kurve der Bodenwärme ihren Gipfelpunkt erreicht, zusammendrängt, daß in den Milzbranddistrikten, sobald die Herden an bestimmte Weiden und Tränken geführt werden, jedesmal eine größere Anzahl von Erkrankungen unter den Tieren eintritt.

[1]) Cohns Beiträge zur Biologie der Pflanzen, Bd. II, Heft 2, p. 277. Breslau 1876, J. U. Kerns Verlag.

UNIDENTIFIED CURVED BACILLI IN THE
STOMACH OF PATIENTS WITH GASTRITIS
AND PEPTIC ULCERATION*

BARRY J. MARSHALL   J. ROBIN WARREN

*Departments of Gastroenterology and Pathology,
Royal Perth Hospital, Perth, Western Australia*

Summary   Biopsy specimens were taken from intact areas of antral mucosa in 100 consecutive consenting patients presenting for gastroscopy. Spiral or curved bacilli were demonstrated in specimens from 58 patients. Bacilli cultured from 11 of these biopsies were gram-negative, flagellate, and microaerophilic and appeared to be a new species related to the genus *Campylobacter*. The bacteria were present in almost all patients with active chronic gastritis, duodenal ulcer, or gastric ulcer and thus may be an important factor in the aetiology of these diseases.

Introduction

GASTRIC spiral bacteria have been repeatedly observed, reported, and then forgotten for at least 45 years.[1-3] In 1940 Freedburg and Barron stated that "spirochaetes" could be found in up to 37% of gastrectomy specimens,[4] but examination of gastric suction biopsy material failed to confirm these findings.[5] The advent of fibreoptic biopsy techniques permitted biopsy of the antrum, and in 1975 Steer and Colin-Jones observed gram-negative bacilli in 80% of patients with gastric ulcer.[6] The curved bacilli they illustrated were said to be *Pseudomonas*, possibly a contaminant, and the bacteria were once more forgotten. The repeated demonstration of these bacteria in inflamed gastric antral mucosa[7] prompted us to do a pilot study in twenty patients. Typical curved bacilli were present in over half the biopsy specimens and the number of bacteria was closely related to the severity of the gastritis. The present study was designed to confirm the association between antral gastritis and the bacteria, to discover associated gastrointestinal diseases, to culture and identify the bacteria, and to find factors predisposing to infection.

*Based on paper read at Second International Workshop on Campylobacter Infections (Brussels, 1983).

로베르트 코흐의 1876년 논문 첫 장(왼쪽)과 배리 마셜과 로빈 워렌의 1984년 논문 첫 장

오랫동안 사람들은 질병에 걸리는 것은 '나쁜 공기' 때문이라고 생각했다. 세균이 질병의 원인이라는 것을 주장하고 확립한 사람은 파스퇴르와 코흐였다. 특히, 코흐는 탄저병, 결핵, 콜레라의 원인이 세균이라는 것을 엄격한 실험을 통해 증명했다. 이후로 세균에 의한 질병이 많이 알려졌고, 전혀 세균을 의심하지 않던 질병까지도 세균 때문이라는 게 밝혀지기도 했다. 대표적인 것이 바로 헬리코박터균이다. 마셜은 헬리코박터균 때문에 소화성 궤양이 생긴다는 것을 밝혔다.

03

세균이
질병의 원인이다
로베르트 코흐의 병원균 최초 발견

"우리의 자원이 허용하는 한, 지금 당장 극복할 수 없을 것처럼 보이는 장애물이 있다고 해서 현재 우리가 정복을 목표로 분투하고 있는 몇몇 질병과의 싸움을 중단해서는 안 됩니다. 예전처럼 제일 어려운 것부터 시작해서는 안 됩니다. 우리가 가진 도구로 성공할 수 있는 명백한 것부터 먼저 탐구해야 합니다.

이런 방식으로 얻은 연구 방법과 결과는 우리에게 더 멀고, 더 접근이 어려운 목표로 가는 길을 보여줄 것입니다. 이를 통해 우리는 전염성이 있는 동물의 질병과 디프테리아와 같은 질병의 원인을 밝힐 수 있습니다. 이런 질병에 대한 연구는 현 미경만으로 충분하지 않고, 동물 실험으로 보완되어야 합니다. 전염병에 관한 비교 병인학病因學의 도움을 받아야만 그토록 오랫동안 심각하게 인류를 괴롭혀온 질병의 본질을 파악하고, 그것을 퇴치할 수 있는 확실한 방법을 찾을 수 있을 것입니다."

코흐의 1876년 논문
"탄저균의 생애 주기에 바탕을 둔 탄저병의 병인론"에서

인류는 오랫동안 많은 질병의 원인을 알지 못했다. 근대에 들어와서도 많은 경우 질병이 미아즈마miasma('독기毒氣'라고도 번역한다)라는 더러운 공기 때문에 생긴다고 생각했다. 그런 생각의 흔적은 말라리아malaria('mal'은 '나쁜'이란 뜻이고, 'aria'는 '공기'를 의미한다)와 같은 질병 이름에 남아 있다. 17세기 말 레이우엔훅이 최초로 세균을 관찰하고 보고한 후에도 세균과 질병 사이의 연관성을 쉽게 떠올리지 못했다. 물론 점점 세균이 감염질환의 원인이라는 것이 의심되긴 했다. 하지만 결정적인 증거를 잡을 수 없었다. 파스퇴르도 세균이 질병의 원인이라는 것을 이론으로 주장했을 뿐 분명한 증거를 내놓은 것은 아니었다. 세균이 질병의 원인이라는 최초의 결정적 증거는 1876년 독일 국경 마을의 작은 개인 병원에서 개업의로 일하고 있던 한 무명 의사에게서 나왔다. 그는 탄저병의 원인이 세균이라는 것을 명명백백하게 증명해냈다.

1843년 독일 클라우스탈Clausthal이라는 은광이 있는 산골 마을에서 광산 기술자의 아들로 태어난 로베르트 코흐Robert Koch, 1843~1910는 1862년 괴팅겐대학에 진학하여 의학을 공부했다. 그의 스승인 프리드리히 헨레Friedrich Gustav Jakob Henle는 1840년에 이미 살아 있는 기생생물, 즉 미생물이 감염질환의 원인이라고 주장한 논문을 발표한 적이 있었다. 그의 '미아즈마와 전염병에 대하여'는 세균병인론에 관한 선구적인 논문으로 평가받는다. 헨레는 이 논문에서 세균이 질병의 원인일 수 있다는 입장을 밝히긴 했지만, 단편적인 증거만을 제시했을 뿐이었다. 그래서 당시에는 그다지 주목받지 못했다. 하지만 코흐는 스승의 논문이 중요한 점을 담고 있다는 것을 이해하고 있었다.

비록 헨레의 논문이 코흐의 이후 연구에 커다란 지침이 되었다는 증거는 없지만 어느 정도는 영향을 미칠 수밖에 없었을 것이다. 참고로, 코흐의 스승인 헨레의 이름은 신장(콩팥)에 있는 헨레고리loop of Henle라는 명칭에 남아 있다. 그가 발견한 구조다.

코흐는 1866년 의과대학을 졸업하면서 의사 자격을 얻었다. 학생 시절에는 자궁의 신경 분포에 관한 연구로 상을 받기도 했다. 이에 대한 보상으로 베를린에서 현대 의학 성립에 커다란 역할을 한 병리학자 루돌프 피르호Rudolf Virchow의 지도하에 6개월 동안 연구 경험을 쌓을 수 있었다. 하지만 한 군데 정착하지 못하고 이곳저곳을 떠돌게 되는데, 1870년 프로이센과 프랑스 사이에 전쟁이 발발하자 자원하여 군의관이 되었다. 그리고 1872년부터 1880년까지 국경 마을인 볼슈타인Wollstein(지금은 폴란드에 속한다)에서 지역 의료 책임자로 근무하면서 병원을 개업했다. 볼슈타인은 농장의 동물들 사이에 탄저병이 유행하여 4년 동안 5만 6000마리의 가축이 죽고, 사람도 528명이 사망한 지역이었다.

피부가 까맣게 썩는 탄저병

탄저병은 영어로 anthrax라고 한다. 그리스어로 '석탄anthrakis'을 의미하는 단어에서 유래한다. 한자 '탄炭'도 마찬가지로 숯을 의미하고, '저疽'는 종기나 등창을 가리킨다. 이 병에 걸리면 검은색 딱지가 앉거나 피부가 까맣게 썩어가면서 사망하기 때문에 붙여진 명칭이다. 탄저병의 병원체는 학명이 *Bacillus anthracis*인 탄저균이다. 학명 자체가 탄저병을 일으키는 세균이라는 뜻이다. 산소가 있어야만 살 수 있는 호기성의 그람양성 간균^{막대균}이고, 현미경으로 보면 세균이 사슬모양으로 연결되어 있는 것을 관찰할 수 있다. 폭이 약 1마이크로미터, 길이가 3~8마이크로미터로 세균 치고는 상당히 큰 편이다. 배지에서 2~3일가량 배양하면 내생포자 또는 아포^{芽胞}가 생기지만 임상검체에서는 잘 관찰되지 않는다.

탄저병은 이집트와 메소포타미아에서 기원한 것으로 여겨지고 있다. 많은 학자들은 구약성경에서 모세가 히브리인을 이끌고 떠난 후 이집트에 일어난 10가지 재앙 중 말, 소, 양, 낙타, 소에 질병을 일으킨 다섯 번째 전염병이 바로 탄저병이라고 생각하고 있다. 고대 그리스와 로마에서도 탄저병에 대해서 잘 알고 있었고, 기원전 700년경에 쓰였다고 하는 호메로스의 《일리아드》와 기원전 70년에서 19년까지 살았던 베르길리우스의 시에도 탄저병이 묘사되어 있다. 심지어 어떤 사람들은 로마의 몰락에 탄저병이 원인을 제공했을 것이라고 여기기도 한다.

탄저병은 원래 초식동물의 질병이다. 하지만 감염된 동물이나 감염된 동물로 만든 음식이나 물건에 노출되면, 사람도 감염될 수 있다. 특히 양에게서 많이 발병했고, 양과 관련 있는 직업을 가진 사람에게 전파되는 경우가 많아 '양털을 골라내는 사람들의 질병^{woolsorter's disease}'이라고도 불렀다. 나중에는 병원균이 비장^{spleen}에서 많이 발견되기 때문에 '비탈저^{脾脫疽, splenic fever}'라는 이름을 얻기도 했다. 항생제가 개발되기 전에는 감염되면 거의 사망할 정도로 치명적인 질병이었다. 현재는 아프리카와 중앙아시아 일부 지역을 제외하면 자연 감염은 매우 드물게 보고되지만, 2001년 미국 탄저균 테러에서 보듯이 생물무기로서의 가능성 때문에 주목받고 있다. 1932년부터 1945년까지 일본이 만주를 점령했을 때 731부대를 통해 여러 생물학적 무기를 사람에게 시험하고, 비행기로 여러 도시에 살포했는데, 거기에는 탄저균도 포함되어 있었다. 731부대의 책임자였던 이시이 시로石井四郎는 "탄저균이 가장 유효한 균이라고 확신한다. 대량으로 만들 수 있으며 저항력이 있어서 오랫동안 맹독성을 유지하고, 치사량은 80~90퍼센트에 달한다"라고 했다. 도쿄 지하철역에 신경독가스인 사린을 살포해 많은 사람의 목숨을 앗아갔던 옴진리교도 사린을 이용하기 전에 탄저균을 먼저 살포했다고 한다.

사람 탄저병의 경우 접종, 섭취, 흡입의 세 경로 중 하나를 통해 발생한다. 특히 흡입의 경우 내생포자를 이용한 생물학적 무기의 가능성이 큰 경로다. 다만 사람 사이의 감염 전파는 거의 일어나지 않는다. 2016년 시베리아에서 탄저균에 의해 2300여 마리의 순록이 떼죽음하는 사태가 벌어졌는데, 지구 온난화로 인해 영구 동토층에 묻혀 있던 사체가 해동되면서 탄저균이 방출되어 벌어진 일이었다.

코흐 이전에 탄저병의 원인이 세균이라는 주장을 한 과학자가 있었다. 1850년 프랑스의 의사 카지미르 다벤느Casimir Davaine와 피에르 레예Pierre Rayer, 1855년 독일의 의사 알로이스 폴렌더Aloys Pollender였다. 특히 다벤느는 매년 수천, 수만 마리의 가축을 죽음으로 몰아넣는 탄저병의 원인을 밝히기 위해 오랜 기간 고군분투했다. 병에 걸린 양과 접촉하지 않아도 발생해서는 양 떼 전체로 퍼져 그들을 몰살시키는

로베르트 코흐

탄저병에 대해 수의사를 비롯한 연구자들은 토양과 습도 때문에 발생한다고 생각하고 있었다.

다벤느는 탄저병에 걸린 양에서 '막대 모양의 작은 유기체'를 발견했는데, 파스퇴르가 발표한 일련의 논문을 읽고 이것이 탄저병의 원인이라고 확신했다. 그는 탄저병에 걸린 양의 혈액을 건강한 쥐와 토끼에게 주입해 보았다. 3일 후 쥐와 토끼가 탄저병으로 죽은 것을 확인하고는 세균이 탄저병의 원인이라는 것을 밝혀냈다고 생각했다. 그의 결론은 맞았지만, 현재는 결정적인 실험은 아닌 것으로 받아들여지고 있다.

다벤느의 결과에 비판적인 사람들은 다벤느가 세균을 양의 피에 섞여 있는 다른 체액과 분리하지 않은 채 실험한 것을 지적했다. 쥐와 토끼가 탄저병에 걸려 죽은 것은 혈액 속에 포함된 다른 무언가에 의한 것일 수도 있으므로 반드시 세균 때문이라고 할 수는 없다고 비판했다. 이후 다벤느는 그런 비판을 극복하기 위해 보다 세심한 실험을 수행했다. 실험동물에 '막대 모양의 작은 유기체'를 많이 주입할수록 동물이 빨리 죽는다는 것도 알아냈다. 탄저병 혈액을 물로 희석하여 가만히 둔 후, 상층부의 투명한 물만 주입했을 때보다 세균이 가라앉은 바닥의 물을 주입했을 때 기니피그가 더 빨리 죽는다는 것도 확인했다. 다벤느의 실험 결과는 많은 사람의 공감을 얻긴 했지만, 세

세균에서 생명을 보다

로베르트 코흐의 실험실

균이 탄저병이 원인이라는 결정적 증거는 되지 못했다. 가장 문제가 된 것은 탄저병을 일으키는 세균을 순수하게 분리하지 못했다는 점이었다. 또한 탄저병이 한꺼번에 창궐했다 어느 순간 사라지고, 또 갑자기 나타나는 현상에 대해서도 설명하지 못했다.

이런 상황에서 느닷없이 등장한 인물이 바로 무명의 시골 의사 코흐였다. 코흐에게는 스물여덟 번째 생일을 맞아 아내가 선물로 사준 현미경Hartnack microscope과 박편제작기가 있었다. 세균 배양을 위한 배양기는 직접 만들었고, 암실은 옷장을 개조했다. 처음에는 조류algae를 연구했지만, 곧 병원균 연구로 전환했다.

탄저균이 탄저병을 일으킨다는 사실을 증명하다

코흐의 1876년 논문 "탄저균의 생애 주기에 바탕을 둔 탄저병의 병인론Die Ätiologie der Milzbrand-Krankheit, begründet auf die Entwicklungsgeschichte des Bacillus Anthracis"은 '서문', '탄저균의 발달사', '탄저균의 생물학', '탄저병의 원인', '탄저병과 다른 감염질환의 비교'로 구성되어 있다. 현대의 과학 논문이 전체 내용을 요약한 초록Abstract에 서문Introduction, 방법 Methods, 결과Results, 토의Discussion 순서(이를 AMRaD라고 한다)로 정형화되어 있는 것과는 좀 다른 구성이다.

여기서 코흐가 탄저균의 발달사, 정확히는 생활사를 길고 자세하게 서술한 것이 눈에 띈다. 바로 이 부분이 다벤느가 해명하지 못한 탄저병의 비밀, 즉 탄저병이 발생했다가 사라져 버리고, 또 갑자기 다시 발생하는 상황을 설명하는 첫 번째 핵심 사항이다. 코흐는 탄저병에 걸린 가축에서 발견되는 막대 모양 세균의 생활 주기를 끈질기게 관찰했다. 탄저균에 감염된 혈액을 소의 체액에서 배양한 후 슬라이드 위에 올려놓고, 현미경으로 살펴보았다. 세균은 동물의 몸 밖에서 진주 목걸이처럼 서로 연결된 내생포자를 만들었다. 내생포자는 높은 온도에서도 살아남는 특징을 보였는데, 환경이 세균에게 불리해졌을 때, 특히 산소가 부족한 상황에서 살아남기 위해 내생포자를 만든다는 것을 알아냈다. 그런 내생포자 상태에서 체액을 더 공급해 주면 탄저병에 걸린 가축에서 볼 수 있는 모양의 세균으로 바뀌었다.

코흐는 이를 토대로 평상시에는 세균이 내생포자 상태로 풀잎에 존재하다 양들이 풀을 먹으면 양의 체내로 들어가고, 몸속으로 들어

세균에서 생명을 보다

간 내생포자가 영양이 충분한 환경을 만나면 발아發芽, germination하여 양을 죽이는 세균으로 증식하는 것이라고 추론했다. 숙주인 양을 죽인 세균은 다시 엄청난 수의 내생포자를 남겨 다음 숙주를 기다리게 된다. 그는 탄저균의 생활사를 완전히 파악해 냄으로써 오랜 기간 동안 나타나지 않다가 갑자기 탄저병이 재발하는 현상을 설명할 수 있었다. 이렇게 내생포자를 만드는 병원균으로는 탄저균 외에 파상풍균lostridium tetani과 보툴리누스균Clostridium botulinum이 있다.

이렇게 탄저균의 생활사를 확인한 코흐는 다음 단계로 탄저균을 동물에 주입하여 세균이 실제로 병을 일으키는 것을 증명하기로 했다. 그런데 이 단계에서 다벤느가 끝내 극복하지 못한 문제를 해결하려면 탄저균만 순수하게 분리해 배양할 수 있는 기술이 필요했다. 여기서 생각해야 할 것은 코흐의 시대에는 지금과 같은 세균 배양 기술이 전혀 정립되어 있지 않았다는 점이다. 당시에는 고체 배지를 만드는 기술도 정립되어 있지 않았고, 동물에 감염시킬 때 쓰는 도구도 변변찮았다. 나중 얘기지만 페트리 접시를 고안한 것도, 한천으로 고체 배지를 만드는 것도, 나뭇가지와 같은 감염 도구를 개발한 것도 모두 코흐와 그의 제자들이 한 일이다. 말하자면 그들은 현대 세균학의 기본 도구를 고안하고 만들어가며 새로운 분야를 개척한 것이다.

세균을 순수 배양하는 방법에 관해 코흐는 꽤 오랫동안 고민했다. 그러다 다른 것과 접촉하지 않는 액체 방울에는 밖에서 아무것도 들어가지 못할 것이라는 걸 생각해냈다. 코흐는 이에 착안하여 간단한 배양 장치를 만들었다. 그는 소의 눈알에 있는 액체에서 탄저균을 배양할 수 있으리라 여겨, 우선 집 근처의 푸줏간에서 소의 눈알을 얻

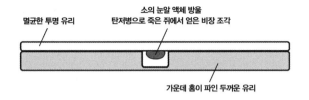

코흐가 고안한 탄저균 순수 분리 장치

어왔다. 멸균한 투명 유리에 소의 눈알에서 얻은 액체 방울을 떨어뜨리고 죽은 양의 비장 조각을 액체 방울 속에 집어넣었다. 그리고는 액체 방울에 닿지 않도록 가운데를 우물 모양으로 파낸 직사각형의 두꺼운 유리를 덮었다. 유리 가장자리에는 바셀린을 발라 고정한 후 조심스럽게 유리를 뒤집었다. 이렇게 하니 탄저균이 들어 있을 것이 확실한, 비장 조각이 든 소 눈알의 액체 방울이 유리판에 매달려 있게 되었다. 여기에는 다른 미생물이 들어가 오염시킬 염려가 없었다.

코흐는 이렇게 장치를 만들어서 세균을 배양했고 현미경으로 관찰했다. 그리고 비장 조각 속에서 자라고 분열하는 세균을 볼 수 있었다. 그는 자신이 관찰한 것을 자세히 그려 기록으로 남겼다. 이 세균을 같은 방식으로 여덟 세대 동안 배양했고, 이 과정을 통해 다른 세균은 전혀 없이 원하는 세균인 막대 모양의 세균, 즉 탄저균만을 얻었다고 확신할 수 있었다.

다음으로 코흐가 해결해야 하는 문제는 배양한 세균을 동물에 감염시키는 방법이었다. 여기서도 코흐는 독창적인 도구를 생각해 냈다. 바로 '나무 가시'였다. 뾰족한 나무 가시를 멸균한 후 조심스럽게 여덟 세대 째 배양한 액체 방울에 문질렀다. 액체 방울, 즉 세균이 묻은 나무 가시를 건강한 쥐의 꼬리 아래를 작게 절개한 부분에 찔러 넣었다. 탄저균에 감염된 쥐들은 다음 날 아침 죽어 있었다. 코흐는 죽은 쥐를 해부하고 비장을 꺼내 현미경으로 관찰했다. 거기에는 죽은 양의 비장 조각에서 분리했던 세균과 똑같은 세균이 자라고 있었다. 그렇게 코흐는 특정 세균이 특정 질환의 원인이 된다는 걸 밝힌 최초의 인물이 되었다. 탄저병 연구를 시작한 지 3년 만이었다.

하지만 코흐는 자신의 발견을 알릴 방법을 찾아야 했다. 이 분야에서 완전한 무명이었기에 누군가의 권위에 기댈 필요가 있었다. 1876년 4월 22일 코흐는 당시 미생물학의 최고 권위자로 꼽히던 브레슬라우 대학의 페르디난트 콘Ferdinand Cohn 교수에게 편지를 보냈다.

"존경하는 교수님, 저는 교수님의 세균학 연구에 자극을 받아 탄저병의 원인을 꽤 오랫동안 연구했습니다. 몇 번의 실패를 거듭한 끝에 저는 마침내 탄저균의 발생 주기를 완전히 밝히는 데 성공했습니다. 저는 제 실험 결과를 충분히 확인했다고 믿습니다. 존경하는 교수님, 만약 교수님께서 세균학계를 이끄는 권위자로서 제 연구를 평가해 주신다면 더없는 영광이겠습니다."

비슷한 내용의 편지를 적지 않게 받아온 콘의 입장에서는 시골 마을의 의사인 코흐의 편지가 의심스러울 수밖에 없었을 것이다. 그래도 이전부터 코흐를 알고 있었기 때문일까, 놀랍게도 그는 코흐의 제안을 받아들였다. 코흐는 바로 실험 기구와 실험 동물을 잔뜩 싸 들고 브레슬라우 대학을 찾아갔고, 사흘에 걸쳐 자신이 수행했던 실험을 완벽하게 재현했다. 이를 지켜본 콘을 비롯한 대학의 연구자들

코흐가 1876년에 발표한 논문에서 탄저
균을 묘사한 그림들

은 놀라움을 금치 못했고 찬사를 아끼지 않았다고 한다. 콘과 함께 코흐의 실험을 지켜본, 역시 뛰어난 병리학자 율리우스 콘하임Julius Cohnheim은 코흐가 전문적인 훈련을 받지 않았음에도 모든 것을 혼자서 해낸 데 대해 크게 놀랐다. 그는 "나는 이것이 병리학 분야에서 가장 위대한 발견이라 생각하며, 젊은 로베르트 코흐가 그의 탁월한 연구로 우리를 놀라게 할 마지막 연구가 아니라는 것을 믿는다"고 이야기했다.

코흐는 콘의 지지를 받으며 그해에 콘이 발행하는 학술지에 연구 결과를 발표했다. 코흐의 나이 32살이었다. 코흐의 탄저균 발견과 이에 이어진 논문이야말로 의학세균학medical bacteriology의 탄생을 알리는 신호탄이었다.

볼슈타인에서 개업의로 일하던 코흐는 안정적인 연구원 자리를 원했다. 하지만 금방 자리가 나지 않았고 몇 년 동안 의사 생활을 더 해야만 했다. 1880년 드디어 베를린 국립위생국으로 자리를 옮겨 전임 연구원이 될 수 있었고, 1885년에는 프리드리히 빌헬름 대학교베를린 훔볼트 대학교 위생연구소의 첫 정교수가 되었다. 1891년에는 프로이센 왕립 전염병연구소의 초대 소장으로 취임해 1904년까지 자리를 지

세균에서 생명을 보다

키면서 결핵균을 비롯한 많은 병원균을 발견했다. 그리고 세균학을 군건한 실험적 토대를 갖는 학문으로 만든 '코흐의 4원칙'을 발표했다. 그가 정립한 4원칙은 어떤 병원체가 특정 질병의 원인임을 입증하는 데 필요한 4가지 조건을 말하는 것으로, 다음과 같다.

1. 특정 질병을 앓고 있는 모든 환자에게서 병원균이 다량으로 검출되어야 하며, 건강한 개체에서는 검출되지 않아야 한다.
2. 검출된 병원균은 순수분리되어야 하며, 배양할 수 있어야 한다.
3. 순수분리하여 배양한 세균을 건강한 개체에 주입하면 그 개체는 동일한 질병에 걸려야 한다.
4. 새로 질병에 걸린 동물에서 다시 병원균을 분리할 수 있어야 하며, 새로 분리한 병원균은 원래 질병에 걸린 환자에서 나온 것과 같은 것이어야 한다.

코흐는 제자인 에밀 폰 베링Emil Adolf von Behring*보다는 늦었지만 1905년 노벨 생리의학상을 수상함으로써 경력의 정점을 찍었다. 그는 1910년 심장마비로 67세의 나이에 독일의 바덴바덴에서 세상을 떠났다. 코흐의 사망 후 그가 근무했던 프로이센 왕립 전염병연구소는 로베르트 코흐 연구소Robert Koch Institut, RKI로 이름을 바꾸어 그의 업적을 기념하고, 그의 연구를 지금까지 이어가고 있다.

* 에밀 폰 베링은 혈청의 항균 작용을 연구했고, 일본의 세균학자 기타자토 시바사부로와 함께 디프테리아 치료 혈청을 발견한 공로로 1901년에 제1회 노벨 생리의학상을 수상했다. 하지만 기타자토가 수상자에서 제외되어 논란이 되었다.

이 병도
세균 때문이라고

04

배리 마셜의 헬리코박터균 발견

"위내시경을 받기 위해 병원을 방문한 환자 100명으로부터 연구에 관한 동의를

받아, 상악동 점막의 손상되지 않은 부위에서 생검biopsy 표본을 채취했다. 이 중

58명의 환자 표본에서 나선형 또는 구부러진 간균이 확인되었다. 생검 표본 중

11개로부터 배양된 간균은 그람 음성이었으며, 편모를 가지고 있고, 미호기성微

好氣性이었으며 캄필로박터Campylobacter 속과 가까운, 새로운 종으로 드러났다.

세균은 활동성 만성 위염, 십이지장궤양, 또는 위궤양 환자 대부분에게 존재했고,

따라서 이 세균은 이들 질환의 중요한 요인일 수 있다."

마셜과 워렌의 1984년 논문

"위염 및 소화성 궤양 환자의 위에서 발견된 미확인 구부러진 간균"의 초록에서

코흐가 탄저병의 원인균을 찾아낸 후 세균학은 황금기를 맞았다. 코
흐를 비롯한 여러 세균학자에 의해 주요 감염질환의 원인균이 속속
밝혀졌다. 중요한 병원균은 20세기 초반까지 거의 밝혀졌다고 해도

세균에서 생명을 보다

과언이 아니다. 1990년대 이후에 밝혀진 감염질환의 원인균을 들라면 휘플병Whipple's disease의 트로페리마 휘플레이Tropheryma whipplei 정도나 들 수 있지 않을까 싶다. 이것도 병원균을 실험실에서 배양해서 찾아내 밝힌 것이 아니라, 조직에서 병원균의 DNA를 추출해서 PCR 방법으로 증폭해 염기서열을 결정하는 방식으로 병원균의 존재를 증명한 것이었다. 그런데 최근 들어 감염질환이라고 생각하지 않았던 질병인데도 세균이 원인이라는 연구 결과가 종종 발표된다. 이번 글에서 그런 발견의 효시가 된 연구를 살펴보려고 한다.

보았으나 발견되지 않은 세균

헬리코박터 파일로리Helicobacter pylori는 오직 인간의 위에만 존재하는 S자형 세균이다. 사람의 위벽 안쪽 점액층에 산다. 위장관은 코에서 항문까지 이어지는데, 점액은 음식물이 미끄러져 내려가는 것을 돕고 소화 과정에서 위장관의 벽을 보호한다. 위장관의 각 구역마다 서로 다른 세균이 존재하는데, 위의 점액은 강산성의 위액으로부터 위벽을 보호하기 위해 다른 곳보다 두꺼운 층으로 이루어져 있다. 헬리코박터 파일로리가 사는 곳이 바로 그곳이다.

캐나다의 저명한 세균학자 브렛 핀레이B. Brett Finlay는 《마이크로바이옴, 건강과 노화의 비밀》에서 배리 마셜Barry Marshall, 1951~ 의 헬리코박터 파일로리 발견을 "전형적인 무명 선수의 성공담"이라고 평가하고 있다. 로베르트 코흐가 그랬듯이, 마셜이 로빈 워렌Robin Warren,

1937~ 과 위에서 발견한 헬리코박터 파일로리(당시에는 유문 캄필로박터 *pyloric Campylobacter*라고 했다)라는 세균을 발표한 1984년에는 마셜도, 워렌도 해당 학계에 거의 알려져 있지 않았다. 마셜은 당시 과학의 중심지라고는 할 수 없는 오스트레일리아에서, 게다가 오스트레일리아에서도 변방이라고 할 수 있는 퍼스Perth의 한 병원에 근무하고 있던 의사였다. 그런 마셜의 논문은 기존의 통념과 정반대인 발견을 담고 있었기에 세균학계는 물론 의학계를 발칵 뒤집어 놓았다.

오랫동안 과학자들은 위액이 pH2에 달하는 강한 산성이기 때문에 어떤 생물도 살 수 없다는 것을 굳게 믿고 있었다. 물론 위에서 종종 세균 모양의 것을 발견했다는 보고가 있긴 했다. 1875년 독일어로 쓰인 한 논문에서 위에서 세균이 관찰된다고 했지만, 배양하는 데는 실패해서 곧 잊혔다. 1893년에는 이탈리아에서, 1895년에는 폴란드에서 비슷한 언급이 있었다. 일본에서 비슷한 발견이 보고되기도 했다. 모두 분명한 증거를 내놓지 못했고 논리적으로도 설명이 되지 않았기 때문에 받아들여지지 않았다. 1950년대에 이르러서는 미국에서 광범위한 위 조직 검사가 시행되었다. 여기서도 19세기 말 관찰했다고 드문드문 보고되었던 세균의 존재를 분명하게 확인하지 못했다. 그래서 위는 세균이 존재하지 않는 무균 상태라는 게 일종의 패러다임처럼 받아들여지고 있었다. 그게 1980년대까지의 상황이었다.

사실 1960년대 이후 위 내시경이 보편화되면서 위에서 세균의 존재를 관찰할 기회가 적지는 않았다. 하지만 세균이 그 자리에 있었다 하더라도 병리학자들은 세균의 존재를 고려 대상에서 제외했거나 보았더라도 잘못 본 것이거나 오염된 것이라고 무시했을 가능성이 컸

세균에서 생명을 보다

다. 위에서는 어떤 세균도 살아남을 수 없다는 건 일종의 도그마였고, 도그마가 너무도 강력해 위염이나 소화성 궤양의 원인을 세균에서 찾는다는 생각은 꿈에서도 하지 않았다.

그렇다면 과학자와 의사는 위염이나 소화성 궤양의 원인을 어떻게 생각하고 있었을까? 우선 위벽이 강한 산성인 위산으로부터 보호받을 수 있는 것은 위벽을 보호하는 점액층이 존재하고 있어서다. 그러다 위산이 과다 분비되거나 점액층에 문제가 생기면 위염이 발생한다고 생각했다. 독일의 생리학자 드라구틴 슈바르츠Dragutin Schwarz가 대표적이다. 1910년경 그는 위산이 자연적으로 없어진 노인에게서는 궤양이 나타나지 않는 점을 들면서 산이 궤양을 일으키는 원인이라고 주장했다. 위로 들어온 음식물에 위벽이 자극을 받으면 가스트린이라는 호르몬이 분비된다. 가스트린에 의해 위액 분비가 촉진되는데, 어떤 상황에서는 가스트린 분비 조절에 문제가 생겨 위액이 과다하게 분비되기도 했다. 그리고 아스피린과 같은 약에 의해서도 위 점액층이 파괴될 수 있다. 그렇게 되면 위벽의 세포가 위산에 노출된다. 이런 이유로 위염 혹은 궤양이 나타나게 된다고 생각했다. 그래서 위의 산성도를 낮추기 위해 우유를 마시거나 제산제 복용을 치료법으로 채택했다. 하지만 이런 원인이 모든 위염과 소화성 궤양에 맞지는 않았다. 이때 등장한 원인이 바로, 당시 모든 문제점의 원인을 설명하는 데 동원되었던 개인의 성격과 스트레스다.

성격이 소화성 궤양과 연관이 있다는 주장은 1930년대 미국의 정신분석학자 프란츠 알렉산더Franz Alexander에 의해 제기됐다. 알렉산더는 부모에 의존하려는 욕망을 의도적으로 은폐하려고 애쓰다가 소화성 궤양이 생긴다고 보았다. 이와 같은 정신분석학적 이론은 1950년 대 들어서는 부모를 비난하는 방향으로 전환된다. 가정에서 수동적 인 아버지와 지배적이며 강박적인 성향의 어머니 때문에 자녀에게 소화성 궤양이 생긴다는 것이었다.

성격 이론과 함께 스트레스도 소화성 궤양의 원인이라는 주장이 1940년대에 등장했다. 당시 의사들은 정서적 안정감이 위협받는 상 황에서 위산이 과다하게 분비되어 질병이 생긴다고 보았다. 스트레 스가 비어 있는 상태의 위에서 위산 분비를 증가시키고, 그 결과 소 화성 궤양이 생긴다는 이 이론은 언뜻 과학적으로 보였고, 따라서 오 랫동안 자명한 사실로 받아들여졌다. 1976년 위산 분비를 감소시키 는 시메티딘cimetidine이 궤양 치료제로 도입되면서 이 이론은 확고해 보였다. '스트레스로 인한 속쓰림'이란 광고 문구를 보더라도 알 수 있듯이 스트레스가 위염이나 소화성 궤양의 원인이라는 생각은 지금 도 대중들 사이에서 알게 모르게 굳건하다.

이런 이론들은 애초에 왜 특정한 사람에게 소화성 궤양이 시작되 는지 소화성 궤양의 '최초 요인'을 명쾌하게 지목하거나 설명하지 못 했지만 큰 의문 없이 받아들여졌다. 하지만 스트레스가 소화성 궤양 의 원인인 듯하지만 실은 그렇지 않다는 결과가 1995년 일본 고베 지진 이후의 연구에서 나왔다. 지진 이후 위궤양 환자가 급증해서 역 시 스트레스가 원인인 듯했지만, 환자들을 조사해 봤더니 위궤양 환 자의 83퍼센트가 헬리코박터균 감염자였다. 반면 헬리코박터균이 없 는 사람은 위궤양에 거의 걸리지 않았다(헬리코박터균이 소화성 궤양의 원인이 라는 게 밝혀진 후의 연구다).

세균에서 생명을 보다

발견의 시작

1984년에 들어와 과학의 변두리라고 할 수 있는 오스트레일리아의 의사들에 의해 소화성 궤양에 관한 굳건했던 패러다임이 뒤집혔다. 오스트레일리아 왕립퍼스병원의 병리학자 로빈 워렌은 위장병 전문의였다. 1981년경 그도 19세기 말의 독일이나 이탈리아, 폴란드의 과학자들처럼 위에서 우연히 '작고 구불구불한' 나선형의 생명체를 관찰했다. 워렌은 자신이 운영하는 부서의 내과 전공의인 배리 마셜에게 자신이 발견한 것을 다시 확인해 보지 않겠냐고 제안했다. 당시 마셜은 흥미로운 과제가 어디 없나, 궁리하던 중이었다. 마셜이 워렌의 제안을 흔쾌히 받아들이면서 공동 연구가 시작되었다. 워렌은 연구 경험이 많지 않은 마셜에게 제안을 하기는 했지만 자신의 발견이 얼마나 중요한 것인지 인식하지는 못했다고 한다. 물론 이 말은 마셜의 주장이 많이 들어간 평가다. 그래서 나중 얘기지만 그들의 연구가 대성공을 거두자 누가 연구를 주도했는지, 누구의 공이 더 큰지에 대한, 과학사에서 흔히 볼 수 있는 갈등이 생겼다.

마셜은 1951년 호주 서부의 퍼스 근처 칼굴리Kalgoorlie에서 4남매 중 장남으로 태어났다. 그가 태어난 칼굴리는 코흐가 태어난 클라우스탈처럼 광산촌이었다. 아버지는 정비사 등 여러 직업을 전전했고, 어머니는 간호사였다. 그는 나중에 4남매의 맏이로서 책임감을 가져야 했고, 활기차고 호기심이 많았다고 어린 시절을 떠올렸다. 퍼스에서 고등학교를 졸업하고는 뉴먼 칼리지에 진학했다. 과학과 수학에 관심이 있었지만 공학을 전공할 만큼 수학적 능력이 있다고는 생각

배리 마셜(왼쪽)과 로빈 워렌, 1984년

하지 않아서 대안으로 의과대학을 선택했다. 1975년에 웨스턴 오스트레일리아 대학교의 의과대학을 졸업한 후 퀸 엘리자베스 2세 병원에서 내과 인턴과 레지던트 과정을 마쳤다. 그때까지만 해도 뚜렷한 목표가 있지는 않았다. 다만 대학병원에서 임상 의학과 연구를 결합해 학문적 경력을 쌓는 데 관심이 있었다고 한다. 1978년에 전문의 수련을 시작했고, 1년 후 심장학에 대한 경험을 쌓기 위해 왕립 퍼스 병원으로 옮겼다. 아직 워렌을 만나기 전이었다.

여러 과를 돌아가며 근무하는 병원의 관행에 따라 1981년 하반기에는 위장병 부서에서 일하게 되었고 그곳에서 워렌을 만났다. 그때 마셜은 '취미로 달리기를 하는 사람들fun runners'의 열사병 연구에 몰두해 있었고, 그래서 스포츠의학이나 환경의학 쪽으로 진로를 정할

세균에서 생명을 보다

가능성이 컸다고 밝히고 있다. 그런데 그때 워렌으로부터 위 생검에서 나온 '작고 구불구불한' 나선형의 세균에 관한 프로젝트를 넘겨받게 된 것이다.

마셜은 워렌과 몇 차례 토론을 하고는 위에서 발견되는 나선형의 세균이 위궤양과 관련이 있을 거라고 확신했다. 물론 그걸 밝히는 일은 쉽지 않았다. 일단 배양하는 것 자체가 쉽지 않았다. 그러던 중 1982년 부활절 휴가를 다녀오고 나서 마치 플레밍이 겪은, 혹은 겪었다고 알려진 것과 비슷한 경험을 하게 된다. 세균 배양을 시도하던 배지를 부주의하게 실험실 벤치에 두고 휴가를 갔는데, 휴가에서 돌아와서 보니 오랫동안 배양이 잘 되지 않던 그 세균이 배지에서 자라고 있던 것이었다!

거절당한 논문

1982년 10월 마셜과 워렌은 예비 결과를 지역 의사들의 모임에서 발표했다. 마셜은 반응이 엇갈렸다고 기억하지만 아마도 믿을 수 없다는 반응이 대세였을 거라고 생각한다. 마셜은 2005년 워렌과 함께 노벨 생리의학상을 수상했는데, 그 이듬해 대구에서 열린 한국미생물학회 정기학술대회에 참석해서 강연을 한 적이 있었다. 그때 나도 강연장을 빽빽이 채우는 데 일조했다. 지금도 기억나는 건 마셜이 강연에서 보여준 첫 번째 슬라이드였다. 그는 위 속에서 발견되는 세균에 대해 발표하려고 어느 학회(오스트레일리아 소화기 학회)에 초록을 냈는

마셜이 받은 발표 거절 편지

데, 그에 대해 학술대회 조직위원회가 보낸 거절의 편지를 보관하고
있었다. 제출된 67개의 초록 가운데 56개'만' 발표가 허가되었다는
완곡하지만 냉정한 거절의 편지였다. 발표가 거절된 11편의 초록 가
운데 20년 후 노벨상을 받게 될 연구가 있었다니!

그로부터 몇 년 간 마셜은 자신의 연구 결과를 사람들에게 납득시
키느라 무척 애를 썼다. 하지만 헬리코박터균 감염 동물 모델을 만
드는 데 실패했고, 일부의 관심과 지원이 있긴 했지만 논문은 계속
거절되었고, 승인된 논문의 출판도 상당히 지연되었다. 1983년에는
같은 제목으로 워렌과 마셜이 각자 쓴 짧은 편지 형식의 논문을 영국

세균에서 생명을 보다

TABLE II—ASSOCIATION OF BACTERIA WITH ENDOSCOPIC DIAGNOSES

Endoscopic appearance*	Total	With bacteria	p
Gastric ulcer	22	18 (77%)	0·0086
Duodenal ulcer	13	13 (100%)	0·00044
All ulcers	31	27 (87%)	0·00005
Oesophagus abnormal	34	14 (41%)	0·996
Gastritis†	42	23 (55%)	0·78
Duodenitis†	17	9 (53%)	0·77
Bile in stomach	12	7 (58%)	0·62
Normal	16	8 (50%)	0·84
Total	100	58 (58%)	

*More than one description applies to several patients (eg, 4 patients had both gastric and duodenal ulcers).
†Refers to endoscopic appearance, not histological inflammation.

TABLE III—HISTOLOGICAL GRADING OF GASTRITIS AND BACTERIA

Gastritis	Bacterial grade				
	Nil	1+	2+	3+	Total
Normal*	29	2	0	0	31
Chronic	12†	9	7	1	29
Active	2	5	15	18	40
Total	43	16	22	19	100

*Gastritis grades 0 and 1 normal.
†1 case showed bacteria on gram stained smear.

TABLE IV—RELATION BETWEEN GASTRITIS AND BACTERIA IN PATIENTS WITHOUT PEPTIC ULCER

Gastritis	Bacteria		
	No	Yes	Total
Normal	28	1	29
Chronic	8	12	20
Active	2	18	20
Total	38	31	69

배리 마셜과 로빈 워렌이 헬리코박터균에 대해 발표한 1984년 논문에 실린 표. 표2(맨 위)를 보면 위궤양gastric ulcer 환자의 77퍼센트, 십이지장궤양duodermal ulcer 환자의 100퍼센트에서 세균이 나왔다(주황색 표시). 표3(가운데)은 세균이 많이 나올수록 증상이 심하다는 것을, 표4(맨 아래)는 위궤양이 없는 환자를 대상으로 세균의 존재 여부와 위염에 어떤 관계가 있는지 조사한 것이다. 세균이 존재할수록 위염이 심했다.

의 저명한 의학 학술지인 《랜싯》에 발표했는데, 이때의 내용은 단순한 임상 증례 보고 같은 것이었다. 그러다 마침내 1984년 6월에 《랜싯》에 본격적인 논문을 발표하게 된다. 지금은 헬리코박터 파일로리에 관한 가장 중요한 논문으로 평가받고 있지만, 당시에는 세균이 질병을 일으켰다는 증거가 충분치 않다는 이유로 비판을 받았다. 논문이 발표되었을 때도 과학자들은 논문의 결과가 동물 실험과 같은 과학적 실험에 근거한 것이 아니라고 했다. 심지어 단순히 그게 사실일 리 없기 때문에 받아들일 수 없다고도 했다. 그의 결과를 재현할 수 없다고도 했고, 마셜이 관찰한 세균이 오염에 의한 것이라거나 무해한 공생세균이라는 평가도 있었다.

여기서 먼저 마셜의 1984년 논문 내용을 한번 살펴보자. 사실 별로 복잡하지 않다. 일단 위내시경을 받기 위해 병원을 찾은 환자 100명에게 동의서를 받고 그들의 위에서 생검 표본을 채취했다. 환자들은 과거 병력에 관해 답을 했고, 마셜과 워렌은 생검 표본에 세균이 존재하는지를 조사했다. 소화기내과 전문의는 내시경을 통해 환자들에게 위염 혹은 소화성 궤양이 있는지를 판단했다. 그러고는 결과를 분석했고, 세균의 특성을 덧붙였다. 연구는 그게 전부였다.

마셜과 워렌이 보기에, 그리고 지금 우리가 보기에도 결과는 놀라운 것이었다. 위궤양 환자는 22명이었는데 18명에게서 세균이 나왔다. 십이지장궤양 환자 13명에게서는 모두 세균이 관찰되었다. 전체적으로는 100명의 환자 중 58명에서 세균이 확인되었다. 위염이 없거나 만성 위염 환자보다 활동성 위염이 있는 환자에게서 세균이 더 많이 나왔다. 그리고 위 조직에 존재하는 세균의 사진을 제시했고, 배양한 세균의 특성을 기술했다.

"세균은 S자 또는 굽은 모양의 그람 음성 간균이며, 크기는 3μm x 0.5μm이다. 전자현미경을 통해 봤을 때 부드러운 외막을 가지고 있으며, 한쪽 끝에는 피막 편모가 4개 정도 있다. 37℃의 미호기성 상태에서 가장 잘 자랐으며, 옥소이드의 캄필로박터 가스 발생 키트로도 충분히 확인할 수 있다. 세균을 배양하는 데 초콜릿 한천배지나 혈액 한천배지가 좋다. 무색의 콜로니가 직경 1mm로 생장하는 데 3일이면 충분하다. 일반적으로 인공 배지에서는 신선한 조직애서 그람 염색했을 때 보이는 것보다 더 크고 덜 구부러졌다. 오래 배양하면 구형이 된다. 산화효소 양성, 카탈레이스catalase 양성, 황화수소 양성, 인돌indole 음성, 유레이스urease 음성, 질산염 음성이고, 포도당을 발효하지 못한다. 테트라사이클린, 에리트로마이신, 카나마이신, 겐타마이신, 페니실린에 감수성이며 날리딕스산에는 내성이다. DNA 염기 분석 결과 전체 염기 중 구아닌과 사이토신의 비율이 36퍼센트로 캄필로박터Campylobacter 종류가 갖는 범위 안에 있다."

마셜과 워렌은 환자에 대한 소견과 세균의 존재를 연관시킨 이 연구 논문을, 인과 관계는 증명할 수 없었지만, 나중에 헬리코박터 파일로리라 명명된 세균이 병인학적으로 위염 및 소화성 궤양과 관련이 있다고 믿는다는 문장으로 마무리하고 있다.

여기서 잠깐 헬리코박터 파일로리라는 세균의 이름에 대해 알아보면, 원래 마셜은 1985년에 *Campylobacter pylori*라고 명명했다. 1989년에 스튜어트 굿윈C. Stewart Goodwin이 *Helicobacter*라는 속을 만들면서 *Helicobacter pylori*라고 학명이 바뀌었고, 그게 지금까지 이어지고 있다. '헬리코helico'가 '나선형helical 또는 spiral'이란 뜻으로 '헬리콥터helicopter'와 어원이 같다. '파일로리*pylori*'는 위의 출구인 '유문幽門,

pylorus'을 가리킨다. 그러니까 학명 자체가 '위의 유문에서 발견된 나선형의 세균'이란 뜻이다.

스스로 기니피그가 되어 증명하다

앞에서 마셜의 논문이 세균학계와 의학계를 발칵 뒤집어 놓았다고 했지만, 사실 뒤집어 놓는 데 걸린, 그 '발칵'의 시간은 좀 길었다. 마셜의 논문이 《랜싯》이라는 권위 있는 학술지에 발표되었어도 그의 연구에 대한 부정적인 반응은 여전했다. 마셜은 좌절감에 빠졌다. 그는 이를 돌파하기 위해선 결국엔 동물 모델을 통해 증명해야 한다고 생각했고, 자신이 직접 그 동물이 되기로 결정한다. 위 속에 세균이 존재하고, 이 세균이 여러 질병의 원인이 된다는 사실은 이후 여러 경로로 증명이 되었지만, 1984년 마셜이 자기 자신을 실험 대상으로 삼은 이 실험은 가장 결정적인 증명으로 여겨진다. 과학사에 또 하나의 유명한 일화가 된 실험이다. 하지만 마셜은 그게 그토록 중요하고, 유명해질 줄은 전혀 몰랐다고 회고했다. 또 그렇게 아플 줄은 미처 몰랐다고 말했다.

마셜은 일단 위내시경을 통해 자신의 위에 헬리코박터균이 없다는 것을 확인했다. 이는 그가 충동적으로 헬리코박터균을 마신 게 아니라, 과학자로서 상당히 이성적으로 실험을 수행했다는 것을 의미한다. 허락하지 않을 게 뻔한 워렌에게 그런 실험을 한다는 사실을 알리지 않았고, 일단 위궤양 환자로부터 분리해서 배양한 헬리코박터

세균에서 생명을 보다

균을 충분히 모았다. 그러고 나서 다시 한번 중요한 단계를 거친다. 이 세균을 항생제로 죽일 수 있는지를 확인한 것이다. 역시 어떻게 하면 헬리코박터균이 위궤양의 원인인지를 보여줄 수 있는지를 염두에 둔, 주도면밀하게 계획한 실험이라는 것을 알 수 있다. 그런 다음 헬리코박터균이 들어 있는 물을 마셨다. 마셜은 증세가 나타나려면 꽤 시간이 걸릴 거라고 생각했다고 한다. 하지만 단 5일 만에 현기증과 구토가 나면서 전형적인 위궤양 증세가 나타났다. 그는 위내시경을 자신의 위에 넣어 위염에 걸린 것을 확인했다. 헬리코박터균이 원래 깨끗했던 자신의 위에서 득실거리고 있었던 것이다. 마셜은 항생제 치료를 받고 회복되었다. 그리고 헬리코박터균이 위궤양의 원인이라는 것을 깨끗이 증명해 냈다고 그는 득의양양하게 선언했다. '코흐의 4원칙'을 완벽하게 만족하는 이 실험의 과정과 결과는 1985년 《오스트레일리아 의학 회지Medical Journal of Australia》에 발표되었다.

마셜은 나중에 회상하기를, "다행히도 저는 피부가 두꺼워요. 퍼스에 고립되었던 것도 이점이었지요. 사실 그 실험을 얼마나 심하게 반대할지 잘 몰랐거든요." 마셜을 '기니피그 의사guinea pig doctor'로 불리게 한 이 실험은 비교적 최근의 일이지만 과학사의 신화처럼 내려오고 있다.

그러나 마셜의 실험에는 몇 가지 문제가 있다. 우선 연구 윤리 측면에서, 사람을 실험 대상으로 삼는 것은 엄격한 기준을 충족해야만 허락된다. 특히 연구자 본인이나 실험에 직접 관련이 있는 사람은 실험 대상이 될 수 없다. 그는 병원의 윤리위원회에 허락은커녕 알리지도 않았으며, 부인에게도 알리지 않았다. 헬리코박터균에 의한 급성 위염으로 고생할 때 부인이 매우 놀랐다고 하며, 이에 대해 마셜은 "허락보다 용서를 구하는 편이 더 쉽다"고 눙쳤다. 일부 어린이용 책이나 만화에서 이 일화를 대단하고 훌륭한 결단으로 소개하곤 하지만 지금의 기준으로뿐만 아니라 당시의 기준으로도 절대 권장, 아니 시도할 만한 연구도 아니고, 추앙할 만한 연구는 더더욱 아니다.

여기엔 또 한 가지 미스터리한 면도 있다. 이에 관해서는 헬리코박터균에 관한 최고 권위자 중 한 사람인 마틴 블레이저Martin Blaser가 《인간은 왜 세균과 공존해야 하는가》에서 밝히고 있다. 블레이저는 헬리코박터 파일로리가 위염이나 소화성 궤양의 원인은 맞지만, 마셜의 실험이 실제로는 헬리코박터 파일로리가 위염이나 소화성 궤양의 원인이라는 것을 밝힌 증거가 될 수 없다고 지적한다.

일단 마셜의 위염은 단 며칠만 지속됐는데, 이런 급성 위염은 헬리코박터균 보균자들이 주로 겪는 만성 위염과는 다르다. 그리고 마셜이 복용한 항생제는 현재 단독으로 복용했을 때 헬리코박터균 제거에 효과가 없다고 알려진 항생제라고 한다. 블레이저는 마셜의 감염과 염증은 항생제로 치료된 게 아니라 자연스럽게 사라진 것이고, 위궤양에 걸렸던 것이 아니라고 확신한다. 이런 면을 봤을 때 마셜의 실험은 매우 극적이고, 또 이를 통해 헬리코박터균을 받아들이게 된 결정적 계기가 됐지만, 실제로는 진실이 아닐 가능성도 있는 셈이다.

하지만 신화는 신화로서 가치가 있다. 신화는 세부적인 진실을 요구하지 않는다. 신화는 강력한 인상 효과가 있어 의미를 전달하는 데 효과적이다. 그래서 무언가를 널리 알리고 뚜렷하게 각인시키는 데 신화는 필요하다. 아이들에게는 동화가 필요하고, 어른들에겐 신화가 필요하다. 과학자에게도 신화가 필요하다.

사실 세균이 든 용액을 마셔 무언가를 증명하려 했던 사례는 마셜 말고도 또 있었다. 1892년 독일의 위생학자 막스 폰 페텐코퍼Max Joseph von Pettenkofer, 1818~1901가 바로 그 주인공이다. 그런데 이 경우엔 세균이 질병의 원인이라는 것을 밝히기 위한 게 아니라 그 반대라는 것을 증명하겠다며 나선 것이었다. 페텐코퍼는 세균이 콜레라의 원인이라는 코흐의 주장을 받아들이지 않았다. 그는 더러운 지하수가 원인이라고 주장하며 코흐를 비롯한 세균병인론자들과 격렬하게 논쟁했는데, 그것을 증명해 보이겠다며 여러 사람 앞에서 콜레라 환자에게서 나온 세균이 든 물을 마셨다. 결과는 어땠을까? 페텐코퍼는 약간의 설사만 했을 뿐 금방 멀쩡해졌다. 그는 이것을 세균과 콜레라는 상관이 없으며 평소의 위생 상태가 중요하다는 자신의 주장을 뒷받침하는 증거로 여겼다. 그런데 당시 페텐코퍼의 제자인 루돌프 에머리히도 콜레라균을 함께 마셨는데, 그는 제대로 콜레라에 걸려 거의 죽을 뻔하다 살아났다. 병원균을 접하더라도 모두가 병에 걸리는 것도 아니고, 아마도 페텐코퍼가 마신 용액 속의 콜레라균이 좀 약했거나 아니면 그가 콜레라에 면역이 있었을 수도 있다. 페텐코퍼는 이를 증거로 세균이 질병의 원인이 아니라는 주장을 끝까지 굽히지 않았지만, 이미 대세는 정해지고 있었다. 그는 콜레라로 죽지는 않았지만, 노년이 되어 "일할 수 없게 된 자는 사라져야 한다"는 자신의 평소 신조에 따라 권총 자살로 생을 마감했다.

헬리코박터 파일로리의 발견 이후

마셜의 자가 인체 실험 소동(?) 이후 많은 과학자와 의사는 헬리코박터 파일로리가 위염이나 소화성 궤양의 원인균이라는 것을 인정했다. 그리고 이 세균이 위암의 잠재적인 위험인자라는 것이 인정되어 건강검진 시 필수 검사 항목까지 되었다. 헬리코박터균이 발견되면 항생제 치료를 통해 제거할 것을 권하기도 한다. 마셜과 워렌은 헬리코박터균 발견의 공로를 인정받아 2005년 노벨 생리의학상을 수상했다.

그런데 헬리코박터 파일로리에 대한 관심이 증가하고, 연구도 많이 하게 되면서 무언가 이상한 점이 발견되기 시작했다. 항생제 치료로 헬리코박터 감염자의 수는 꾸준히 줄어들었다. 그런데 그사이 천식이나 아토피와 같은 알레르기 질환자가 늘어났다. 그런데 그게 그저 우연이 아니라 이 두 현상 사이에 연관성이 있을지도 모른다는 정황이 드러났다. 예를 들어, 2016년에 발표된 1만 5000명의 40세 미만 한국인 성인을 대상으로 한 서울대병원의 연구에 따르면, 헬리코박터균에 감염되었을 경우 천식에 걸릴 확률이 50퍼센트 낮은 것으로 확인되었다. 과학자들은 헬리코박터균이 면역 반응에서 TH2도움T세포 염증 반응을 방해하기 때문에 천식과 알레르기를 억제할 수 있다는 메커니즘까지 밝혀냈다.

우선 헬리코박터균은 분명 세포독소를 분비하여 위의 상피세포를 자극해 궤양을 유발하지만, 사람의 면역 체계에 따라서는 아무런 증상을 보이지 않기도 한다. 그리고 헬리코박터균의 단백질이 사람 면역계의 T림프구 작용을 억제해서 소아 천식을 억제하는 것을 동물 실험을 통해 증명하기도 했다. 또한 헬리코박터균이 비만이나 당뇨병을 억제한다는 주장도 흥미로운데, 헬리코박터균이 위장의 상피세포 외에도 신경내분비세포와도 상호작용을 해서 식욕 호르몬인 그렐린 분비를 억제하는 것으로 보인다는 것이다. 또한 헬리코박터균을 없애면 혈당 신호의 전달이 훼손되어 당뇨병이 생길 가능성이 커진다고 주장한다. 연구자들은 헬리코박터균이 최소 5만 8000년 동안 인류와 공존하면서 해도 입혀 왔지만, 일종의 공생 관계를 맺으며 사람의 면역계와 내분비계를 조절하게 된 것이 아닐까 하는 가설을 내놓고 있다. 그렇게 오랫동안 인류와 함께 해왔기 때문에 헬리코박터 파일로리의 군집 분석을 통해, 아프리카에서 중동을 거쳐 유럽이나 아시아로 퍼져나간 인류의 이동을 추적하기도 한다. 즉, 헬리코박터균은 사람에게 세균의 역할이라는 게 단순하지만은 않다는 것을 보여주는 예라고 할 수 있다.

마셜의 헬리코박터 파일로리 발견은 단순히 질병 하나의 원인균을 밝혀냈다는 것 이상의 높은 평가를 받는다. 왜 그럴까? 1980년대라면 사실 중요한 감염질환을 일으키는 병원균은 거의 밝혀진 상황이었다. 이런 상황에서 마셜의 발견은 감염질환이라고 여기지 않았던 질병이 세균에 의해 생긴다는 것을 보여준 상징적인 사건이었다. 세균이 소화성 궤양을 일으킨다면, 다발성 경화증이나 류머티즘성 관절염은? 나아가 알츠하이머는? 그것도 감염질환의 일종이 아닐까? 이제 세균, 미생물을 바라보는 관점과 폭이 달라진 것이다.

치료
THERAPY

3

"나는 페니실린을 발명한 것이 아니다. 자연이 만들었고, 나는 단지 그것을 우연히 발견했을 뿐이다. 내가 남보다 나았던 점은 단 하나, 그런 현상을 지나치지 않고 세균학자로서 추적한 데 있다."

— 알렉산더 플레밍Alexander Fleming, 1881~1955

알렉산더 플레밍이 페니실린을 발견했다고 알린 논문의 첫 장(왼쪽)과 프레더릭 트워트의 박테리오파지 논문 첫 장

세균이 질병의 원인이라는 걸 알게 되었어도 바로 치료할 수는 없었다. 마땅한 치료제가 없었다. 세균 감염을 치료할 수 있는 최초의 항생제는 곰팡이에게서 나왔다. 플레밍은 우연한 관찰에 이은 날카로운 혜안으로 페니실린의 존재를 알아냈다. 플레밍 이후 많은 항생제가 개발되었고, 감염병을 끝장낼 것으로 기대했다. 하지만 항생제 내성은 인류의 발목을 붙잡고 있다. 이런 상황에서 새로운 항생제 개발 전략이 나오고 있고, 박테리오파지같이 오래되었지만 잊혔던 새로운 치료 방법이 시도되고 있다.

인류, 감염병에 맞설 무기를 갖다

알렉산더 플레밍의 페니실린 발견

"페니실린은 미생물 감염에 대해 잘 알려진 화학 소독제에 비해 몇 가지 장점이 있다. 좋은 샘플은 800분의 1로 희석하더라도 포도상구균, 화농성연쇄상구균, 폐렴구균을 완전히 제거할 수 있다. 따라서 페니실린은 석탄산보다 강력한 저해제이며, 자극성과 독성이 없기 때문에 희석하지 않은 상태로도 감염된 피부에 사용할 수 있다. 상처를 처치하는 데 사용한다면, 800배 이상 희석하더라도 현재 사용 중인 화학 소독제보다 효과가 더 좋다. 화농성 감염 치료에 쓸 수 있는지 여부와 관련한 실험은 진행 중에 있다. 페니실린을 이용하여 세균 감염을 치료할 수 있을 뿐 아니라 세균 배양에서 원치 않는 미생물의 생장을 억제하여 페니실린에 감수성이 없는 세균을 쉽게 분리할 수 있기 때문에 세균학자에게도 분명히 유용하다. 페니실린을 사용하면 인플루엔자 파이퍼균Pfeiffer's bacillus of influeza을 매우 쉽게 분리할 수 있다는 점이 대표적인 예다."

플레밍의 1929년 논문
"*B. influenzae* 분리에 이용된 페니실륨 배양물의 항균 작용에 대하여"의 결론에서 알렉산더 플레밍Alexander Fleming, 1881~1955을 언급할 때 흔히 제시되는 사진이 있다. 실험복을 입고 실험대 앞에 비스듬히 앉아 카메라를 응시하는 사진이다. 이 사진이 연출되었다는 건 그가 정장을 입고 나비넥타이까지 한 상태에서 그 위에 실험복을 입고 있다는 것, 손 아래에 특별히 무언가가 없는데도 오른손에 핀셋 같은 것을 들고 있다는 것을 봐도 알 수 있다. 그리고 무엇보다 결정적인 것은 배경이 되는 실험대가 상당히 정리되어 있다는 점이다. 이는 이 사진이 결코 실험하고 있는 플레밍을 우연히 찍은 게 아니라는 걸 말해준다. 요즘도 중요한 연구 결과를 발표하는 교수가 신문이나 TV 뉴스에 등장해 실험복을 어색하게 입고, 실험 도구를 매만지는 모습과 비슷하다고 할 수 있다. 물론 플레밍은 직접 실험했다.

플레밍은 일부러든, 게으름 때문이든 실험대를 잘 정리하지 않았던 걸로 유명하다. 그리고 그렇게 정리하지 않는 습관 덕분에(?) 페니실린을 발견하게 되었다고 흔히들 이야기한다. 그래서 실험대를 정리하지 않는 대학원생의 핑곗거리가 되기도 한다. 수 주일 동안 휴가를 가면서 세균을 배양하던 페트리 접시의 뚜껑을 닫지 않았는데, 휴가에서 돌아와 봤더니 페트리 접시에 곰팡이가 피어 있었고, 그 주변에는 세균이 죽어 있는 현상을 보게 되었다는 얘기. 그리고 그걸 보고 페트리 접시를 내다 버리는 대신 호기심을 갖고 파고들어 결국은 페니실린을 발견하게 되었다는 얘기. 이 얘기는 과학사에서, 흔히 세렌디피티serendipity라고 하는, 우연의 역할과 그 우연을 세심하고 과감하게 추적한 과학자의 자질을 보여주는 대표적인 예로 제시된다. 그런데 이 이야기에는 진실도 있지만, 과장도 있고, 왜곡도 있다. 또 잘

세균에서 생명을 보다

알렉산더 플레밍

이해할 수 없는 점도 있다.

이제부터 플레밍이 발표한 페니실린에 관한 논문을 살펴보면서 페니실린의 탄생 신화가 어디까지 진실인지 한번 알아보도록 하자. 또한 페니실린 발견이 얼마나 위대한 발견인지에 대해서도 생각해 보도록 하자.

곰팡이 주위에 죽어 있는 세균을 보다

스코틀랜드 에어셔 지방의 시골 마을 로크필드에서 태어난 플레밍은 처음부터 의사와 연구자의 길을 걸어서 최고의 자리까지 올라간 게 아니었다. 그는 리젠트 공예학교를 2년간 다녔고, 상선회사에 취직해 4년 동안 사무원으로 일한 후에야 삼촌으로부터 약간의 유산을 받아 비로소 대학에 입학할 수 있었다. 1908년 뛰어난 성적으로 런던 대학교 세인트 메리 병원 의과대학(현재는 런던의 임페리얼 칼리지)에 장학금을 받고 입학했다. 면역학의 선구자 중 한 명인 암로스 라이트Amroth Wright의 영향을 받아 백신과 면역학에 관심을 갖게 되었고, 그의 애제자가 되었다. 1차 세계대전 중에는 군에 입대하여 프랑스의 야전병원에서 의무장교로 근무했다. 플레밍은 전쟁터에서 상처를 입고 치료제도 변변히 없이 죽어가는 병사들을 보면서 이를 치료할 방법을 개발하겠다는 다짐을 했다고 한다.

전쟁 후에는 세인트 메리 병원으로 돌아와 교수가 되었다. 지적이며 예리한 관찰력을 소유한 연구자로 실험용 유리를 만드는 데 천부적인 재질이 있던 그는 유리로 살아 있는 듯한 고양이도 만들었다고 한다. 그가 공예학교에 다니며 익혔던 걸 써먹었던 것이다. 그는 콧물에서 세균 감염을 막아주는 라이소자임lysozyme을 발견하는 등 세균학자이자 의학자로서 업적을 쌓아갔다. 그가 처음으로 발견한 라이소자임은 사람을 비롯한 동물의 침, 눈물, 콧물, 달걀흰자 등에 들어 있으며 항균 작용을 하는 물질이다. 구체적인 작용 메커니즘은 조금 다르지만, 페니실린과 비슷하게 세균의 세포벽을 공격해서 세균 감염을 막는 작용을 한다. 뒤에 다시 얘기하겠지만, 플레밍이 페니실린을 발견하면서 떠올렸던 것이 바로 라이소자임을 발견했을 때의 경험이다. 그는 "만약 라이소자임을 발견한 경험이 없었더라면, 나는 이 발견의 가치를 깨닫지 못하고 배지를 버리고 말았을 것이다"라고 했다.

세균에서 생명을 보다

그런데 1928년, 그는 무엇을 연구하고 있었을까? 그가 해결하고 싶어 한 것은 포도상구균^{Staphylococcus}이라는 병원균에 의한 감염이었다. 논문에는 정확한 종種, species이 나오지 않지만, 아마도 황색포도상구균^{S. aureus}, 현재는 흔한 항생제 내성균으로 MRSA^{methicillin-resistant} S. aureus라는 약자로 잘 알려진 세균이었을 것이다. 물론 당시 실험한 세균은 항생제 내성균이 아니었을 것이다. 임상 표본에서는 말 그대로 포도송이 모양으로 관찰되는 세균이고(staphylé가 포도송이를 뜻한다), 'aureus'는 황금색, 즉 노란색을 의미한다. 그래서 우리말로 '황색포도상구균'이다(coccus는 둥글다는 뜻으로, 구균球菌을 의미한다). 사람의 피부와 점막에서 흔히 발견되는 세균이다. 건강한 사람에게는 별 피해를 주지 않지만, 면역력이 약해지면 심각한 질환을 일으킨다. 현재 병원 내 감염에서 가장 흔하면서 주요한 원인균으로, 이로 인한 피해가 어마어마하다. 당시에도 황색포도상구균의 위험성에 대해서 인식하고 있었고, 플레밍은 바로 이 세균을 배지에 배양하며 연구하고 있었다. 그러다 1928년 드디어 푸른곰팡이가 분비하는 물질이 항균 효과가 있다는 것을 발견한 것이다.

페니실린 논문에는 무슨 곰팡이인지 나오지 않는다

플레밍은 《영국실험병리학회지^{British Journal of Experimental Pathology}》에 발표한 'B. influenzae 분리에 이용된 페니실륨 배양물의 항균 작용에 대하여'라는 논문에서 페니실린을 처음으로 보고했다. 논문을 보면

1929년 5월 10일 출판이 결정되었다고 되어 있다. 이 논문에는 현대 과학 논문에서 필수적인 초록Abstract이라는 형식의 글이 없다. 대신 첫 두 문단이 논문의 요약 같은 역할을 하고 있는데, 여기에 플레밍은 다음과 같이 쓰고 있다.

"포도상구균 변종을 가지고 연구하는 동안 많은 배양 접시를 실험실 벤치에 따로 보관하면서 가끔씩 검사했다. 검사 도중 배양 접시는 공기에 노출될 수밖에 없었고, 다양한 미생물로 오염되었다. 그런데 오염된 곰팡이의 커다란 콜로니 주변에 포도상구균의 콜로니가 투명해지고 명백하게 용해되어 있는 것을 발견하였다(그림 1).

이 곰팡이를 다시 배양했고, 곰팡이 배양액에서 생성되어 주변 배지로 확산되는 세균 용해 물질의 특성을 확인하기 위해 실험을 수행하였다. 실온에서 1~2주 동안 곰팡이를 키운 배양액은 더 많은 병원성 세균에 대해 현저한 생장 억제와 살균 및 용해 특성을 갖는 것으로 나타났다."

이 두 문단만 보면 우리가 알고 있는 그대로인 것 같다. 그런데 좀 더 읽다 보면 어쩐지 당혹스러워진다. 바로 실험에 대한 자세한 과정이 이어질 것 같은데, 어찌 된 일인지, 이게 전부다. 그 뒤에 2차 배양을 어떻게 했는지, 곰팡이의 모양이 어땠는지가 이어지는데, 정작 맨처음 사용한 포도상구균이 어떤 것이었는지, 어떤 조건에서 배양했는지, 배양 접시가 어떻게, 얼마나 오염되었는지, 오염된 곰팡이에 의해 포도상구균이 얼마나 죽고, 또 어느 정도나 살아남았는지, 곰팡이 주변으로 얼마나 넓은 범위에서 그런 현상이 벌어졌는지에 관한 내

세균에서 생명을 보다

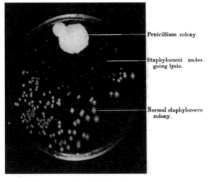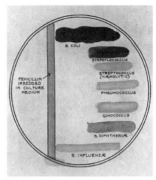

플레밍이 페니실린을 발표한 논문의 그림 1(왼쪽)과 그림 2. 그림 1의 아래쪽에서는 포도상구균의 콜로니가 보이는데 반해, 푸른곰팡이가 자란 위쪽에는 세균 콜로니가 없다. 그림 2에서는 어떤 세균에 대해서 푸른곰팡이 배양 여과액이 효과를 갖는지를 보여준다.

용이 없다. 요새 논문을 보면 실험에 사용한 재료와 실험 과정을 논문 뒷부분에 쓰는 경우도 있어 논문 뒷부분을 봤지만, 역시나 그런 내용은 없다.

내가 그렇듯이 논문을 읽는 사람이라면 곰팡이가 어떤 것이었는지도 궁금할 텐데, 이 내용도 없다. 논문 뒷부분에는 자신이 관찰한 곰팡이의 항균 작용이 얼마나 일반적인지를 알아보기 위해 다른 종의 곰팡이와 또 다른 페니실륨*Penicillium*, 즉 푸른곰팡이를 가지고 조사한 내용이 나온다. 그렇지만 정작 그 곰팡이가 어디서 온 것인지는 밝히지 않고 있다. 다만 '감사의 글'에서 동료 과학자였던 찰스 라투슈 Charles La Touche가 푸른곰팡이가 어떤 종인지를 알려줘서 고맙다는 말을 하고 있을 뿐이다. 그는 플레밍이 사용한 곰팡이가 페니실륨 루브룸*Penicillium rubrum*이라고 했다. 이 푸른곰팡이 종에 관해서는 나중에 여러 논란이 있었는데, 오랫동안 라투슈의 동정이 잘못되었던 것으로 알려졌다. 하지만 최근 연구 결과로는 오히려 그의 동정이 맞았을 것으로 보인다.

플레밍은 그런 재료나 과정에 대한 설명은 건너뛰고 사진(그림 1)을 제시하고 있다. 역시 유명한 사진이다. 글보다 그림이 플레밍이 무엇을 발견했는지 더 잘 표현하고 있다. 오염된 배양 접시를 찍은 사진은 정상적인 포도상구균과 함께 푸른곰팡이 주변에서 분해되고 있는 포도상구균을 보여준다. 푸른곰팡이가 세균에게 무슨 짓을 벌이고 있다는 걸 이 사진만큼 명확하게 보여줄 수 있을까?

이어서 항균물질을 생산하는 게 곰팡이에서 일반적인 일인지 조사했다. 여러 종류의 푸른곰팡이는 물론 다른 속에 속하는 곰팡이로도 항균 작용을 테스트했다. 역시 그 곰팡이들이 어디서 온 것인지 기록하지 않았지만, 결과는 원래 플레밍이 발견했던 그 푸른곰팡이 종류만 항균물질을 만들어 냈다. 이는 플레밍의 발견이 정말 대단한 우연이었으며, 또 그 우연을 정말 제대로 잡아냈다는 것을 의미한다.

당연한 순서로 이 물질이 어떤 세균의 생장을 억제하는지 조사했다. 논문의 '그림 2'가 바로 그것인데, 포도상구균 Staphylococcus, 용혈성 연쇄상구균 hemolytic Streptococcus, 폐렴구균 pneumococcus, Streptococcus pneumoniae, 임질균 Gonococcus, Neisseria gonorrhoeae, 디프테리아균 Corynebacterium diphtheriae에는 효과적이었지만 대장균 Escherichia coli, 장티푸스균 Salmonella typhi, 콜레

---

* 당시 학명은 바실루스 인플루엔자에 Bacillus influenzae였고, 흔히 파이퍼균 Pfeiffer's bacillus이라고 불렸다. 학명은 나중에 헤모필루스 인플루엔자에 Haemophilus influenzae로 바뀌었는데 원래 인플루엔자의 원인균이라 여겨 이렇게 불렸으나 나중에 그렇지 않다는 게 밝혀졌음에도 학명은 바뀌지 않았다.

세균에서 생명을 보다

라균*Vibrio cholerae*에는 효과가 없었다. 특히 인플루엔자균*에는 효과가 없었다. 푸른곰팡이 배양액이 효과가 있는 세균과 효과가 없는 세균의 구분은 명확하다. 효과를 보이는 세균은 모두 그람 양성균이었으며, 효과가 없는 세균은 그람 음성균이었다. 플레밍은 포도상구균을 기준으로 푸른곰팡이 배양 여과액의 살균력을 판단했다.

그리고 중요한 것으로, 이 물질이 동물에 독성이 없다고 밝혔다. 많은 물질이 세균에 항균력이 있는데도 항생제로 사용할 수 없는 경우가 많다. 그 이유는 바로 사람에게 부작용이 있기 때문인데, 플레밍이 발견한 물질은 그렇지 않았다. 그는 푸른곰팡이 여과액을 토끼와 쥐에게 주사했지만, 아무런 독성이 나타나지 않았다. 사람의 감염 부위에 투여했을 때도 별다른 부작용이 나타나지 않았다.

페니실린이라는 이름을 처음 쓴 것도 바로 이 논문에서였다. 그는 '곰팡이 배양 여과액mould broth filtrate'이라는 말을 계속 써야 하는데, 반복하는 것을 피하기 위해 '페니실린penicillin'이라는 용어를 사용한다고 밝혔다. 짐작할 수 있듯, 푸른곰팡이의 학명 중 속명 페니실륨*Penicillium*에서 따온 말이다.

플레밍은 페니실린으로 무엇을 하려고 했을까

플레밍은 페니실린의 용도를 어떻게 생각했을까? 논문에서 그는 페니실린의 용도를 열 가지나 제시했다. 그중 8번째로 "페니실린에 감수성이 있는 미생물에 감염되었을 때 상처 부위에 페니실린을 주사하거나 바르면 탁월한 소독제가 될 수 있을 거라 생각한다"고 썼다. 그의 스승인 라이트는 논문 원고를 보고는 이 8번을 빼라고 했다고 한다. 라이트는 인체의 자연면역 능력을 전적으로 신뢰하고 있었다. 외부 물질이 감염의 치료물질로 이용된다는 건 그의 믿음에 어긋났던 것이다. 하지만 플레밍은 이 물질이 그때까지 알려졌던 어떤 소독약보다 장점이 많다고 여겼다. 그래서 일단 바르는 약 정도로는 이용할 수 있을 것 같다고 제안했고, 고름이 생기는 감염에 대해서는 실험 중이라고 밝혔다.

그런데 더 진지하게 페니실린의 용도로 제안한 것은 따로 있었다. 바로 세균을 배양하는 배지에서 원하지 않는 미생물을 제거하여 페니실린에 반응하지 않는 세균만 분리하는 데 사용할 수 있다는 것이었다. 특히, 앞서 얘기한 대로 플레밍뿐 아니라 많은 과학자들이 유행성 독감을 일으키는 것으로 잘못 알고 있던 파이퍼균, 즉 헤모필루스 인플루엔자에를 분리하는 데 유용할 것이라고 봤다. 그래서 논문의 제목도 정작 페니실린이 제거하지도 못하는 세균이 주인공인 것처럼, 'B. influenzae 분리에 이용된 페니실륨 배양물의 항균 작용에 대하여'로 지었던 것이다. 플레밍은 감염 치료제로서의 효용성 측면에서 잠재력이 있다고 인식은 하고 있었지만, 분명하게 확신은 하지 못했던 것이다.

논문 발표 이후 플레밍도 한동안 페니실린을 치료제로 사용할 수 있을지에 대해 여러모로 강구했던 것이 확실하긴 하다. 플레밍은 버스에서 떨어지면서 다쳐 다리에 감염 증상이 나타난 여성 환자에게 자신의 곰팡이 배양액을 투여한 적이 있다. 하지만 환자는 회복되지 못했다고 한다. 이후에는 세인트 메리 병원의 의과대학생이자 플레밍의 실험 조수였던 키스 로저스의 눈이 폐렴균에 감염되었을 때 곰팡이 여과액으로 치료한 적이 있다. 다행히 이번에는 치료되었지만, 플레밍의 페니실린을 향한 관심은 금세 식었다. 대신 플레밍은 라이소자임에 더 많은 관심을 쏟았고, 1932년 왕립의학회에 초청받아 연설한 주제도 라이소자임에 관한 것이었다.

  아마도 페니실린이 분리가 매우 힘든 물질이었던 게 관심이 식어 버린 가장 큰 이유였을 것이다. 플레밍이 논문에도 썼듯이 페니실린은 에테르ether나 클로로포름에 녹지 않아 분리가 잘 되지 않았고, 농축도 쉽지 않을 뿐 아니라, 매우 불안정해서 그냥 가만히 뒤도 쉽게 사라져 버렸다. 그래서 임상적으로 어떤 기대를 갖기가 쉽지 않다고 여겼던 것이다. 이상하달 수도 있고, 아쉽다고 할 수도 있는 점은 플레밍이 그저 자신, 혹은 생물학자로 이루어진 자신의 팀만의 힘으로 분리나 농축의 문제를 해결하려고 했다는 점이다. 이후 옥스퍼드 대학교의 하워드 플로리가 언스트 체인과 노먼 히틀리 등 미생물학과 화학을 비롯한 다양한 분야의 전공자를 통해 이 문제를 해결하고 치료제를 개발했던 것을 보면 더욱 그렇다.

푸른곰팡이와 페니실린의 탄생 신화

페니실린을 발견한 계기가 된 1928년 9월 어느 날의 일에 관해서는 플레밍의 수많은 전기와 여러 글에서 반복적으로 언급된다. 그런데 그 이야기는 언제부터 알려지게 됐을까? 당시 플레밍이 발표한 페니실린 논문은 관심을 거의 받지 못했다. 따라서 그 발견과 관련한 에피소드를 언급할 상황도 아니었다. 페니실린이 플로리의 옥스퍼드 팀에 의해 '기적의 약miracle drug'으로 화려하게 재등장하고, 1945년에 플레밍이 플로리와 체인과 함께 노벨상을 받고 나서야 그를 다룬 책과 기사가 쏟아져 나왔다. 그즈음 페니실린 탄생 신화(?)가 등장한다.

데이비드 윌슨은《페니실린을 찾아서*In Search of Penicillin*》에서 페니실린 탄생 신화의 원조 격으로 1946년에 출판된 데이비드 매스터스의《기적의 약*Miracle Drug: The Inner History of Penicillin*》이란 책을 들고 있다. 이 책에서는 플레밍과 함께 연구했던 토드E. W. Todd의 증언을 바탕으로 당시의 상황을 풀어내고 있다. 여기에서 논문에 없던 휴가 이야기가 등장한다. 휴가를 갔다 돌아온 플레밍이 배양 접시를 살피다가 곰팡이가 피어 있는 걸 알게 되고, 곰팡이 주변에 포도상구균이 녹아 있는 것을 발견한다. 우리가 알고 있는 바로 그 이야기다. 이 장면을 데이비드 윌슨의《페니실린을 찾아서》에서 재인용하면 다음과 같다.

접시를 토드에게 건네면서 말했다. "이것 좀 봐. 아주 재미있는데, 난 이런 걸 좋아하지. 중요한 것 같아."

토드 박사는 그 접시를 보고는, "예, 정말 재미있군요"하고 동의하면서 접시를 플레밍에게 돌려주었다. 하지만 사실 토드 박사에게는 그것이 그다지 신기해 보이는 일이 아니었다고 한다. "난 그게 라이소자임 같은 거라고 생각했지요."

하지만 여기에 창문으로 날아온 곰팡이 포자 얘기는 '아직' 없었다. 그 이야기는 1949년에 출판된 리치 콜더Ritchie Calder의《생명의 구원자들The Life Savers》에 등장한다. 당시 유명 일간지《뉴스 크로니클News Chronicle》의 과학 담당 편집자였던 콜더는 '패딩턴역 가까이 있는 창문으로 날아든 플레밍의 곰팡이'를 아르키메데스의 목욕이나 뉴턴의 사과, 제임스 와트의 끓는 물주전자 뚜껑과 비교하고 있다. 그는 세균학에 관한 책을 쓰면서 플레밍의 도움을 받기 위해 플레밍의 실험실을 종종 찾았고, 그래서 그 상황을 잘 알고 있었다고 했다. 그는 플레밍의 실험실을 다음과 같이 묘사하고 있다.

"그 실험실은 마치 관장이 죽고 아직 새 관장이 임명되기 전의 박물관과 같았다. 그곳에는 명찰을 붙인 많은 잡다한 것들이 사방에 널려 있었다. 물론 그곳에 '박물관의 소장품' 같은 것은 없었고, 명찰 달린 접시의 균들은 단지 자신의 생을 유지하기 위해 나름 열심히 일하고 있을 뿐이었다. 실험실이 통풍이 안 돼 답답해지면 창문을 열어야만 했는데, 이때 비커나 배양접시의 뚜껑이 종종 열려 있었기 때문에 모든 종류의 살아 있는 먼지들이 실험실을 침범해서 실험을 망쳐 놓곤 했다."

이 부분에 1952년에 출판된 작가 루도비치L.J. Ludovici의《플레밍Fleming: Discoverer of Penicillin》은 상상력을 더한다. 플레밍을 '지각력이 뛰어난 천재'로 묘사하고 있고, 그런 능력이 있었기 때문에 곰팡이 핀 배양 접시를 보고 바로 그 의미를 알아차린 것으로 표현하고 있다. 그러나 플레밍이 배양 접시를 보자마자 '곰팡이 배양 여과액'이 가진 엄청난 가치와 찬란한 미래를 알아차린 것은 아니었다. 이미 많은 사람이 관찰한 현상에서 그것이 의미하는 바를 깨닫고 파고든 플레밍의 통찰력은 대단하지만, 그래도 플레밍의 페니실린 발견에 관한 이야기는 뭔가 과장되고 신비화되어 있다.

플레밍의 발견에는 과학적으로도 한 가지 의문점이 있다. 플레밍이 페니실린을 발견한 것과 똑같은 상황을 아무도 재현하지 못했다는 점이다. 심지어 플레밍조차 재현하지 못했다고 한다. 즉 포도상구균이 배양접시에서 자라고 있는 상황에서 논문의 곰팡이를 사진(그림 1)에서와 같은 위치에서 자라게 했을 때 플레밍이 논문에서 제시한 사진과 똑같은 현상이 나타나지 않았다는 것이다. 물론 플레밍의 사진은 조작이 아니었다. 그렇다면 이게 어떻게 된 일일까?

이를 설명하기 위해선 우선 페니실린이 세균에 어떻게 작용하는지를 알아야 한다. 나중에 밝혀진 사실이지만, 페니실린은 생장하는 세균의 세포벽에 작용한다. 조금 더 자세히 얘기하면, 세균의 세포벽은 펩티도글리칸이라는 성분으로 되어 있는데, 페니실린은 펩티도글리칸을 만드는 데 필요한 효소에 결합해서 세균의 세포벽이 제대로 만들어지지 못하게 한다. 세포벽이 제대로 생성되지 못한 세균이 더 이상 생장하지 못하고 죽는 것이다. 이것은 페니실린은 세포벽을 새로 만들어야 하는, 즉 생장 중인 세균에 작용한다는 얘기다. 그렇다면 완전히 다 자란 세균에는? 전혀 아니라고 할 수는 없지만 잘 작용하지 않는다. 그렇다면 플레밍이 관찰한 '분해되고 있는 콜로니'는 무엇이었을까? 바로 이제 막 자라고 있는 어린 콜로니였던 것이다. 그렇다면 플레밍이 제시한 사진과 똑같은 결과를 얻기 위해서는 어떻게 해야 할까? 애초의 설명과는 달리 곰팡이 포자를 먼저 자라게 한 뒤 포도상구균을 접종하면 된다. 플레밍이 직접 설명하지 않은, 혹은 스스로 착각한 무엇인가가 있다고 추측할 수 있는 대목이다.

《페니실린을 찾아서》에서 데이비드 윌슨은 플레밍이 근무했던 세인트 메리 병원의 예방접종과에서 일했으며 플레밍의 실험을 재현하고자 했던 로널드 헤어Ronald Hare의 연구에 주목한다. 그의 조사에 따르면, 당시 런던의 날씨와 기온, 연구소 건물의 구조 등을 종합해봤을 때 플레밍의 푸른곰팡이는 플레밍의 실험실 두 층 아래에 있던 진균학자 라투슈의 방에서 왔을 가능성이 높다는 것이다. 라투슈는 앞서 언급한 플레밍의 푸른곰팡이가 어떤 종인지 알려준 바로 그 동료 과학자다.

1928년 7월 플레밍이 휴가를 떠난 직후 런던의 날씨는 이상 저온이었다. 그래서 아래층에서 창문을 통해 날아와 플레밍의 배양접시로 떨어진 곰팡이가 자라기 좋은 온도를 유지할 수 있었다. 그러다 며칠 후 기온이 오르자 이제는 포도상구균이 성장하기 적당한 온도가 되었다는 것이다. 보통 실험실에서 곰팡이를 배양하는 온도는 섭씨 24도, 포도상구균은 섭씨 37도로 서로 다르다. 그렇다면 플레밍은 정말 운이 좋았다고 할 수밖에 없다. 플레밍, 플로리와 함께 노벨상을 받은 체인은 다음과 같이 이야기했다.

"플레밍에게 특별한 일이 연달아 일어났는데, 상식에 맞지 않게 포도상구균 배양 접시를 오랜 시간 방치했다는 점, 그 세균의 콜로니가 마침 페니실린의 영향으로 자기 분해가 일어날 만한 생리적 상태에 있었다는 점이 그렇습니다. 플레밍은 페니실린에 의해 세균의 생장이 억제되는 효과를 발견한 것이 아니라, 보기 드물고 실제로 극히 소수의 세균에서만 일어나는 페니실린의 세균 분해 현상을 본 것이지요. 운이 좋게도 플레밍의 포도상구균이 바로 그런 종류의 세균이었던 것입니다."

과학에서 신화는 대중의 관심을 중요한 발견에 불러 모으는 데 꽤 쓸모 있는 수단이다. 과학이 그저 딱딱한 수식과 데이터의 나열이 아니라 과학적 발견에 예기지 않은 직관이 중요한 역할을 했다는 이야기는 많은 이를 과학에 관심을 갖게 해 과학의 세계로 그들을 끌어올 수 있었다. 이런 예는 이미 앞에서도 소개했지만, 수십 년 후 배리 마셜의 헬리코박터 파일로리에서도 재현된다. 하지만 거기까지다. 과학의 신화는 다시 과학의 논리로 돌아와야 하며 그렇게 해야만 과학의 진짜 모습을 볼 수 있다.

누가 뭐라 해도, 수많은 생명을 살린 위대한 발견

아무리 우연이 중요한 역할을 했고, 신화적 요소가 발견에 덧칠해졌다고 하더라도, 플레밍의 페니실린 발견은 위대한 업적이다. 페니실린이라는 약이 얼마나 중요한 대접을 받았는지는 연구개발에 들인 금액을 봐도 알 수 있다. 페니실린이 2차 세계대전 중에 본격적인 생산을 위한 개발에 들어갔을 때, 미국과 영국에서는 이 연구개발을 '국가 기밀'로 지정했고, 투입한 연구 자금이 2400만 달러에 달했다. 그렇게 개발된 페니실린은 1944년 6월 6일 연합국 병사들과 함께 노르망디 해안에 함께 상륙할 수 있었다.

페니실린은 2차 세계대전 이후 일반인에게도 투여되었다. 개발 초기부터 페니실린의 작용에 대한 논문을 발표했던 미국의 의사 웨슬리 스핑크Wesley W. Spink의 1954년 연구에 따르면, 페니실린 사용 이전, 즉 1937년에는 황색포도상구균 감염 패혈증으로 인한 사망률이 약 80퍼센트로, 이 정도면 거의 다 죽는다고 해도 과언이 아닐 정도였다. 그런데 페니실린이 도입된 직후인 1944년에는 사망률이 30퍼센트 미만으로 떨어졌다. 이 비율은 항생제 사용법의 개선과 다른 항생제의 개발과 함께 지속적으로 낮아졌다. 전쟁 중 수많은 부상병의 목숨을 구하며 '기적의 약'이라 불릴 만한 혁혁한 성과였다. 영국의 의사이자 저술가로 왕립협회지에도 글을 썼던 제임스 르 파누James Le Fanu는 페니실린 발견을 현대의학에서 가장 혁명적인 사건으로 꼽았다.

페니실린은 그 자체로도 놀라운 효과를 발휘했지만, 이후 다른 항생제의 개발을 촉진한 공로도 매우 크다. 적지 않은 연구자들이 플레밍의 논문을 알지 못한 상황에서도 항생물질 발견에 힘을 쏟고 있던 상황이긴 했지만, 페니실린의 성공은 연구자들을 크게 자극했다. 미국 럿거스 대학의 셀먼 왁스먼Selman Abraham Waksman, 1888~1973과 앨버트 샤츠Albert Schatz는 결핵에 효과가 있는 스트렙토마이신streptomycin을 개발했고, 이어 세팔로스포린, 클로람페니콜, 테트라사이클린, 에리트로마이신, 폴리믹신, 반코마이신, 리팜피신 등의 항생제가 1940년대와 1950년대에 일제히 개발되었다. 이 항생제들은 임상에 도입되어 수많은 생명을 살려냈다. 도널드 커시와 오기 오거스는《인류의 운명을 바꾼 약의 탐험가들》에서, 흙에 존재하는 세균과 곰팡이에서 많은 항생제를 발견하고 개발한 이 시대를 '흙의 시대'라고 부르고 있다.

물론 이런 항생제의 개발이 언젠가 누군가에 의해서는 이뤄졌을 거라고 생각할 수 있다. 문제는 바로 '언제'다. 만약 실제 항생제가 개발된 시기보다 1년 쯤 늦게 개발되었다고 상상해 보자. 그 1년 사이에 세균 감염에 의한 사망자는 그만큼 늘어났을 것이다. 우연히 접한 상황을 두고 관찰에서 멈추지 않은 플레밍의 발견, 플로리와 체인, 히틀리 등 옥스퍼드 연구팀의 집념 어린 개발로 이어진 페니실린의 성공이 없었다면 페니실린으로 살린 목숨뿐만 아니라 그 성공에 자극받아 개발된 다른 항생제들로 구한 목숨 역시 다른 운명이었을지 모른다. 그에 비하면 플레밍, 플로리, 체인에게 주어진 1945년의 노벨상은 오히려 사소한 보상일 수 있다.

페니실린을 비롯한 항생제의 성공은 정말 인상적이었고, 결정적이었다. 1962년 오스트레일리아 출신의 면역학자로 1960년에 노벨 생리의학상을 받은 프랭크 맥팔레인 버넷Frank MacFarlane Burnet은 "역사상 가장 중요한 사회혁명이 20세기 중반에 끝났다고 생각할 수 있다. 사회생활의 중요한 요소였던 감염질환이 실질적으로 제거되었으니 말이다"라고 했고, 1969년 미국의 보건총감Surgeon General 윌리엄 스튜어트William H. Stewart*는 의회에 제출한 보고서에서 "이제는 감염질환에

---

* 현대의학 연구의 필수적 절차인 연구윤리위원회Institutional Review Board, IRB 설치가 그의 대표적인 업적이다.

관한 책을 덮을 시간입니다. 전염병에 대한 전쟁은 끝났습니다"라고 쓸 정도였다. 물론 우리는 그들의 기대와 예상이 틀렸다는 것을 잘 안다. 항생제 내성 때문이다. 그 문제는 너무나 중요하기에 무시할 수 있는 성격의 것은 아니지만, 여기서 강조하고 싶은 것은 그들이 그렇게 예상할 만큼 항생제가 강력하고, 믿음직스러웠다는 얘기다. 그 선두에 서 있던 페니실린의 발견은 실로 위대한 업적이다.

새로운 항생제 찾기와   06
세균 잡는 바이러스

킴 루이스의 테익소박틴과 프레더릭 트워트의 파지 요법

"대부분의 항생제는 토양 미생물을 스크리닝해서 찾아냈지만, 배양할 수 있는 세
균 자원은 제한적이기 때문에 1960년대에 이미 고갈되어 버렸다. 항생제 개발에
서 합성을 통한 방법은 (토양미생물) 플랫폼을 대체할 수 없었다. 배양되지 않는 세
균이 환경에 존재하는 모든 세균 종의 약 99퍼센트를 차지하며, 이것들은 아직
개발되지 않은 채 남아 있는, 새로운 항생제 개발을 위한 자원이다. 우리는 (토양)
현장에서 배양하거나 특정 성장 인자를 사용하여 비非배양 세균을 키우는 몇 가
지 방법을 개발했다. 이 논문에서 우리는 배양되지 않는 세균을 스크리닝해서 찾
아낸 테익소박틴teixobactin이라는 새로운 항생제를 보고한다."

킴 루이스의 2015년 논문

"새로운 항생제가 내성 발생 없이 병원균을 죽인다" 초록에서

이 결과에서 명확한 결론을 도출하기는 어렵다. ··· (이것은) 뚜렷한 개체를 형성하
지 않은 채 살아있는 원형질이거나, 또는 생장 능력이 있는 효소일 수도 있다 ···

세균에서 생명을 보다

어쨌든, 어떤 설명이 받아들여지든 우리는 아직 그런 바이러스의 특성을 알지 못하기 때문에 그것이 극미極微 바이러스일 가능성을 완전히 부정할 수 없다.

프레더릭 트워트의 1915년 논문

'극미 바이러스의 본질에 관한 연구'에서

앞 장에서 얘기했듯이 페니실린 이후 항생제 개발의 역사는 눈부시다. 하지만 그 기대와 환호의 수면 아래에는 항생제와 관련한 불안하고 어두운 미래가 꿈틀거리고 있다. 바로 항생제 내성이라는 문제다. 생각해 보면 항생제 내성 문제는 필연적일 수밖에 없다. 인간이 페니실린과 같은 항생제를 자연에서 찾아냈다는 얘기는 이미 생명체가 이 물질을 이용하고 있다는 의미다. 항생제를 만들어 내는 생물이 있다면 이에 대응하는 생물이 있다는 건 자연의 이치이기 때문이다. 2011년 캐나다 맥매스터 대학의 버네사 디코스타Vanessa M. D'Costa의 연구에 따르면, 인간의 손길이 전혀 닿지 않은 알래스카의 동토 깊숙한 곳에도 항생제 내성균이 존재한다. 항생제 내성은 원래부터 존재하는 것이다. 다만 널리 퍼져 있지 않고, 또 견딜 수 있는 항생제의 농도가 그리 높지 않았을 뿐이다. 그러다 인간이 드디어 항생제를 대량으로 만들어 마구 쓰게 되면서 처음에는 항생제에 속수무책으로 당하던(?) 세균이 항생제 내성이라는 그들에게는 무척이나 효율적인 도구를 끄집어내고 발달시킨 것이다. 항생제 내성의 증가에는 다윈이 발견한 자연선택에 의한 진화의 원리가 정확하게 작동하는 셈이다.

항생제 내성 문제로 이제는 '포스트-항생제 시대post-antibiotic era'를 걱정하는 상황에 이르게 되었다. 세균에 감염되었을 때 항생제 내성으로 치료할 수 있는 항생제가 남아 있지 않아 속절없이 죽음을 기다려야 할지도 모른다는 끔찍한 예측이 나오는 실정이다.

이런 상황에서 항생제 개발의 속도는 매우 더뎌졌다. 개발의 어려움, 내성의 문제, 경제적 동기의 부족으로 과거에 항생제 개발에 뛰어들었던 많은 제약회사 중에는 항생제 개발 부서를 축소하거나, 아예 없앤 곳도 있다. 물론 이런 상황에 모두가 손 놓고 있지는 않다. 올바른 항생제 사용을 통해 항생제 내성을 줄이고, 원-헬스One-Health 개념*에 기초한 국제적 연대로 전파를 억제하고 빠르게 탐지할 수 있는 기술을 개발하고, 새로운 항생제를 개발하거나 다른 치료 방법을 개발하는 것을 촉진하는 방안이 제시되면서 선진국을 중심으로 적지 않은 투자가 이뤄지고 있다.

세균 감염의 치료와 관련해서도 다양한 방법이 제안되고 연구되고 있다. 여기서는 두 가지를 이야기하려고 한다. 하나는 새로운 개념의 항생제 개발 전략에 관한 것이고, 또 하나는 오래되었지만 새로운 세균 감염 치료 방법이다.

---

* 원-헬스란 인간의 건강이 동물, 환경과 상호 의존적이라는 인식에 바탕을 둔 개념이다. 즉, 감염질환으로 생기는 문제를 해결하기 위해서는 인간과 관련한 연구뿐 아니라 동물과 관련된 수의학, 환경과 관련한 환경과학을 포괄하는 다양한 분야가 함께 협력해야 한다는 전략이다.

새로운 항생제, 테익소박틴은 어떻게 찾아냈을까

2015년 미국 노스이스턴 대학의 킴 루이스Kim Lewis 교수는《네이처》에 '새로운 항생제가 내성 발생 없이 병원균을 죽인다'라는 논문을 발표했다. '테익소박틴teixobactin'이라는 이름의 항생제를 발견했다는 내용이었다. 오랫동안 항생제 개발이 지체되던 중에 나온 새로운 항생제였다.

킴 루이스

루이스는 러시아 (당시에는 소련) 출신으로 모스크바 대학에서 생화학을 전공하여 1980년 박사학위를 받았지만, 1987년 미국으로 건너온 후 여러 대학을 옮겨 다니며 항생제와 항생제 내성에 관련한 연구를 수행했다. 테익소박틴을 발견했다는 발표 이전부터 그는 항생제 개발의 파이프라인이 말라가는 상황에서 셀먼 왁스먼의 플랫폼을 재건하자는 주장을 해왔다. 왁스먼은 결핵 치료제인 스트렙토마이신을 발견하여 노벨상을 받은 미생물학자로, 그도 소련(그중에서도 우크라이나) 출신이면서 미국으로 건너와 교수가 되었다. 왁스먼과 그의 제자 샤츠는 토양 미생물을 뒤져 스트렙토마이신을 찾아냈는데, 루이스의 주장은 이처럼 토양 미생물에서 항생제를 찾아내는 효율적인 시스템을 만들자는 얘기였다.

초기 항생제 대부분은 토양 미생물에서 찾아냈다. 그러던 것이

1960~70년대부터는 새로운 항생제 대부분이 실험실에서 인공적으로 합성되었다. 토양 미생물에서 나온 항생제가 합성 항생제보다 효능이 낮다는 게 일반적인 평가지만, 문제는 토양 미생물 대부분(아마도 99퍼센트 이상)이 실험실 조건에서 배양이 불가능하다는 것이다. 아마도 우리가 아직 세균이 토양의 어떤 성분을 이용해 생장하는지 확실히 알지 못하기 때문일 것이다. 루이스는 그렇다면 토양 미생물을 실험실에서 배양하는 대신 생장에 필요한 조건을 이미 갖추고 있는 환경에서 직접 배양하면 되지 않겠냐고 생각했다. 그래서 개발한 것이 '아이칩 iChip'이라는 장치였고, 이것을 이용하여 항생물질을 만들어 내는 미생물을 배양할 수 있는 환경을 만들어 냈다.

아이칩은 실험실 조건에서는 배양되지 않는 토양 세균이 자신이 원래 자라던 환경에 있다고 여기도록 만든 장치다. 말하자면 세균을 속이는 장치다. 우선 토양에 배양액을 섞은 후 칩을 그 속에 넣어서 세균이 칩의 공간 속으로 들어가게 한다. 그렇게 하면 칩의 각 구멍마다 서로 다른 종류의 세균이 존재하게 된다. 그런 다음에는 칩을 반투과성막, 즉 토양의 영양분만 통과할 수 있는 막으로 감싼다. 그렇게 만든 아이칩을 토양에 다시 넣으면 세균이 토양의 영양분을 이용할 수 있어 칩 안에서 세균이 자랄 수 있다. 이 장치를 이용해 루이스의 연구팀은 1만 종이 넘는 미생물을 토양 현장에서 배양해 낼 수 있었다. 그리고 이들 중에 항생물질을 만들어 내는 것이 있는지를 조사했다. 그렇게 찾은 새로운 항생물질이 바로 테익소박틴이다.

루이스의 연구팀은 새로운 항생제 개발을 위해 세균 배양 장소를 '땅속'으로 옮겨 더 많은 세균을 배양할 수 있었고, 그렇게 하여 새로

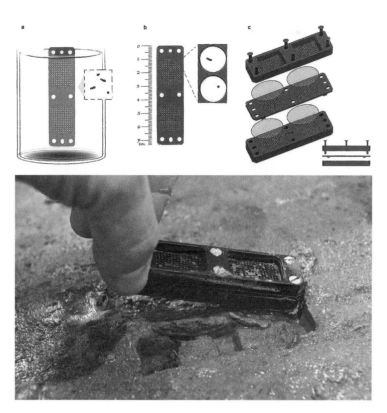

루이스와 그의 팀이 개발한 아이칩 모형도와 실제 사용 장면

운 항생물질을 찾을 수 있는 가능성을 높였다. 테익소박틴을 만드는 세균은 그람 음성이었고, 연구진은 이 세균에 '엘레프테리아 테라에 *Eleftheria terrae*'라는 이름을 붙였다. 하지만 실험실 조건에서 배양되지 않는 세균이기 때문에 세균 분류학에서 정식으로 인정받지는 못했다. 여기서 *Eleftheria*라는 속명은 그리스어로 '자유ἐλευθερία'를 의미하고, 종소명 *terrae*는 '토양'이라는 뜻이다. 이 세균이 만들어 내는 테익소박틴이라는 항생제는 황색포도상구균과 결핵균을 죽이는 효과가

있다는 것이 확인되었다.

테익소박틴은 기존의 항생제가 갖는 가장 큰 문제점 중 하나인 항생제 내성이 생길 가능성을 크게 낮춘 것으로 평가되었다. 기존 항생제는 보통 생장하는 세균의 특정 단백질을 공격한다. 그래서 원래의 단백질과 구조가 다른 단백질을 가진 세균이 등장하면 항생제의 공격을 막아낼 수가 없다. 연구진은 테익소박틴이 단백질이 아니라 세균 세포벽의 구성 물질을 공격한다는 것을 알아냈다. 조금 자세히 이야기하면 세균의 세포벽을 구성하는 펩티도글리칸과 테이코산의 지질 전구체에 결합하여 세포벽 합성이 더 이상 일어나지 못하도록 하는 것이다. 단백질과 달리 세포벽의 구성은 쉽게 변하지 않기 때문에 내성이 생길 가능성이 매우 낮다고 보고 있다. 테익소박틴이라는 이름도 이런 작용 메커니즘에 착안해 붙인 이름이다. 그리스어로 'teîkhos'는 벽wall이란 뜻이고, 'bactin'은 세균을 죽인다는 뜻이니 세포벽을 공격해서 세균을 죽이는 항생제라는 의미다.

루이스를 비롯한 연구진은 반코마이신vancomycin의 예를 든다. 테익소박틴과 유사하게 세균의 세포벽 중에서도 지질 전구체를 공격해서 세균을 죽이는 반코마이신은 내성을 가진 세균이 등장하기까지 약 30년이 걸렸다. 그래서 연구팀은 테익소박틴에 내성을 가진 세균이 나타나기까지 수십 년이 걸릴 것으로 보고 있다.

물론 항생제 내성은 그렇게 쉽게 예측할 수 있는 것이 아니기 때문에 루이스와 연구팀의 예상과는 달리 테익소박틴에 대한 내성이 금방 생길 수도 있다. 그렇지 않더라도 내성균은 계속 등장하기 때문에 연구자들은 늘 새로운 항생물질을 찾는다. 테익소박틴 개발의 의의는 내성이 생길 가능성이 낮은 항생제를 찾았다는 것뿐 아니라 새로운 항생물질을 찾고 개발하는 데 테익소박틴을 발견할 때 사용한 배양법을 이용할 수 있다는 점에서도 찾을 수 있다. 또한 비슷한 방법, 혹은 다른 방법을 이용하여 새로운 항생제를 찾을 수도 있을 것이다. 그 예로, 최근 그람 음성균에 대한 새로운 항생제로 개발된 다로박틴darobactin을 들 수 있다. 2023년 8월에도 네덜란드의 연구팀이 아이칩을 이용하여 배양한 세균에서 클로비박틴clovibactin이라는 새로운 작용 메커니즘을 갖는 항생제를 발견했다고 보고했다.

누군가 길을 터놓으면 다른 사람이 그 길을 따라가고, 또 더 좋은 길을 만드는 사람이 나타나는 법이다. 플레밍과 플로리, 체인이 닦은 길을 수많은 연구자들이 따라가고, 또 발전시켰듯이 말이다.

세균 잡는 바이러스, 박테리오파지

보스턴 대학의 제임스 콜린스James Collins와 팀 루Tim Lu는 2007년 세균이 형성하는 바이오필름biofilm(생물막이나 생체막으로 번역하기도 한다)을 분해하는 효소를 갖도록 제작한 박테리오파지bacteriophage(흔히 줄여서 '파지 phage'라고 한다)에 관한 논문을 발표했다. 이는 파지에 세균을 죽이는 능력을 인위적으로 부여한 세계 최초의 연구로 인정받고 있다. 바이오필름은 세균이 고체 표면에 만드는 막을 말한다. 바이오필름에는 세균과 세균이 분비하는 물질이 중첩되어 있어 그 안에 존재하는 세균은 인체의 면역 세포는 물론 항생제도 접근하기가 힘들어 감염 치료에서 가장 어려운 상대다. 콜린스와 루는 바이오필름 분해 효소가 있는 파지를 제작했고, 이 파지가 바이오필름을 제거하며 세균을 죽인다는 결과를 보고했다. 이 얘기는 다시 말하면, 바이오필름만 아니면 그냥 파지 자체만으로도 세균을 죽일 수 있다는 말이다. 박테리오파지, 줄여서 파지라고 하는 이건 도대체 뭘까?

일단 파지가 어떤 것인지부터 알아보자. 간단히 말해 파지는 세균을 파괴하는 바이러스다. 박테리오파지란 용어 자체가 그렇다. 'bacterio'는 당연히 세균을 의미하고, 'phage'는 포식자라는 말이다. 그러므로 박테리오파지는 '세균을 먹는 존재'라는 뜻이다. 바이러스는 코로나19에서 보듯이 사람을 비롯한 동물을 감염하기도 하고, 맨 처음 발견된 예(담배모자이크바이러스)에서 알 수 있듯이 식물을 감염하기도 하지만, 세균도 감염한다. 그게 박테리오파지다.

박테리오파지를 발견하다

박테리오파지, 즉 파지를 최초로 발견한 주인공에 관해서는 다소 논란이 있다. 그래도 우선 언급해야 하는 이는 펠릭스 데렐Félix d'Hérelle, 1873~1949이 아닐까 싶다. 데렐은 프랑스 태생으로 청소년기에서 성년에 이르기까지 유럽과 남아프리카, 튀르키예를 여행했다. 튀르키예에서 만난 여인과 결혼 후에는 24살에 캐나다로 이주하면서 집 안에 미생물 실험실을 꾸려 연구를 시작했다. 1901년에 첫 논문을 발표하기도 했는데, 이후에는 역시 방랑벽이 도졌는지 과테말라, 멕시코 등에서 연구 활동을 했고, 다시 프랑스, 아르헨티나로, 그야말로 대륙과 대륙을 오갔다. 나중에 그가 잠시라도 정착했던 국가에는 이집트, 인도, 미국, 소련이 추가된다.

1917년 1차 세계대전 중에는 프랑스에 머물고 있었는데, 데렐은 프랑스 군인에게 대규모로 발생한 이질을 조사하다 상상치도 못했던 것을 발견한다. 그는 분석을 위해 이질에 걸린 군인들의 대변을 여과 지로 걸렀다. 이질균Shigella은 여과지의 구멍을 통과할 수 없기 때문 에, 여과지를 통과한 액체는 세균이 없는 깨끗한 상태라고 할 수 있 었다. 데렐은 여과지를 통과한 깨끗한 액체와 따로 배양한 이질균 배 양액을 섞어 배양접시에 깔았다. 왜 그랬는지에 대한 설명은 없다.

배양접시에선 무슨 일이 벌어졌을까? 당연히 이질균이 자랐다. 그 런데 몇 시간 후 배양접시를 봤더니 세균이 가득 자란 배양접시 가 운데 구멍이 뻥 뚫린 것처럼 깨끗한 반점이 생겨 있었다. 데렐은 호 기심이 생겨 이 반점의 시료를 채취해서 다시 이질균과 섞고 배양접 시에 깔았다. 이어 배양한 배양접시에는 그런 반점이 더 많이 생겼 다. 그는 이 반점이 여과액 속의 바이러스에 의해 이질균이 죽어서 생긴 것이라고 생각했다. 바이러스를 처음 발견한 사람은 1892년 러 시아의 드미트리 이바노프스키Dmitri Ivanovsky다. 그는 세균여과기를 통과하는 병원체를 발견했고, 그게 바로 담배모자이크바이러스TMV, Tobacco Mosaic Virus였다. 처음에는 이것을 '여과성 병원체'라고 불렀다. 그러니까 데렐이 연구하던 시기에는 여과기를 통과한 어떤 것이 있 다면 그게 바이러스일 것이라는 것은 충분히 추론할 수 있던 상황이 었다.

데렐은 이 바이러스에 '박테리오파지'라는, 현재까지도 통용되는 명칭을 붙였다. 그는 자신이 발견한 사실을 프랑스 아카데미에 '이

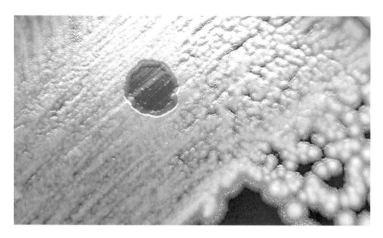

파지의 존재. 파지가 감염된 부분에 깨끗한 반점이 생긴 것을 볼 수 있다.

질균과 길항 작용을 하는 눈에 보이지 않는 미생물에 관하여 Sur un microbe invisible, antagoniste des bacilles dysenteriques'라는 제목으로 발표했다.

데렐은 자신의 발견이 혁명적이라고 여겼다. 그러나 너무 낯선 개념이기도 했다. 그래서 이를 받아들이지 못하는 과학자들이 많았다. 대표적인 과학자가 면역학에서 '보체 complement'를 발견한 업적으로 1919년 노벨 생리의학상을 수상한 벨기에의 쥘 보르데 Jules Bordet, 1870~1961였다. 그는 대장균을 이용해서 데렐의 실험을 재현해 보았다. 데렐의 실험과 같은 절차로 처음 실험을 했을 때는 동일한 결과가 나왔지만, 두 번째 반점의 시료를 처음의 세균과 섞었을 때는 반점이 전혀 생기지 않았다. 그래서 그는 데렐의 주장, 즉 세균을 죽이는 바이러스라는 개념을 반박했다. 이후로 반박과 재반박이 이어지면서 격렬한 논쟁이 이어졌다.

그들의 논쟁은 1940년대 전자현미경이 등장한 후에야 끝이 났다.

세균에서 생명을 보다

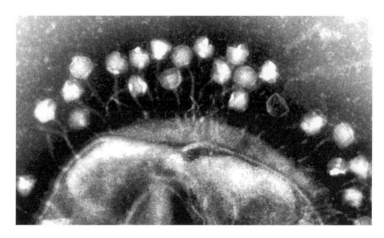

파지가 세균의 표면에 내려앉아 DNA를 세포 내부로 주입하는 모습을 찍은 전자현미경 사진

전자현미경은 바이러스가 세균을 죽이는 광경을 직접 확인할 수 있게 해 주었다. 사람들은 눈으로 보아야 믿는 법이다. 더 이상 어찌해 볼 수 없을 때가 되어야 말이다. 전자현미경에 찍힌 파지는 인상적이었다. 상자처럼 생긴 껍데기가 머리에 있고, 아래에는 거미 다리처럼 생긴 것들이 꼬리처럼 나와 있었다(실제로 '머리head/꼬리tail'라고 부른다). 이보다 나중의 일이긴 하지만, 파지가 세균에 침입할 때의 모습은 아폴로 우주선의 달 착륙선 모양과 아주 닮았다.

파지는 세균의 표면에 꼬리를 부착해서 구멍을 뚫은 후 상자 모양의 껍데기, 즉 머리 안에 있는 자신의 DNA를 세균 속에 집어넣는다. 다음에 일어나는 일은, 다른 바이러스와 같은 일, 즉 바이러스의 DNA가 숙주인 세균의 복제 기구를 이용하여 바이러스를 구성하는 단백질을 조립한다. 이렇게 수많은 바이러스를 만들고 나서는 세균을 파괴하며 밖으로 분출된다. 이 현상을 이용하여 앨프리드 허시Alfred D.

Hershey와 마사 체이스Martha Chase는 DNA가 유전물질이라는 것을 증명하는 실험을 했다. 다음 장에서 소개하는 오즈월드 에이버리가 폐렴구균으로 그 사실을 거의 증명했지만, 최종적으로 증명했다고 인정받은 실험은 바로 파지를 이용한 허시와 체이스의 실험이다.

파지의 최초 발견자를 둘러싼 논란

앞서 파지의 발견과 관련해서 다소 논란이 있다는 말을 했다. 그렇다. 데렐보다 파지를 먼저 발견했다고 주장한 과학자가 있었다. 프레더릭 트워트Frederick Twort, 1877~1950가 그 주인공이다.

영국 서리에서 태어나고 자란 트워트는 의대를 다니다 세균 연구로 전환한 성실한 과학자였다. 그는 영국 브라운 동물 연구소에 근무하면서 천연두 바이러스 백신을 연구하고 있었다. 그는 천연두 바이러스 백신을 생산하는 과정에서 백신이 항상 포도상구균(십여 년 후 플레밍이 페니실린을 발견할 때 등장하는 바로 그 세균이다)에 오염되는 것을 보았다. 그래서 포도상구균을 배양하게 되었는데, 포도상구균을 배양한 배양접시를 살펴보다 데렐이 본 것과 똑같은 현상을 발견했다. 트워트는 세균이 자라지 못한 부분을 다른 배지에 옮겨보기도 하고, 필터로 거른 후 포도상구균과 접촉해 보기도 하면서 결과를 재확인했다. 그는 결과를 저명한 의학 학술지《랜싯》에 발표했다. 이때가 1915년으로 데렐보다 2년 일렀다. 그는 여러 가지 가능성을 제시하였지만, 그중에서도 가장 대담한 가정이었던 '극미 바이러스'가 원인이라고 생각했고, 그래서 논문 제목을 "극미 바이러스의 본질에 관한 연구An Investigation on the Nature of Ultra-Microscopic Viruses"라고 붙였다. 하지만 그의 연구는 이어지지 못했다. 1차 세계대전 중이었기 때문에 연구를 이어 갈 수 없었고, 전쟁이 끝난 후에는 다른 연구로 방향을 돌렸다.

많은 사람들은 데렐이 트워트의 논문을 읽었을 것으로 의심했다. 하지만 데렐은 죽을 때까지 트워트의 연구에 대해서는 아는 바가 없었다고 주장했다. 트워트의 논문이 그렇게 중요한 저널에 발표되었는데 데렐이 정말 읽어보지 않았을까 싶다. 많은 사람들이 가졌던 합리적 의심이다. 그게 어찌 되었든 데렐은 세균을 죽이는 바이러스의 실체를 두고 반대자들과 격렬한 논쟁을 벌였고, 이를 감염 치료에 활용하는 연구를 하면서 자신의 발견을 발전시켜 나갔다. 그래서 비록 트워트가 데렐보다 먼저 발견했고, 논문 발표도 일렀지만, 데렐의 공격적인 자기 홍보도 한몫하면서 파지에 관한 우선권은 주로 데렐에게 주어지곤 했다. 데렐은 1924년부터 1937년까지 10번이나 노벨상 후보로 추천되었다. 결국 노벨상을 수상하지는 못했지만. 흥미로운 것은 그가 노벨상에 추천될 때의 국적'들'이다. 노벨재단에서 공개한 후보 명단(https://www.nobelprize.org/nomination/archive/)을 보면 데렐의 국적이 네덜란드(1924년)에서 이집트(1926년)로, 다시 미국(1929년 이후)으로 바뀐 것을 볼 수 있다.

데렐은 파지를 세균 감염 치료에 이용할 수 있겠다는 아이디어를 떠올렸고, 1919년부터는 사람을 대상으로 한 임상 시험을 하면서 우직하게 연구를 이어갔다. 그는 세계 각지를 떠돌며 여러 환자에게 파지 치료를 시도했는데, 이질 환자는 물론 페스트 환자를 치료하는 데도 파지를 썼다. 업적을 인정받아 예일대학교의 교수가 되었지만, 유난히 출장이 잦았던 그는 학교 측과 자주 갈등을 빚었고 1933년에

프레더릭 트워트(위)와 펠릭스
데렐

교수직을 그만두었다. 그러고는 파지
요법의 새로운 기회를 찾아 떠나게 된
다.

　데렐은 프랑스 파리로 돌아가려고
했다. 그런데 공교롭게도 그즈음 기오
르기 엘리아바Giorgi Eliava가 편지를 보
냈다. 초기 파지 연구에서 빼놓을 수 없
는 인물인 그는 소련의 과학자로서 몇
년 전 파리의 파스퇴르 연구소에서 데
렐과 함께 지낸 적이 있었다. 엘리아바
는 데렐에게 파지에 관해서 배웠고, 소
련으로 돌아와 당시 소련에 속했던 그
루지야(지금의 조지아공화국)에 트리빌시 미
생물학·전염병학·박테리오파지연구소
(1988년 엘리아바연구소로 이름을 바꿨다)를 세우
고 파지 연구를 하고 있었다. 그의 편지에는 데렐에게 소련에서 연구
를 계속할 생각이 없냐는 제의가 담겨 있었다. 데렐은 엘리아바의 제
안을 흔쾌히 받아들여 소련으로 떠났다.

　데렐은 1934년부터 1936년까지 소련(정확히는 그루지야)에 머물렀다.
소련의 파지 연구를 이끌었던 엘리아바는 1937년 스탈린의 대숙청
와중에 반역죄로 체포되어 총살을 당했다. 그래도 엘리아바의 연구
소는 존속했고, 나중에는 소련과 동유럽의 파지 연구의 메카가 되었
다. 한창때는 직원 1200명이 연간 수천 킬로그램의 파지를 생산할

　　　　　세균에서 생명을 보다

정도였다.

그러니까 파지는 꽤 오래전에, 플레밍의 페니실린보다도 먼저 발견되었고, 실제 치료에도 이용되었다. 하지만 서구에서는 금방 잊혔고, 오랫동안 치료에 이용되지 않았다. 바이러스 자체에 대한 두려움 때문이기도 했지만, 항생제의 효과가 워낙 좋았다. 하지만 냉전 시대에 철의 장막 너머에서는 항생제가 널리 쓰이지 않았다. 소련을 비롯한 동구권은 서방 진영과의 대립 구도 속에서 항생제를 종종 거부했다. 대신 파지 요법을 이용했고, 연구도 이어갔다. 그런 이유로 21세기 들어서 러시아, 조지아, 폴란드 등에서는 파지가 세균 감염을 치료하는 데 널리 쓰이고 있었다. 그리고 항생제 내성이 그냥 두고 볼 정도의 수준을 넘어서면서 서구에서도 파지에 눈을 돌리는 연구자와 의사가 생겨난 것이다.

독성과 부작용이 없는 파지 요법

파지 요법은 1982년 허버트 스미스Herbert Williams Smith와 마이클 허긴스Michael B. Huggins의 선구적인 연구를 기폭제로 서구에서도 본격적으로 연구되고 활용되기 시작했다. 데렐이나 스미스와 허긴스가 사용했던 파지 요법은 파지 자체를 이용하는 방법이었다면, 현재는 그 효과를 증가시키고, 원하는 세균만 치료하기 위해서 다양한 방법들이 채택되고 있다. 앞에서 소개한 콜린스와 루의 연구에서 보듯이 생명공학을 이용해 변형시킨 파지bioengineered phage를 만들어 이용하기도 하고, 항생제와 파지를 함께 처방하는 방법phage-antibiotic synergy, PAS을 시도하기도 하고, 리신lysin과 같이 파지가 만들어 내는 단백질을 이용하는 방법도 있다. 최근에는 세균 감염뿐 아니라 암세포만을 사멸하는 항암제, 선천성 질환에 대한 유전자 치료제의 가능성도 제시되고 있다.

그렇다면 파지 요법은 어떤 장점이 있고, 단점이 있을까? 이는 현재 세균 감염 치료의 표준 방법인 항생제와 비교해보면 금방 알 수 있다.

일단 장점부터 보자면, 파지는 세균에 대해 굉장한 특이성specificity을 갖는다. 파지는 모든 세균을 공격하지 않는다. 특정한 세균만을 골라 공격하기 때문에, 인체 내의 미생물 군집microbiota을 파괴하지 않으면서 감염을 치료할 수 있다. 또한 숙주인 세균이 죽으면 파지는 기능을 멈추기 때문에 원하는 효과를 넘어선 부작용이 없다. 동물과 식물은 물론 환경에 독성이 없다는 점도 장점이며, 적은 양만 처치해도 급격하게 증식한다는 점, 파지가 증식하는 장소가 바로 감염이 일어난 장소이기 때문에, 효과가 금방 나타난다는 점도 장점이라고 할 수 있다. 그리고 항생제에 알레르기가 있는 환자에게도 효과가 있으며, 치료가 어렵다는 바이오필름을 형성한 세균에 대해서도 작용한다는 점 역시 장점이다. 생산이 간단하고, 값싸다는 점도 빼놓을 수 없다.

단점 역시 없을 수 없는데, 대표적인 것으로 파지의 장점인 특이성이 단점이 될 수 있다. 파지는 작용하는 스펙트럼이 매우 좁다. 그래서 같은 질병이라고 하더라도 세균의 종류, 종 수준이 아니라 균주 수준에서도 효과가 다를 수 있다. 그래서 여러 종류의 파지를 혼합하여 처방하는 방식이 시도되고 있기도 하다. 원인균을 사전에 파악해야만 하고, 미리 다양한 종류의 파지를 확보하고 있어야 한다는 점도

세균에서 생명을 보다

단점이라고 할 수 있다. 세균이 돌연변이를 일으켜 파지에 내성을 가질 수도 있으며, 파지 중화 항체 생성을 유도해서 효과가 떨어질 수 있다는 점도 단점으로 꼽힌다. 아직까지 임상 시험이 충분하게 이뤄지지 않았으며, 구체적인 지침과 규제가 정비되지 않았고, 지식 재산권과 관련된 법률도 미비하여 분쟁의 소지가 다분하다. 바이러스를 치료에 이용한다는 점에 대한 대중들의 부정적 인식 역시 넘어야 할 벽이다.

세균의 항생제 내성은 인류에게 새로운 도전이다. 과학자들은 이를 극복하기 위해 새로운 항생제 개발 전략을 연구하고, 파지 요법과 같은 새로운 치료 방법을 강구하고 있다. 물론 새로운 치료 방법의 개발은 중요하다. 하지만 그것만으로는 항생제 내성세균의 발생과 전파를 막을 수 없다. 당연히 국가 기관, 연구 기관, 국제기구의 노력도 필요하지만, 시민들 모두가 항생제의 위기 상황을 인식하고, 항생제를 올바르게 쓰는 데 적극적으로 나서야 한다.

분류
CLASSIFICATION

4

"자연은 비약하지 않는다.Natura non facit saltus"

– 칼 폰 린네Carl von Linné, 1707~1778

한스 크리스티안 그람의 1884년 논문(독일어)의 영어 번역본 첫 장(왼쪽)과 칼 우즈의 1977년 논문 첫 장

07

세균을
구별하다

한스 크리스티안 그람의 세균 염색법

"이런 방식을 통해 코흐와 에를리히의 결핵균 염색 방법만큼이나 훌륭한 이중 염색 제제를 준비할 수 있습니다. (여기서 사용하는) 캐나다산 발삼-자일렌 또는 젤라틴-글리세롤 제제는 4개월이 지나더라도 변하지 않습니다.

이 방법은 매우 빠르고 쉽습니다. 전체 절차가 1/4 시간밖에 걸리지 않으며, 시료를 정향 오일clove oil에 며칠 동안 두어도 세균 세포가 변색되지 않고 남아 있습니다."

─────────

그람의 1884년 논문
"조직 단면과 건조 제제에서 세균의 분별 염색"에서

세균은 현미경을 이용해도 그냥은 잘 관찰할 수 없다. 그래서 염색해서 관찰한다. 1884년 덴마크 출신의 미생물학자 한스 크리스티안 그람Hans Christian Gram, 1853~1938은 세균을 염색하는 방법에 관한 독일어 논문을 발표했다. 단 5쪽짜리 소박한 논문이었다. 당시

Schizomycetes라고 불리던, 지금은 쓰이지 않는 분류군, 말하자면 일반적인 세균을 염색하는 방법을 소개한 논문이다. 눈에 보이지 않는 세균을 현미경으로 관찰하기 위해 당시에도 여러 염색 방법이 쓰였다. 그런데 그가 담담히 소개한 염색법은 얼마 지나지 않아 거의 모든 세균을 관찰할 수 있는 방법이 되었고, 다른 여러 염색법을 제치고 세균을 분류하는 가장 기본적인 기술이 되었다. 현재 그의 염색법은 대학 학부에서 처음으로 수행하는 미생물학 실험일 뿐 아니라 중고등학교에서도 어렵지 않게 할 수 있는 기본적인 실험이다. 가장 간단하면서도 가장 강력한 염색 방법을 개발한 그람은 어떤 사람이었고, 어떻게 해서 그런 염색 방법을 개발하게 되었을까? 그리고 그의 염색 방법은 어떤 원리를 지녔으며, 얼마나 큰 영향을 미쳤을까?

세균 관찰의 기본이자 분류의 표준

현재 전 세계 많은 실험실에서 수행되고 있는 그람 염색법Gram stain의 과정을 살펴보면 다음과 같다.

일단 배양하거나 조직에서 얻은 세균 시료를 슬라이드에 잘 펴고 열을 가해 고정fixation한다. 이렇게 고정한 시료에 1차 염료인 크리스털 바이올렛을 한 방울 떨어뜨려 염색한다. 여기에 아이오딘요오드 처리를 하는데, 이렇게 하면 크리스털 바이올렛과 아이오딘이 결합한다. 그다음으로는 알코올이나 아세톤으로 1차 염료를 씻어낸다. 이 단계에서 세균 세포벽의 두께와 특성에 따라 1차 염료가 씻기거나

세균에서 생명을 보다

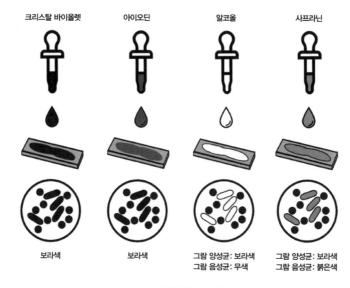

크리스탈 바이올렛   아이오딘   알코올   사프라닌

보라색   보라색   그람 양성균: 보라색   그람 양성균: 보라색
그람 음성균: 무색   그람 음성균: 붉은색

그람 염색법 과정과 결과

그대로 남게 된다. 세포벽에 결합하지 않은 염료는 씻겨 나가는 반면, 세포벽에 단단히 결합한 염료 복합체는 씻기지 않고 그대로 남아 있게 되는 것이다. 마지막으로 붉은색의 사프라닌을 처리해서 대비 염색contrasting staining을 한다. 1차 염료가 남아 있으면 시료가 보라색으로 보이고, 앞 단계에서 알코올이나 아세톤에 의해 1차 염료가 씻겨 버리면 사프라닌의 색깔인 붉은색을 띠게 된다. 즉, 세포벽이 두꺼운 세균은 보라색을 띠고, 세포벽이 얇은 세균은 붉은색으로 보이게 되는 것이다.

세균학자들은 보라색을 띠는 세균을 '그람 양성균gram-positive bacteria', 붉은색으로 염색되는 세균을 '그람 음성균gram-negative bacteria' 이라고 한다.* 염색 결과에 따라 그람 양성균과 그람 음성균으로 구분한 자의적 세균 분류가 구조적인 근거가 있는 것으로 밝혀지면서 두 종류의 분류군이 자연 분류된 것, 즉 진화적으로 분화된 분류군이라고 여겨지게 되었다.

세포벽의 두께에 따라 염색이 달라지다

그람은 1853년 덴마크의 수도 코펜하겐에서 태어났다. 코펜하겐 대학에 입학한 그는 동물학자인 야페투스 스틴스트럽Japetus Steenstrup 교수의 식물학 조교로 일하며 약리학의 기초를 익히고 현미경 사용법을 배웠다. 이후 1878년 의과대학에 입학하고 1883년에 졸업했다. 1885년까지 유럽 각지를 여행하며 세균학과 약학에 관한 전문 지식을 쌓았는데, 독일 베를린의 칼 프리들랜더Carl Friedländer와 함께 세균을 연구하기도 했다. 그람이 새로운 염색법을 고안하고 발표한 것이 바로 이 시기였다. 독일에서 연구하던 그람이 프리들랜더와 함께 염색법을 개발한 것은 어쩌면 당연한 일이었을 수도 있다. 산업화 과정에서 영국에 뒤졌던 독일이 19세기 중반부터 급속한 산업화를 추진하며 중심에 두었던 것이 바로 염료 산업이었다. 바이엘, 바스프, 아

---

* 영어로 쓸 때, 그람 염색Gram stain의 경우에는 그람의 이름을 딴 것이기 때문에 그람을 대문자로 쓰지만, 그람 양성균gram-positive bacteria, 그람 음성균gram-negative bacteria의 경우에는 보통 명사로 취급하여 소문자로 쓴다. 대체로는 크게 신경 쓰지 않기도 하지만, 이걸 분명하게 구분해야 한다는 이들도 있다. 개인적인 얘기를 하자면, 내가 논문을 쓰고 발표하면서 가끔 지적받는 사항이다.

세균에서 생명을 보다

그파와 같은 현대 독일의 유명한 화학회사와 제약회사 대부분이 바로 당시에 염료회사로 출발했다.

한스 크리스티안 그람

그 시기 병리학자이자 미생물학자인 프리들랜더의 최대 관심사는 폐렴을 일으키는 세균이었다. 실제로 그는 폐렴 원인균 중 하나인 폐렴간균 *Klebsiella pneumoniae*을 처음으로 발견해서 보고한 과학자로 기록되고 있기도 하다. 그람은 프리들랜더와 함께 연구하면서 폐렴을 일으킨 세균의 도말smear을 크리스털 바이올렛에 이어 아이오딘과 유기 용매로 염색했을 때 염색의 결과가 다르다는 것을 발견했다. 우연이었을지도 모른다. 어떤 세균은 용매에 의해 염색약이 씻겨 나가는 데 반해, 어떤 세균은 염색약이 씻기지 않아 현미경으로 관찰했을 때 처음 썼던 염료의 색깔 그대로 관찰되었다. 앞의 세균은 세포벽이 얇아 염색약이 씻겨 나갔던 것이고, 뒤의 세균은 두꺼운 세포벽을 가지고 있어 염색약이 그대로 남아 있었던 것이다. 다시 말해, 그람은 세균의 세포벽 두께에 따라 염색약이 남아 있거나 씻겨 나가는 현상을 알아낸 것이고, 이 현상을 이용해 세균을 잘 관찰할 수 있고, 서로 다른 세균을 구분할 수 있다는 것을 깨달은 것이다.

1884년 그람은 염색법에 관한 논문을 발표했지만, 그람의 염색법이 최초로 등장하는 논문은 이 논문이 아니다. 앞서 잠깐 얘기했듯이 1883년 말 이미 프리들랜더가 발표한 논문에서 그람의 염색법을 언급했던 것이다. 그람이 염색법에 관한 논문에서도 적고 있듯이, 그람과 프리들랜더는 폐렴으로 사망한 환자들의 폐 조직 절편에서 여러 세균을 구분하고자 했다. 프리들랜더는 그람을 만나기 전인 1882년 폐렴으로 죽은 환자의 폐에서 세균을 배양해 냈다. 바로 꽤 오랫동안 '프리들랜더의 세균Friedländer bacillus'이라고 불렸던 폐렴간균이다. 그런데 같은 시기에 알베르트 프랜켈Albert Fraenkel이라는 연구자가 폐렴 환자로부터 다른 세균을 발견했고, 이 세균이 '프리들랜더의 세균'과 동일한 것인지 아닌지에 대한 논쟁이 붙었다. 이를 해결해 준 것이 바로 그람 염색이었던 것이다.

프리들랜더가 그람의 방법을 쓰기 전에는 폐렴 환자에서 나오는 세균 중에서 폐렴간균을 폐렴구균Streptococcus pneumoniae과 구분하는 게 힘들었다. 특히 이 두 세균이 서로 섞여 있는 상태에서는 구분할 수가 없었다. 그런데 그람의 염색법으로는 이 둘을 구분할 수 있었던 것이다. 그람은 자신의 논문에서 환자 조직의 핵이나 다른 부분은 염색되지 않는 데 반해, 구균(즉, 폐렴구균을 말한다)은 강하게 염색되었다고 밝히고 있다. 따라서 염색된 정도와 색깔을 보고 폐렴간균과 폐렴구균을 구분할 수가 있었다.

그런데 그람의 논문은 폐렴을 일으키는 세균을 언급하고 있기는 하지만, 구체적으로는 Schizomycetes를 염색하는 방법이라고 소개하고 있다. 현재는 쓰이지 않는 분류군 명칭인 Schizomycetes는 1857년에 칼 폰 내겔리Carl Wilhelm von Nägeli가 처음 명명했다. 우리말로는

세균에서 생명을 보다

'분열균'이라고 번역되기도 하는데, 문헌이나 웹사이트마다 이게 무엇을 가리키는지 다소 헷갈린다. 하지만 그람이 자신의 논문에서 언급한 Schizomycetes의 의미는 다른 게 아니다. 그냥 '세균'이다. 그는 일반적인 세균을 가리키는 용어로 Schizomycetes를 쓰고 있고, 이는 자신의 방법이 대부분의 세균을 염색하는 데 이용할 수 있다는 것을 의미한다고 봐야 한다.

그람은 자신의 방법이 매우 빠르고 쉬울 뿐만 아니라, 코흐와 에를리히가 결핵균을 염색하는 데 사용한 방법 못지않게 세균을 훌륭하게 염색할 수 있으며, 오랫동안 염색 상태를 유지할 수 있다고 쓰고 있다. 그람은 겸손하기도 했지만, 자신의 염색법에 확신은 없었던 듯하다. 그는 논문의 마지막에 이렇게 적었다.

> "나는 이 방법이 무척 결함이 많고 불완전하다는 것을 알지만 발표합니다. 그러나 (이 방법이) 다른 연구자들의 연구에도 유용하다는 것이 밝혀지기를 원합니다."

하지만 그가 개발한 염색법은 세균을 분류하는 표준이 되었고, 세균학에서 가장 기본적인 실험이 되었다.

단순한 관찰 도구를 넘어 진화적인 생물 구분까지

그럼 그람이 논문에 기술한 방법은 오늘날 그의 이름을 따서 '그람 염색법'이라 불리는 것과 얼마나 다를까?

그람이 논문에서 기술한 것을 보면 현대의 그람 염색법과 상당히 유사하면서도 세부적인 면은 조금 다르다는 것을 알 수 있다. 우선 그람은 1차 염료로 크리스털 바이올렛 대신 파울 에를리히가 썼던 아닐린젠트 바이올렛aniline gentian violet 용액을 이용했다. 다음으로는 시료를 아이오딘-아이오딘화칼륨 용액에 1분에서 3분가량 넣는다고 했다. 그렇게 하면 침전물이 생기는데, 이전에 어두운 청자색을 띠던 것이 자줏빛을 띤 붉은색으로 변한다고 쓰고 있다. 그런 다음 알코올에 넣어 완전히 탈색시킨다. 이렇게 하면 핵과 기본 조직은 아이오딘으로 인해 노란색으로 염색되는 데 반해 세균이 조직에 있다면 강렬한 파란색(거의 검은색)으로 나타난다고 적고 있다. 그리고 최종적으로 비스마르크 브라운이라고도 하는 베수빈vesuvine이라는 염료를 썼는데, 베수빈을 쓰면 핵은 갈색으로 보이지만 세균은 푸른색이 유지된다. 여기까지다. 그러니까 현재 표준적인 그람 염색법의 마지막 단계인 대비 염색이라고 하는 단계는 없는 셈이다. 현재 대부분의 미생물 실험실에서는 대비 염색을 위한 염료로 사프라닌을 사용하는데, 이는 그람이 논문을 발표하고 몇 년 후 프랑크푸르트에 있는 센켄베르크 병리학 연구소의 소장이었던 독일의 병리학자 칼 바이게르트Carl Weigert에 의해 도입된 것이다.

시간이 지나면서 그람 염색법이 갖는 의미는 그람이 애초에 생각했던 것과는 조금 달라졌다. 단순히 세균을 잘 관찰하기 위한 방법으로 그람 염색법을 이용하기도 하지만, 많은 경우 염색 결과에 따라 그람 양성균과 그람 음성균으로 세균을 분류하는 가장 기본적인 방

세균에서 생명을 보다

법으로 이용한다. 놀라운 것은 그람 양성균, 그람 음성균은 단순히 염색의 결과에 따라 자의적으로 분류되는 것이 아니란 점이다. 진화적으로도 분명히 구분된다고 여겨지는 가장 기본적인 자연분류군이 바로 그람 양성균과 그람 음성균이다.

그런데 그람의 논문을 보면 자신의 방법을 이용하여 세균을 분류하거나 구분할 수 있다는 얘기는 없다. 그는 자신의 방법이 세균을 어떻게 다른 색으로 염색하게 되는지 그 이유를 알지 못했다. 아니, 굳이 알려고 하지 않았다고 봐야 할 것 같다. 그람 양성과 그람 음성이라는 용어를 쓰지 않았을 뿐 아니라, 그것이 세균의 분류 체계에 의미가 있을 거라는 생각조차도 히지 못했을 것이다.

그람 염색법의 원리와 한계

그렇다면 그람의 염색법으로 그람 양성균과 그람 음성균으로 구분할 수 있는 근거는 무엇일까? 그람 염색법의 원리를 조금 더 들여다보자.

그람 염색법이 개발된 이후 세균(혹은 세균의 세포벽)의 화학적 조성에 관심을 갖는 연구자들이 많아졌지만, 세균의 종류에 따라 그람 염색법에 의해 염색이 달리 되는 이유는 1963년에 와서야 밝혀졌다. 밀턴 살턴Milton R.J. Salton이라는 과학자가 세균에 따라 그람 염색의 결과가 달라지는 이유가 세균 사이에 세포벽 조성이 다르기 때문이라는 것을 밝혀냈다.

그람 양성균의 세포벽에는 펩티도글리칸peptidoglycan 층이 전체의

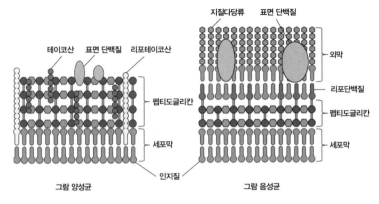

그람 양성균과 그람 음성균의 세포벽 구조

50~90퍼센트에 이를 정도로 두껍게 자리 잡고 있다. 반면, 그람 음성균은 펩티도글리칸 층이 얇을 뿐 아니라 지질을 포함하는 외막outer membrane이 세포질 주변 공간에 의해 세포벽과 분리되어 있다. 크리스털 바이올렛은 수용액에서 크리스털 바이올렛 양이온(CV⁺)과 염화 이온(Cl⁻)으로 해리된다. 이 이온은 그람 양성균과 그람 음성균의 세포벽과 세포막을 통해 침투한다. 크리스털 바이올렛 양이온은 세균 세포의 음전하를 띠는 성분과 상호 작용하여 세포를 보라색으로 염색한다. 그리고 크리스털 바이올렛 이후에 첨가하는 아이오딘 이온(I⁻ 또는 I³⁻)은 크리스털 바이올렛 양이온과 상호 작용하여 세포벽의 안쪽과 바깥쪽 층에서 커다란 복합체(CV-I)를 형성한다.

알코올이나 아세톤과 같은 탈색제는 세포막의 지질과 상호 작용하는데, 그람 음성균의 경우는 외막이 이들 탈색제에 의해 추출되면서 얇은 펩티도글리칸 층이 그대로 노출된다. 그렇게 되면 크리스털 바이올렛-아이오딘 복합체는 외막과 함께 그대로 씻겨 나간다. 반면

세균에서 생명을 보다

그람 양성균에서는 에탄올에 의해 탈수된 후, 크리스털 바이올렛-아이오딘 복합체가 그람 양성균의 두꺼운 펩티도글리칸 층에 갇힌다. 즉 탈색 과정을 거치더라도 그람 양성균은 크리스털 바이올렛의 색깔인 보라색을 유지하지만, 그람 음성균은 보라색을 잃고 마는 것이다. 이때 양전하를 띠는 사프라닌과 같은 염료로 추가 염색을 하면 그람 음성균은 붉은색을 띠게 된다.

하지만 모든 세균에 그람 염색법을 적용할 수 있는 것은 아니다. 그람 염색법이 지닌 원리 때문에 한계도 있다. (코흐가 발견한) 결핵균이나 나균 등이 속하는 미코박테리움Mycobacterium과 이들과 가까운 세균들에는 세포벽 바깥에 마이콜산mycolic acid으로 이루어진, 일종의 매끈한 코팅막이 있다. 그래서 펩티도글리칸 층의 크리스털 바이올렛-아이오딘 복합체가 제대로 씻기지 않아 그람 염색이 잘 되지 않는다. 그래서 결핵균을 염색하기 위해서는, 산성 알코올에 의해서도 탈색되지 않는 성질을 이용한 항산성 염색acid-fast staining이라고 하는 방법을 써야 한다. 그리고 앞서 벤터의 인공생명체 실험에서 소개한 미코플라즈마Mycoplasma와 같은 세균들은 대부분의 세균과는 달리 세포벽이 없어 그람 염색법을 쓸 수 없다.

앞서 그람 양성균과 그람 음성균이라는 분류가 진화적인 근거를 갖는, 즉 그람 양성균이나 그람 음성균이 세균의 아주 오래된 조상으로부터 각각 분화된 것으로 여겨진다고 했다. 하지만 최근 연구에 따르면, 특히 그람 음성균의 경우 서로 다른 계통군에서 독립적으로 같은 특성을 갖도록 수렴 진화convergent evolution한 것이라는 증거가 나오기도 했다.

세균의 관찰과 분류는 물론 항생제 처방의 필수 정보로

그람 염색법을 개발한 이후 그람은 어떤 길을 걸었을까? 그는 일찍부터 적혈구 연구에 관심이 많았다. 대적혈구macrocytes가 악성 빈혈 환자에게 독특하게 나타난다는 것을 알아냈으며, 황달이 나타나면 적혈구 수가 증가하는 현상에 가장 먼저 주목한 사람 중 한 명이었다. 윌리엄 하웰William Henry Howell과 함께 혈액의 응고 시간을 알아내는 방법을 발전시켰으며, 이를 통해 혈우병 환자에게서 장시간 출혈이 잦다는 것을 알아내기도 했다. 1891년부터 모교인 코펜하겐 대학에서 약학을 가르쳤고, 나중에 교수가 되었다. 1900년에는 의학 교수가 되기 위해 약학 교수직을 사임했다. 그는 1923년에 은퇴할 때까지 코펜하겐 대학의 교수로 활동했으며 1938년에 죽었다. 1884년 그는 프리들랜더의 연구실을 떠난 이후로 더 이상 세균 염색에 관한 연구를 하지 않은 것으로 알려져 있다. 잠시 몸담았던 연구로 자신의 이름이 붙여진 염색법을 통해 영원한 명성을 누리고 있는 셈이다.

그람 염색법은 20세기 중반에 그 가치를 다시 인정받았다. 특히, 1974년 당시 하버드 의대 교수 피어스 가드너Pierce Gardner는 급성 세균 감염 환자의 의학적 검사 항목에 그람 염색을 포함해야 하며, 그 결과를 1차 진료 의사에게 제공해야 한다고 주장했다. 그람 염색이 환자의 세균 감염 여부와 세균의 종류를 판별하는 데 기본적인 의학적 정보라는 것을 강조한 것이다. 특히 감염 세균의 그람 양성/음성의 여부는 감염 질환을 치료하기 위한 1차 항생제 선택에 있어 결정적이라고 할 수 있다. 어떤 항생제는 그람 양성균에만 작용하고, 또 다른 항생제는 그람 음성균만 죽이기 때문이다.

그람이 세균 염색법을 개발하고 발표한 시기(1880년대 중반)는 이른바 세균학 연구의 황금기 한가운데를 관통한다. 이 시기에 파스퇴르와 코흐를 중심으로 각종 질병의 원인이 되는 세균이 계속해서 발견되었고, 세균학의 기본 도구인 한천agar 배양법(1881년)이라든가 페트리 접시(1887년)가 개발되었다. 당시에 개발된 다른 연구 방법들이 그렇듯 그람 염색법은 세균을 관찰하는 방법으로, 또 세균을 분류하는 방법으로, 나아가 페니실린과 같은 항생제에 대한 반응성을 예측할 수 있는 도구로서 세균학의 중심에 굳건히 서 있다.

세균은
한 종류가 아니다

칼 우즈의 고세균 발견

"원계原界, urkingdom를 확인하고 특성을 조사하면서 우리는 생명체의 전반적인 계통학적 구조를 처음으로 이해하기 시작했다. 생명체는 생물학적으로 서로 다른 원핵생물prokaryote과 진핵생물eukaryote의 두 가지 계열만으로 구성되어 있지 않다. 대신 (i) 전형적인 세균, (ii) 진핵생물 계통, (iii) 메테인 생성균으로 대표되는, 지금까지는 부분적으로만 탐구된 그룹과 같이 (적어도) 세 개의 그룹으로 구성된다."

우즈의 1977년 논문
"원핵생물 역의 계통학적 구조: 기본 계"에서

세균의 분류는 늘 혼란스러웠다. 너무 작고 단순한 게 문제였다. 레이우엔훅의 관찰 이래 많은 연구자가 세균을 관찰해 왔지만, 그것을 분류하려고 덤벼든 사람은 많지 않았다. 이명법 체계를 만들어 수많은 동물과 식물, 심지어 광물에도 이름을 붙여 '자연의 질서'를 세우

고자 했던 칼 폰 린네Carl von Linné도 세균의 존재는 알고 있었지만, 그
것을 분류할 생각은 하지 않았다. 19세기 중후반, 세균학의 황금기에
이르러서야 비로소 세균을 분류하는 데 관심을 가지기 시작했다. 이
분야의 개척자로 불리는 이는 페르디난트 콘Ferdinand Julius Cohn이다.
브레슬라우 대학(현재는 폴란드의 브로츠와프 과학기술대학교)의 식물학과 미생
물학 교수였던 콘은 세균을 분류하는 데 크게 기여했음에도 잘 알려
지지 않은 과학자다. 우리는 이미 앞에서 그를 만나보았다. 바로 코흐
의 탄저균 발견을 처음으로 인정하고 발표에 도움을 준 바로 그 교수
가 콘이다. 파스퇴르나 코흐만큼 콘이 당대의 뛰어난 세균학자로서
사람들의 기억 속에 각인될 수는 없겠지만, 세균학에 대한 그의 공헌
에 비하면 그의 명성은 많이 가려져 있다.

콘 이전에는 앞서 그람의 논문에서도 보듯이 세균을 Schizomycetes
라며 별 구분 없이 받아들였다. 1866년에 에른스트 헤켈Ernst Heinrich
Philipp August Haeckel이 원생생물Protista 계의 생물 중 세포 내에 아무 구
조가 없는(실제로 아무것도 없는 것은 아니지만) 생물을 묶어 모네라 문Phylum
Monera을 만들었다. 모네라라는 명칭은 1969년 로버트 휘태커Robert
Harding Whittaker가 5계Kingdoms 체계를 제안할 때 세균을 가리키는 용어
로 다시 쓰이게 되는데, 휘태커의 5계 분류 체계는 오랫동안 널리 받
아들여졌다.

헤켈은 자신이 만든 모네라라는 문에 2개의 그룹을 두었다. 즉, 외
피envelope가 없는 그룹과 외피가 있는 그룹으로 나누었는데, 외피가
없는 그룹은 지금은 대부분 진핵생물에 속하고, 외피가 있는 그룹에
묶인 것은 세균이 대부분이지만 지금은 세균으로 분류되지 않는 것

도 포함되어 있다. 세균에 대한 정의도 불분명했고, 세균을 분류할 수 있는 형질 자체가 부족했던 시기다. 그러던 세균의 분류를 처음으로 체계화한 과학자가 바로 콘이다.

콘은 세균의 구조뿐만 아니라 배지에서 자라는 형태, 움직임 여부를 비롯한 생리적인 특성이 세균을 구분하는 데 중요하다는 것을 깨달았다. 그는 또한 파스퇴르와는 달리 다윈의 진화론을 수용했다. 그래서 세균마다 안정적인 정체성이 있지만 시간에 따라 변이가 생기고 환경에 적응해 나간다고 여겼다. 그는 세균을 4개의 족tribe으로 나누는 분류 시스템을 제안했다. 세균의 모양 또는 구조에 따라 구형spherical, 막대형short rods, 필라멘트형threads, 나선형spirals으로 나눴고, 각 분류군 내에 6개의 속genus과 종species을 설정했다.

콘 이후로 세균의 분류에는 많은 변화가 있었다. 다양한 체계가 제안되었고, 명칭도 정리되지 않아 혼란이 있었다. 물론 발전도 있었다. 대표적으로 그람 염색법을 통해 세균을 그람 양성균과 그람 음성균으로 분류한 것을 들 수 있다. 이후 다양한 생리적·화학적 특성을 바탕으로 분류가 이뤄지기 시작했다. 세균 분류에 대한 혼란스런 상황이 대체로 정리된 것은 1947년 '국제세균명명규약International Bacteriological Code of Nomenclature, IBCN'이 제정되면서부터라고 할 수 있다. 그런 와중에도 한 가지 변하지 않았던 것은 세균은 '세균'이라는 점이었다. 세균은 한 종류로 다른 생명체, 즉 진핵생물과 뚜렷하게 구분되는 분명한 하나의 분류군이라는 걸 누구도 의심하지 않았다.

"실질적 가치는 거의 없는 연구"

1977년 11월 3일 《뉴욕타임스》1면에는 무언가 어지러이 적혀 있는 칠판을 배경으로 책상에 두 발을 올려놓고 뭔가 설명하고 있는 한 과학자의 사진이 실렸다. 자세히 보면 대단히 거만해 보이는 표정까지 읽을 수 있다. 뭔가 대단한 것을 이룬 과학자가 아니라면 웬만해선 《뉴욕타임스》1면에 실리기도 쉽지 않을뿐더러 감히 그런 자세에, 그런 표정을 지을 수 없을 것 같다. 도대체 이 과학자는 누구일까?

그는 일리노이 대학의 교수 칼 우즈Carl Woese, 1928~2012였다. 당시 49세. 그가 유명해진 후에도 사람마다 그의 성을 어떻게 부를지 애매해

칼 우즈의 연구를 소개하는 1977년 11월 3일 자 《뉴욕타임스》

서로 달리 부르곤 했는데(우즈, 워스, 우스 등), 신문기자도 그게 신경 쓰였는지 'woes'라 발음한다고 친절히 소개하기까지 했다. 이렇게 해도 'woes'를 어찌 발음할 것인지가 고민스러운데, 그는 생전에 '우즈'라고 했다고 한다.

인터뷰에서 그는 "이 연구의 실질적인 가치는 거의 없을 것"이라고 했다. 이런 당돌한(?) 언급과 사진에서 보는 그의 자세를 연결해 볼 수 있을 것 같기도 하다. 그때까지 누구도 밝혀내지 못한 것을 밝혀냈지만, 따지고 보면 아무런 가치가 없는 연구. 당당히 자신의 연구가 가치가 없다고 할 정도의 자신감이라니. 뭔가 고고해 보이지 않나? 요즘 표현으로 하자면 '힙'해 보인다.

이 자신감 넘치는 우즈의 모습이 신문에 난 이유는《미국 국립과학원 회보_PNAS, Proceedings of the National Academy of Sciences of the United States of America》10월호와 11월호에 실린 논문 때문이었다. 대부분의 혁신적인 논문이 그렇듯 논문의 내용과 결론은 간단했다.《미국 국립과학원 회보》11월호에 실린 논문은 단 3쪽에 불과하다.

염기서열을 비교해 생물을 나누어 보자

우즈의 논문 전까지만 해도 생명체는 크게 2개의 도메인domain(흔히 '역'으로 번역하지만, 이때까지는 소문자로 쓰는, 공식적인 분류 체계가 아니었다)으로 나뉘었다. 진핵생물eukaryotes과 원핵생물prokaryotes. 진핵생물이란 세포 내에 핵을 비롯한 세포 내 소기관을 갖는 생명체이고, 원핵생물은 핵이 없

	1	2	3	4	5	6	7	8	9	10	11	12	13
1. Saccharomyces cerevisiae, 18S	—	0.29	0.33	0.05	0.06	0.08	0.09	0.11	0.08	0.11	0.11	0.08	0.08
2. Lemna minor, 18S	0.29	—	0.36	0.10	0.05	0.06	0.10	0.09	0.11	0.10	0.10	0.13	0.07
3. L cell, 18S	0.33	0.36	—	0.06	0.06	0.07	0.07	0.09	0.06	0.10	0.10	0.09	0.07
4. Escherichia coli	0.05	0.10	0.06	—	0.24	0.25	0.28	0.26	0.21	0.11	0.12	0.07	0.12
5. Chlorobium vibrioforme	0.06	0.05	0.06	0.24	—	0.22	0.22	0.20	0.19	0.06	0.07	0.06	0.09
6. Bacillus firmus	0.08	0.06	0.07	0.25	0.22	—	0.34	0.26	0.20	0.11	0.13	0.06	0.12
7. Corynebacterium diphtheriae	0.09	0.10	0.07	0.28	0.22	0.34	—	0.23	0.21	0.12	0.12	0.09	0.10
8. Aphanocapsa 6714	0.11	0.09	0.09	0.26	0.20	0.26	0.23	—	0.31	0.11	0.11	0.10	0.10
9. Chloroplast (Lemna)	0.08	0.11	0.06	0.21	0.19	0.20	0.21	0.31	—	0.14	0.12	0.10	0.12
10. Methanobacterium thermoautotrophicum	0.11	0.10	0.10	0.11	0.06	0.11	0.12	0.11	0.14	—	0.51	0.25	0.30
11. M. ruminantium strain M-1	0.11	0.10	0.10	0.12	0.07	0.13	0.12	0.11	0.12	0.51	—	0.25	0.24
12. Methanobacterium sp., Cariaco isolate JR-1	0.08	0.13	0.09	0.07	0.06	0.06	0.09	0.10	0.10	0.25	0.25	—	0.32
13. Methanosarcina barkeri	0.08	0.07	0.07	0.12	0.09	0.12	0.10	0.10	0.12	0.30	0.24	0.32	—

우즈의 논문(미국 국립과학원 회보 1977년 11월호)에서 생물들 간의 유사성을 나타낸 표로, 각 계의 대표적인 종들 사이의 16S(또는 18S) rRNA의 유사도를 보여준다. 유사도는 염기서열 자체의 일치도가 아니라 rRNA 염기서열 카탈로그를 만들고 두 종 사이에 이것들을 얼마나 공유하는지를 비교한 값이다. 표 안의 상자는 각각 왼쪽부터 진핵생물, 진정세균, 고세균을 구분한 것이다

는 생명체를 의미한다. 원핵생물과 진핵생물을 처음으로 구분한 과학자는 1937년 프랑스의 에두아르 샤통Edouard Chatton인데, 원핵생물은 대체로 세균을 의미했다. 우즈는 논문의 앞부분에서 당시에 받아들여지고 있던 분류 체계인 진핵생물과 원핵생물의 특징과 진화적 논점에 관해 소개하고 있다.

다음으로는 생물의 계통학적 관계를 밝히는 데 있어 고려해야 할 점에 대해 적고 있다. 계통학적 관계를 밝히기 위해서는 서로 비교할 수 있는 특징이 있어야 한다. 우즈는 그 비교할 수 있는 특징으로 유전체genome라는 게 있다고 지목하고, 그중에서도 염기서열이 진화적 관계를 결정하는 데 강력한 도구가 될 것이라고 주장했다. 이 내용은 그동안 우즈가 꾸준히 개척해 온 분야였다. 그는 오래전부터, 특히 리보솜 RNArRNA의 염기서열이 생명체의 진화에 관한 비밀을 푸는 데 중요한 역할을 할 것이라 믿었다. 모든 생명체가 필수적으로 가지고 있으면서, 시간에 따라 서열이 변하긴 하지만 그 속도가 빠르지는 않

아 계통학적으로 유연관계가 먼 생명체 사이에도 비교 가능한 유전자로 16S rRNA(진핵생물의 경우는 18S rRNA)를 선택하고 유용성을 증명해 오고 있었다.

그는 이런 자신의 기존 연구를 바탕으로 다양한 생물에서 rRNA 염기서열을 얻고, 이를 비교하여 염기서열의 유사도를 바탕으로 계통학적 관계를 분석했다. 예상대로 전형적인 세균(흔히 '진정세균'이라고 한다)과 동물, 식물, 균류를 포함하는 진핵생물이 분명한 그룹으로 나타났다. 여기서 미토콘드리아의 진화에 대해서도 잠깐 이야기한다. 미토콘드리아가 가지고 있는 rRNA의 염기서열이 진핵생물 그룹의 것과 비슷하지 않다는 것인데, 이는 린 마굴리스Lynn Margulis의 세포내 공생설endosymbiosis*을 지지하는 것이었다. 여기까지는 기존의 분류와 다르지 않다. 그런데 놀랍게도 전형적인 (진정)세균과 진핵생물의 그룹과 묶이지 않는 제3의 그룹이 존재한다는 것을 우즈는 발견한다. 우즈는 이 대목에서 이렇게 쓰고 있다.

"이산화탄소를 메테인으로 환원시키는 독특한 대사 작용을 하는, 현재까지 상대적으로 잘 알려지지 않은 종류의 혐기성 세균인 메테인 생성균으로 대표되는 세 번째 그룹이 존재한다. 이런 '세균'은 전형적인 세균보다 진핵세

---

* 세포내 공생설에 의하면, 독립적으로 생활하던 산소 호흡을 하는 원핵생물(산소 호흡 세균)과 광합성을 하는 원핵생물(광합성 세균)이 숙주 세포 내부로 들어가 공생하다 각각 미토콘드리아와 엽록체로 분화되어 진핵생물로 진화했다고 본다. 린 마굴리스의 세포내 공생설은 처음에는 강력한 반발을 받았고, 논문 출판도 쉽지 않았다. 하지만 지금은 거의 정설로 받아들여지고 있다.

세균에서 생명을 보다

포와 더 관련이 있는 것처럼 보인다. 남조류*가 다른 진정세균eubacteria에서 유래하는 것처럼, 메테인 생성균으로 대표되는 그룹과 진핵생물은 서로 멀리 떨어져 있는 것처럼 보이지만, 동일한 생화학적 표현형**을 갖는다. 메테인 생성이라는 표현형이 명백한 고대성antiquity을 지닌다는 점, 즉 30~40억 년 전의 지구 환경에 적합하다는 사실을 볼 때 이 원계urkingdom를 잠정적으로 고세균archaebacteria이라고 부르는 게 적절하다. 이 그룹에 생화학적으로 독특한 형질이 존재하는지 여부는 최초의 원핵생물의 특성과 조상에 대한 우리의 개념을 바꿀 수 있는 중요한 질문이다."

그러고는 여러 논점을 다루고 있지만, 논문의 결론은 간단하고 명확했다. 지구상의 생명체는 기존에 알려진 것처럼 두 개의 그룹이 아니라 세 개의 그룹으로 존재한다는 것이다. 이 당시에는 단지 세 개의 그룹으로 나뉜다고 했지만, 1990년에는 이들에 대해 기존 계Kingdom의 상위 분류 단계로 역Domain을 제안한다. 모든 생명과학과 미생물학 개론서에 등장하는 계통수와 함께. 1990년에 제시한 계통수는, 이미 1977년 논문에서도 주장했지만, 고세균이 (진정)세균보다 진핵생물에 가깝다는 '충격적인' 사실을 그대로 보여준다. 고세균이 진정세균보다 진핵생물과 유연관계가 가깝다는 결과는 1996년 크레

---

* blue-green algae, 지금은 주로 남세균cyanobacteria이라 부른다.
** 표현형phenotype은 생물에서 겉으로 드러나는 특성을 말한다. 여기에는 모양이나 구조 같은 생김새뿐 아니라, 행동, 발생, 생리학 또는 생화학적 특성도 포함한다. 이에 반해 유전자형genotype은 생물이 가지고 있는 특정한 유전자의 조합, 혹은 유전자 전체 집합을 의미한다.

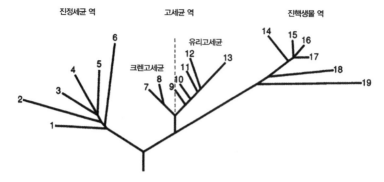

진정세균 역   고세균 역   진핵생물 역

유리고세균

크렌고세균

우즈의 1990년 논문에 있는 3역의 계통수. 그는 이를 '보편적인 계통수universal phylogenetic tree'라고 했다. 이 계통수를 보면 3개의 역이 분명히 구분되면서, 고세균 역이 진핵생물 역과 유연 관계가 가깝다는 것을 알 수 있다.

이그 벤터와 함께 메테인 세균*Methanococcus jannaschii*의 전장 유전체 염기 서열을 결정해서 분석했을 때 다시 한 번 입증되었다. '진핵생물 대 원핵생물'이라는 이분법은 애당초 잘못된 구도였던 것이다.

우즈의 '3역' 제안은 미생물학계에서는 즉각적인 관심과 뜨거운 환영을 받았으나 생물학의 다른 분야에서는 격렬한 저항, 혹은 의도적인 무시를 받았다. 위대한 진화학자라 불리는 에른스트 마이어Ernst Walter Mayr도 비판했다. 마이어는 심지어 "우즈가 생물학자로서 교육을 받지 않았고, 분류의 원리에 친숙하지 않다"고까지 했다(꼭 틀린 말은 아니었지만). 그는 고세균archaebacteria이란 명칭에 대해서도 비판했는데, 이 부분은 많은 분류학자와 미생물학자도 여전히 비판 혹은 아쉬워하고 있다. 왜냐하면 현재 고세균이라 불리는 세균들이 수십 억 년 전에 존재하던 그대로의 것은 아니기 때문이다. 우리나라에서는 그래서 진정세균과는 분명히 다르다는 점을 강조하기 위해 최근 '고세

       세균에서 생명을 보다

균'을 '고균'으로 바꿔 부르자는 움직임이 있지만, 이것도 명칭에 대한 아쉬움을 떨쳐내지는 못한다. 어쨌든 마이어는 "세균은 세균일 뿐"이라며 3역 분류 체계의 이점을 찾을 수 없다는 점에서 받아들이지 않는다고 했다.

하지만 21세기 모든 고등학교, 대학의 생물학 교과서와 미생물학 교과서는 우즈의 3역 분류 체계를 채택하고 있다. 세균이라고 다 같은 세균은 아니란 것을 받아들이고 있는 것이다.

리보솜 RNA는 진화의 시간을 측정하는 분자 시계

우즈 이전과 우즈, 우즈 이후의 연구에 관해 광범위하게 서술한 《진화를 묻다》에서 데이비드 쾀멘은 우즈(번역본에서는 워즈라고 쓰고 있다)에 대해 다음과 같이 묘사하고 있다.

"우즈는 난해한 사람이었다. 지독하게 외골수였고 심오한 질문들에 둘러싸인 내밀한 사람이었다. 그는 천재적인 방법들을 고안하여 의문들을 추적해나갔다. 그 과정에서 과학계의 몇몇 관행을 거스르고, 적을 만들고, 소소한 것들을 무시하고, 자신의 생각을 고집스럽게 주장하면서, 대부분의 사람들이 관심조차 갖지 않았던 자신의 연구에 강박적으로 매달렸다."

왜 과학자가 되었느냐는 질문에 세상에 대처할 수 있는 방법으로 과학자밖에는 달리 될 게 없어 그랬다고 답한 칼 우즈는 1928년 뉴욕주의 시러큐스에서 태어났다. 매사추세츠주의 디어필드 아카데미를 다녔고, 1950년에 애머스트 대학에서 수학과 물리학 복수 전공으로 학부를 졸업했다. 재미있는 것은 그가 애머스트 대학을 다니는 동안 수강한 생물학 강의는 단 하나, 4학년 때 들은 생화학뿐이었다는 것이다. 애당초 생물학에는 별로 관심이 없었던 우즈였다.

1953년에 예일 대학교에서 생물물리학 박사 학위를 취득하는데, 그의 박사 학위 연구 주제는 열과 전리 방사선에 의한 바이러스 비활성화에 관한 것이었다. 우즈는 대학을 졸업할 무렵 나중에 세계적인 저온 물리학자가 된 젊은 물리학 강사 윌리엄 페어뱅크William M. Fairbank의 조언으로 생물물리학을 전공했다고 밝힌 바 있다. 박사 학위 이후 로체스터 대학에서 2년간 의학을 공부했지만 소아과 순환근무 이틀 만에 관뒀다. 그러고는 예일 대학교로 돌아와 생물물리학 박사후연구원으로 세균의 핵산 대사와 포자를 불활성화하는 데 X선을 활용할 수 있는지에 관한 연구를 했다. 1960년부터는 뉴욕주 스키넥터디에 있는 제너럴 일렉트릭의 놀스 연구소GE Research's Knolls Laboratory에서 생물물리학자로 3년간 일했다. 1964년에 어바나샴페인에 있는 일리노이 대학의 미생물학 교수로 임용되었는데, 그 계기가 된 것은 안식년을 얻어 프랑스 파리의 파스퇴르 연구소에 머물 때였다. 그곳에서 핵산 혼성화 기술nucleic acid hybridization*을 개발한 일리노

---

* 세균을 새로운 종species으로 인정하느냐 여부는 16S rRNA 염기서열의 유사도를 기준으로 삼는데(최근에는 전장 유전체 염기서열을 요구한다), 염기서열 결정 방법이 보편화되기 전에는 스피겔먼이 개발한 핵산 혼성화 방법을 이용하여 세균과 세균 사이의 핵산 유사도를 측정하여 판별했다.

세균에서 생명을 보다

이 대학 미생물학과의 솔 스피겔먼Sol Spiegelman 교수를 만났는데, 스피겔먼이 우즈의 천재성을 알아보고 그를 대학으로 끌어들였다고 한다. 우즈는 일리노이 대학 교수가 된 이후로 본격적으로 세균을 연구하기 시작했다.

우즈가 박사 학위를 받은 1953년은 왓슨과 크릭이 DNA의 이중나선 구조를 밝힌 해였다. 이후 짧은 시간 내에 분자생물학이라는 분야가 탄생하고 발전했다. 우즈는 놀스 연구소에 있을 때부터 아미노산을 코딩하는 유전 암호에 관심을 가졌다. 몇 편의 논문을 내기도 했다. 일리노이 대학 교수로 임용된 이후에는 이런 생물학의 발전을 진화론적 관점에서 미생물학에 접목하고자 했다. 앞서도 밝혔듯이 그는 DNA와 단백질 사이의 정보를 매개하는 rRNA가 생물 사이의 진화적 거리를 측정하는 데 매우 이상적인 분자 시계molecular clock라고 생각했다. 모든 생물에서 동일한 기능을 수행하면서도 돌연변이 속도가 느리기 때문에 진화적으로 유연관계가 먼 생물들 사이에도 비교가 가능할 것으로 봤다.

우즈는 프레더릭 생어Frederick Sanger가 개발한 염기서열 분석 방법을 이용했다. 1958년 인슐린의 아미노산 서열 분석의 공로를 인정받아 노벨상을 수상했던 생어는 이 기술 개발로 1980년 두 번째 노벨상을 수상했다. 우즈는 염기서열 분석 기술이야말로 생물학의 궁극적인 기술이라며 20세기 생물학에서 가장 중요한 인물로 생어를 꼽았다. 우즈가 생명체의 공통 언어로 맨 처음 선택해서 분석한 분자는 5S rRNA였다. 그러나 겨우 120개 정도의 염기를 갖는 5S rRNA로는 정보가 부족해 문제가 있다고 여겼고, 목표 유전자를 (세균의 경우)

약 1500개 정도의 염기를 갖는 16S rRNA로 바꿨다(식물과 동물의 경우는 18S rRNA에 해당한다). 100여 종이 넘는 미생물의 16S rRNA 염기서열을 확보했고, 몇몇 진핵생물 종의 18S rRNA도 분석한 후에 1977년 논문을 내놓았다.

우즈가 연구할 당시의 염기서열 결정 기술은 지금과 매우 달리 매우 고된 작업이었다. 중합효소 연쇄반응PCR 기술이 개발되기 전이라 rRNA 염기서열을 결정하기 위해서는 제한효소를 이용해서 전체 유전체를 자른 후 전기영동을 하고, rRNA 부분만을 탐지할 수 있는 탐침을 이용하여 rRNA 부분만 얻어야 했다. 한 종의 rRNA 염기서열을 결정하는 것만도 엄청난 작업이 필요한 일이었다. 우즈는 몇 년간이 일에 매달려 생물 전반의 계통학적 관계를 확인할 수 있을 만큼의 데이터를 얻어냈던 것이다.

'명예 노벨상'을 수여합니다

그의 연구 결과는 앞서도 봤듯이 《뉴욕타임스》1면에 실릴 만큼 큰 관심을 받았다. 하지만 역시 혁신적인 논문이 대부분 그렇듯이 과학자들 사이에서는 금방 받아들여지지 않았다. 마이어의 비판에서도 알 수 있듯이 반발이 거셌다. 하지만 이후 우즈의 논문 결과를 뒷받침하는 증거는 쌓여갔다. 고세균의 세포벽에는 진정세균의 세포벽에 존재하는 펩티도글리칸이 없고, 유전자의 전사 과정에서 떨어져 나가는 인트론intron도 진정세균에는 없는 반면, 고세균과 진핵생물에는 존재한다는 사실이 밝혀졌다. 그밖에도 다양한 생화학적·생리적·구조적 증거들이 고세균의 독자성과 함께 진핵생물과의 유사성을 가리켰다.

완벽하고 부정할 수 없는 증거 앞에 반대 의견은 사라지고 결국 우즈의 주장은 받아들여졌다. 1977년의 논문 발표가 있은지 15년 후에 당시까지의 미생물학 지식을 집대성하여 교과서가 된 《원핵생물The Prokaryotes》에서는 "원핵생물의 rRNA 목록을 만들고 염기서열을 결정한 칼 우즈의 선구적인 연구는 생물학 역사상 처음으로 이전에는 불가능하다고 생각했던 목표인 살아있는 유기체에 관한 진정한 계통학적 시스템을 확립하는 수단을 제공했다"라고 평가했다. 그가 이용했던 16S rRNA 염기서열은 이후 방대한 데이터베이스가 구축되면서 분자계통학의 근간이 되었을 뿐만 아니라 세균의 종species을 정의하는 데 기준이 되는 정보로 쓰이게 되었다.

우즈는 자신의 연구를 "실질적인 가치는 거의 없는" 연구라고 평가했다. 하지만 스탠퍼드 대학에서 장腸 마이크로바이옴을 연구하는 저스틴 소넨버그Justin Sonnenburg는 "1977년 논문은 미생물학, 어쩌면 생물학의 모든 분야를 통틀어 가장 영향력 있는 논문 중 하나다. 미생물 세계의 어마어마한 다양성에 관한 진화적 이해의 틀을 제공한다는 점에서 왓슨과 크릭, 다윈의 연구와 어깨를 나란히 한다"라고 말했다. 해양미생물학자 에드워드 드롱Edward DeLong은 "그의 논문과 기술은 모든 생명체의 계통학적 관계를 이해하는 데 정량적인 지표를 제공했다. 그것은 근본적인 것이다"라고 했다. 우즈의 연구는 그가 말한 것과는 달리 생물학의 기초를 제공했다는 점에서 엄청난 '실질적인' 가치를 지닌 것이었다.

우즈는 2012년 12월 30일 췌장암의 합병증으로 사망했다. 그의 죽음을 애도하는 기사가 주요 과학 학술지는 물론 많은 신문에 실렸다. 특히 《사이언스》는 워싱턴 대학의 생화학 교수 앨런 웨이너Alan Weiner의 "거의 모든 생물학자와 의사들이 우즈에게 명예 노벨상honorary Nobel prize을 수여했습니다"라는 평가를 언급하고 있다. 우즈는 수많은 상을 받았지만, 노벨상은 수상하지 못했다. 기록을 보더라도 단 한 차례도 후보에 오르지 못했다는 걸 알 수 있다. 아마도 연구 분야 때문이었을 것이다. 노벨상 추천의 권한을 가지고 있는 저명한 과학자들은 우즈의 연구를 그의 말처럼 '실질적인 가치가 거의 없는' 연구로 판단했을 수 있다. 그런데 나는 2022년 노벨생리의학상을 스웨덴의 스반테 페보가 단독으로 수상하게 된 소식을 들으며 바로 우즈가 떠올랐다. 그의 공로로 언급된 것은 "멸종한 호미닌의 유전체와 인류 진화에 관한 발견"이다. 나는 페보의 수상 소식을 들으며 우즈가 10년만 더 살았다면 어땠을까, 하는 생각을 했다. 우즈의 마지막 영광을 노벨상이 장식했을 가능성도 있지 않았을까?

분자생물학
MOLECULAR BIOLOGY

5

"대장균에서 맞는 것은 코끼리에게도 맞다."

– 프랑수아 자코브François Jacob, 1920~2013

STUDIES ON THE CHEMICAL NATURE OF THE SUBSTANCE INDUCING TRANSFORMATION OF PNEUMOCOCCAL TYPES

INDUCTION OF TRANSFORMATION BY A DESOXYRIBONUCLEIC ACID FRACTION ISOLATED FROM PNEUMOCOCCUS TYPE III

By OSWALD T. AVERY, M.D., COLIN M. MacLEOD, M.D., AND MACLYN McCARTY,* M.D.

(From the Hospital of The Rockefeller Institute for Medical Research)

PLATE 1

(Received for publication, November 1, 1943)

Biologists have long attempted by chemical means to induce in higher organisms predictable and specific changes which thereafter could be transmitted in series as hereditary characters. Among microörganisms the most striking example of inheritable and specific alterations in cell structure and function that can be experimentally induced and are reproducible under well defined and adequately controlled conditions is the transformation of specific types of Pneumococcus. This phenomenon was first described by Griffith (1) who succeeded in transforming an attenuated and non-encapsulated (R) variant derived from one specific type into fully encapsulated and virulent (S) cells of a heterologous specific type. A typical instance will suffice to illustrate the technique originally used and serve to indicate the wide variety of transformations that are possible within the limits of this bacterial species.

Griffith found that mice injected subcutaneously with a small amount of a living R culture derived from Pneumococcus Type II together with a large inoculum of heat-killed Type III (S) cells frequently succumbed to infection, and that the heart's blood of these animals yielded Type III pneumococci in pure culture. The fact that the R strain was avirulent and incapable by itself of causing fatal bacteremia and the additional fact that the heated suspension of Type III cells contained no viable organisms brought convincing evidence that the R forms growing under these conditions had newly acquired the capsular structure and biological specificity of Type III pneumococci.

The original observations of Griffith were later confirmed by Neufeld and Levinthal (2), and by Baurhenn (3) abroad, and by Dawson (4) in this laboratory. Subsequently Dawson and Sia (5) succeeded in inducing transformation *in vitro*. This they accomplished by growing R cells in a fluid medium containing anti-R serum and heat-killed encapsulated S cells. They showed that in the test tube as in the animal body transformation can be selectively induced, depending on the type specificity of the S cells used in the reaction system. Later, Alloway (6) was able to cause

* Work done in part as a Fellow in the Medical Sciences of the National Research Council.

137

J. Mol. Biol. (1961) 3, 318-356

REVIEW ARTICLE

Genetic Regulatory Mechanisms in the Synthesis of Proteins †

FRANÇOIS JACOB AND JACQUES MONOD

Services de Génétique Microbienne et de Biochimie Cellulaire, Institut Pasteur, Paris

(Received 28 December 1960)

The synthesis of enzymes in bacteria follows a double genetic control. The so-called structural genes determine the molecular organization of the proteins. Other, functionally specialized, genetic determinants, called regulator and operator genes, control the rate of protein synthesis through the intermediacy of cytoplasmic components or repressors. The repressors can be either inactivated (induction) or activated (repression) by certain specific metabolites. This system of regulation appears to operate directly at the level of the synthesis by the gene of a short-lived intermediate, or messenger, which becomes associated with the ribosomes where protein synthesis takes place.

1. Introduction

According to its most widely accepted modern connotation, the word "gene" designates a DNA molecule whose specific self-replicating structure can, through mechanisms unknown, become translated into the specific structure of a polypeptide chain.

This concept of the "structural gene" accounts for the multiplicity, specificity and genetic stability of protein structures, and it implies that such structures are not controlled by environmental conditions or agents. It has been known for a long time, however, that the synthesis of individual proteins may be provoked or suppressed within a cell, under the influence of specific external agents, and more generally that the relative rates at which different proteins are synthesized may be profoundly altered, depending on external conditions. Moreover, it is evident from the study of many such effects that their operation is absolutely essential to the survival of the cell.

It has been suggested in the past that these effects might result from, and testify to, complementary contributions of genes on the one hand, and some chemical factors on the other in determining the final structure of protein. This view, which contradicts at least partially the "structural gene" hypothesis, has found as yet no experimental support, and in the present paper we shall have occasion to consider briefly some of this negative evidence. Taking, at least provisionally, the structural gene hypothesis in its strictest form, let us assume that the DNA message contained within a gene is both necessary and sufficient to define the structure of a protein. The elective effects of agents other than the structural gene itself in promoting or suppressing the synthesis of a protein must then be described as operations which control the rate of transfer of structural information from gene to protein. Since it seems to be established

† This work has been aided by grants from the National Science Foundation, the Jane Coffin Childs Memorial Fund for Medical Research and the Commissariat à l'Énergie Atomique.

318

오즈월드 에이버리의 1944년 논문 첫 장(왼쪽)과 프랑수아 자코브와 자크 모노의 1961년 논문 첫 장

20세기 후반 생물학의 주류는 분자생물학이었다. 분자생물학은 생명 활동을 분자 수준에서 이해하고 설명한다. DNA의 복제와 단백질의 합성 과정에 대한 연구를 바탕으로 유전자의 본질과 작동 메커니즘, 나아가 생명 현상의 조절과 진화까지도 설명해 냈다. 분자생물학은 DNA가 유전물질이라는 것을 밝히면서 시작되었다. 여기에는 폐렴구균이라는 오랫동안 인류를 괴롭혔던 세균의 특성이 중요했다. 그리고 대장균에서 최초로 유전자 조절 메커니즘을 밝혀내면서 실질적인 분자생물학의 시대가 열렸다.

09

DNA가
유전물질이다
오즈월드 에이버리의 형질전환 실험

"(논문에서) 제시한 증거는 데옥시리보스 형태의 핵산이 폐렴구균 유형 III에서 형질전환 원리의 기본 단위라는 믿음을 뒷받침합니다."

———————

에이버리의 1944년 논문
"폐렴구균에서 형질전환을 유도하는 물질의 화학적 특성에 관한 연구:
폐렴구균 유형 III에서 분리한 데옥시리보핵산의 형질전환 유도"의 결론에서

DNA의 역사에서 가장 극적인 장면은, 물론 1953년 제임스 왓슨James Dewey Watson, 1928~ 과 프랜시스 크릭Francis Harry Compton Crick, 1916~2004이 DNA의 구조를 밝혀낸 '사건'이다.* 그들의 업적에는 많은 의구심과 연구 과정에 대한 비판, 시기가 섞여 있지만, 어찌 되었든 왓슨과 크

* 논문 저자의 순서가 왓슨이 먼저였기 때문에 흔히 '왓슨과 크릭의 DNA 구조 발견'이라고 하는데, 저자 순서는 동전을 던져 결정했다고 한다. 이 논문은 왓슨의 여동생이 타이핑했고, 논문에 실린 DNA 그림은 크릭의 아내가 그렸다.

릭이 DNA 연구, 분자생물학, 나아가 생물학의 역사에 결정적 전환점을 찍은 것만은 분명하다.

왓슨과 크릭은 DNA의 구조를 밝히는 경쟁에 뛰어든 데에 물리학자 에르빈 슈뢰딩거Erwin Schrödinger의《생명이란 무엇인가》라는 책이 큰 영향이 미쳤다고 밝힌 바 있다. 하지만 DNA가 유전 정보를 운반하는 분자라는 확신이 없었다면 애당초 관심도 없었을 것이다. 왓슨과 크릭은 DNA 구조만 밝혀내면 일약 유명 스타로 발돋움할 것이란 걸 알고 있었다. 1등으로 결승 테이프만 끊으면 노벨상은 따놓은 당상이라 여기며 그 일에 몰입했다. 그렇다면 그들은 유전물질의 정체가 DNA라는 것은 어떻게 확신할 수 있었을까?

유전물질의 정체가 DNA라는 것을 밝힌 결정적 연구 역시 세균에서 나왔다. 폐렴구균Streptococcus pneumoniae이라는, 한때 많은 사람의 목숨을 앗아갔고, 지금도 저개발국가에서는 많은 어린이의 목숨을 위협하는 세균이다. 이 세균은 독특한 특성이 있는데, 그 특성이 유전물질의 정체를 밝히는 데 중요한 역할을 했다.

실험의 핵심이었던 폐렴구균의 독특한 성질

캐나다의 핼리팩스에서 태어난 오즈월드 에이버리Oswald Theodore Avery, 1877~1955는 열세 살이던 1887년 목사인 아버지를 따라 뉴욕으로 이주했고, 평생 뉴욕에서 살았다. 컬럼비아 대학을 졸업하면서 의학의 길을 걸었지만 1913년 록펠러 의학 연구소(지금의 록펠러 대학교)에서 연

162   세균에서 생명을 보다

구 경력을 시작했다. 서른여섯의 나이에 전문 과학자의 길을 걷기 시작한 것이니 결코 이르다고 할 만한 나이는 아니었다. 왜소한 체구에 달걀 모양의 두상인데다 머리가 벗겨진 에이버리는 솔직히 말하면, 볼품없는 외양을 지녔다. 하지만 늘 흠잡을 데 없는 차림새를 하고 다녔고, 부드러운 목소리에 태도는 온화했다. 에이버리 주변의 학생들은 그를 "페스Fess"라고 불렀는데, 이는 교수professor를 줄인 말로 친근함과 존경심, 거기에 약간의 빈정거림까지 섞인 표현이었다. 에이버리는 평생 독신으로 지냈다.

에이버리의 관심사는 오로지 폐렴구균이었다. 항생제가 의사들의 손에 쥐어지기 전에는 매년 10만 명 중 100명 이상의 미국인이 폐렴으로 목숨을 잃었고, 폐렴구균은 지역사회에 유행한 폐렴의 가장 주요한 원인균이었다. 1940년대까지만 하더라도 항생제가 치료에 본격적으로 이용되기 전이었으므로 폐렴구균에 대처하는 방안은 백신뿐이라고 여겨지던 시대였다. 에이버리를 비롯한 많은 연구자들은 폐렴구균 감염의 희생자에서 추출한 백혈구와 혈액을 면역 성분으로 이용해 혈청을 개발하고자 했다. 혈청을 폐렴 환자에게 주사하면 환자의 면역 체계가 강화되어 폐렴구균 감염으로부터 환자를 보호할 것이라 기대했다.* 항체는 폐렴구균의 겉을 둘러싸고 있는 다

---

* 현재 폐렴구균에 대해 가장 널리 접종되는 백신은 폐렴구균단백결합백신Pneumo-coccal Conjugate Vaccine, PCV이라고 하여, 항체의 능력을 높이기 위해 폐렴구균 협막의 다당류와 운반단백질을 결합한 것이다. 폐렴구균에는 협막의 종류에 따라 100가지가 넘는 혈청형serotype이 존재하는데, 현재 가장 널리 쓰이는 백신은 이 모든 혈청형에 대한 백신이 아니라 많이 보고되는 혈청형 13개에 대한 백신PCV13이다.

당류polysaccharide 성분의 협막capsule에 반응하는데, 협막의 구조와 특성에 관한 연구에 가장 큰 공헌을 한 과학자 중 한 명이 바로 에이버리였다. 그런데 병원성 폐렴구균에 관한 관심은 영국 보건부 병리학연구소 소속의 의사이자 세균학자인 프레더릭 그리피스Frederick Griffith, 1877~1941의 연구로 새로운 국면으로 접어들었다.

1928년 그리피스는 열처리를 해서 죽인 병원성 폐렴구균과 살아 있는 비병원성 폐렴구균을 섞어 놓았을 때, 비병원성 폐렴구균이 병원성을 지닌 세균으로 바뀌는 현상을 논문으로 발표했다. 그리피스나 에이버리를 비롯한 폐렴구균 연구자들은 병원성 폐렴구균은 다당류의 협막을 가지고 있어 매끈한 표면을 가지고(S형, smooth), 비병원성 폐렴구균은 다당류 협막이 없어 거친 표면을 갖는다(R형, rough)는 사실을 알고 있었다. 당시에는 비병원성인 R형 폐렴구균을 II형, 병원성을 갖는 S형 폐렴구균을 III형으로 지칭했다.

그리피스는 비병원성인 R형 폐렴구균을 열을 가해 죽인 S형 폐렴구균과 섞어 생쥐에 주사했을 때, 생쥐가 죽는 것을 관찰했다. 이렇게 죽은 생쥐의 혈액을 뽑아 배양한 후 확인했더니, 놀랍게도 살아 있는 S형 폐렴구균이 발견되었다. 이 결과는 무엇을 말하는 걸까? 비병원성인 R형 폐렴구균이 병원성 S형 폐렴구균으로 변한 것이고(이를 형질전환transformation이라고 한다), 폐렴구균에서 병원성과 비병원성이라는 특성이 고정된 것은 아니란 얘기다. 그리피스가 논문을 발표한 저널은 《위생학회지Journal of Hygiene》로 그렇게 주목받는 학술지가 아니었다(주목받지 못하는 것은 학술지였지, 논문이 보잘것없는 게 아니다. 어떤 학술지에 실렸는지만으로 논문을 평가할 순 없다). 그리피스도 자신이 발견한 형질전환의 결과가 유전학의 토대를 뒤흔들만한 것이라고는 생각하지 않았다. 단지 미생물학에서 이례적인 사례 정도로 다루었고, 원인도 병원성 폐렴구균의 '특이 단백질'에 의한 것이라 여겼다.

그리피스가 생쥐를 이용하여 관찰한 현상은 1931년 마틴 도슨Martin Dawson 과 리처드 시아Richard Sia가 시험관 내in vitro에서 재확인했다. 독일의 프레드 노이펠트Fred Neufeld 역시 그리피스의 실험을 재현했다. 1932년에는 리오넬 앨러웨이J. Lionel Alloway가 시험관 내에서 죽인 병원성 폐렴구균의 추출물만으로

프레더릭 그리피스(위쪽)와 오즈월드 에이버리

도 비병원성 폐렴구균을 병원성으로 형질전환시킬 수 있다는 것을 밝혀내기도 했다. 그렇다면 죽은 병원성 폐렴구균 추출물 내에 비병원성 세균을 병원성으로 바꿀 수 있는, 즉 형질전환을 일으키는 물질이 들어 있다는 얘기가 아닌가?

그러나 누구도 무엇이 폐렴구균에서 형질전환을 일으키는지 몰랐다. 어떤 연구자들은 폐렴구균의 병원성이 달라지는 것은 다당류 협막의 유무 때문이니 다당류가 자기 복제의 틀로 작용한다고 여겼고, 다른 연구자는 단백질로 구성된 항원이 형질전환 유발 물질이라고 주장하기도 했다.

대서양 건너에서 자신과 같은 해에 태어난 그리피스가 쓴 논문을

읽고서 깊은 인상을 받았던 록펠러 의학 연구소의 에이버리가 이 문제를 해결하고자 연구를 시작한 것은 1935년 초였다. 처음에는 콜린 매클라우드Colin Munro Macleod, 나중에는 매클린 맥카티Maclyn McCarty와 함께였다. 결과를 정리해서 논문으로 발표한 것이 1944년이었으니 상당히 오래 걸린 연구였다. 도중에 연구를 중단한 적도 있었지만 매우 꼼꼼하고 정밀한 연구였다. 많은 과학자들은 에이버리가 이 연구 결과로 노벨상을 받을 걸로 생각했고, 실제로 그가 노벨상을 받은 것으로 알고 있는 사람도 적지 않다. 하지만 그는 폐렴구균의 면역화학적 연구로 명성을 얻었던 1932년부터 형질전환물질에 관한 논문을 발표하고 나서 1948년까지 무려 열세 차례나 노벨상 후보로 추천되었지만 스톡홀름으로부터 전화를 받지 못했다.

"예측 가능하고 유전적인" 변화를 일으키는 물질

에이버리의 연구 결과는 1944년 《실험의학회지*Journal of Experimental Medicine*》에 발표됐다. 이 저널은 에이버리가 근무하고 있던 록펠러 의학 연구소에서 발행했는데, 지금도 록펠러 의학 연구소의 후신인 록펠러 대학교 출판부에서 발간하는 이 저널은 발행 기관의 명성만큼이나 매우 높은 평가를 받는 저널이기도 하다. 에이버리의 논문을 보면 그의 성격을 반영하는 것인지, 아니면 실험의 방법에 관한 정확한 기술이 논문의 진실성을 좌우한다고 생각했던 것인지 몇 페이지에 걸쳐 기술된 실험 방법이 매우 상세하다.

에이버리와 동료들은 우선 계면활성제를 이용하여 형질전환을 일으키는 세균에서 당 성분의 협막을 제거했다. 하지만 형질전환 능력은 남아 있었다. 다음으로는 알코올로 지질lipid을 녹여서 제거했다. 그래도 형질전환 물질은 그대로 남아 있었다. 단백질을 녹여 제거하기 위해 클로로포름을 썼지만 폐렴구균의 형질전환 능력은 그대로였다. 더 완벽하게 단백질을 제거하기 위해 트립신, 키모트립신과 같은 효소를 써서 단백질을 분해한 후 실험했고, 섭씨 65도로 가열해서 단백질을 변성시키고, 산을 첨가해 단백질을 응고시켰지만 그래도 세균은 여전히 비병원성 균주를 병원성으로 형질전환시켰다. 형질전환 물질로 추정되는 추출물을 초원심분리기로 분자량을 측정하기도 했는데, 단백질의 분자량보다 훨씬 큰 분자량을 가지고 있어 형질전환 물질은 단백질이 아니라는 증거도 하나 더 확보했다. 형질전환 물질은 당도 아니었고, 지질도, 또 결정적으로 단백질도 아니었다.

남아 있는 후보 중에는 RNA도 있었다. 하지만 RNA를 분해하는 효소, 즉 리보뉴클레이스ribonuclease도 폐렴구균의 형질전환 능력을 아주 없애지는 못했다. 남아 있는 것은 DNA뿐이었다. 에이버리는 DNA를 분해하는 효소deoxyribonuclease(데옥시리보뉴클레이스)를 넣어서 세균에서 DNA를 제거했다. 그랬더니 폐렴구균의 형질전환 능력이 사라졌다. 반복에 반복을 거듭해서 실험했지만, 결과에는 변함이 없었다. DNA가 형질전환 물질이라는 게 너무나 명확했다.

에이버리가 데옥시리보핵산, 즉 DNA가 형질전환물질의 정체라는 것을 실험으로 확실하게 밝혀낸 것은 1943년 초였다. 논문에는 DNA가 유전물질이라고 것을 명확하게 서술하지 않았지만(에이버리는 논문에서 DNA라는 약자 대신 deoxyribonucleic acid, 즉 현재의 deoxyribonucleic acid라는 전체 용어를 그대로 쓰고 있다), 당시 벤더빌트 대학의 미생물학 교수로 있던 동생 로이Roy Avery에게 보낸 편지를 보면 에이버리가 자신의 연구 결과가 분명하게 DNA가 유전물질임을 가리키고 있다는 것을 인식하고 있었다는 사실을 알 수 있다.

"누가 생각이나 할 수 있었겠어? 내가 알기로는 지금까지 이런 형태의 핵산이 폐렴구균에서 발견된 적은 없어. … 만약 우리가 옳다면 — 물론 아직 완전히 검증된 것은 아니지만 — 데옥시리보핵산은 구조적인 측면에서만 중요한 게 아니라 기능적인 측면에서도 생화학적 활성을 띠면서 세포 고유의 특징을 결정하는 물질이야. 세포 안에서 예측 가능하고 유전적인 변화를 일으키는 물질이지. … 바이러스처럼 보이지만 아마도 유전자일 거야."

에이버리는 "예측 가능하고 유전적인"이란 문구에 밑줄까지 쳐 놓았다.

에이버리와 젊은 동료들의 실험이 순탄했던 것만은 아니었다. 폐렴구균을 배양하고, 조작하고, 원심분리하여 분석하는 과정은 아직 정립된 프로토콜이 없었다. 따라서 그들은 직접 실험 방법까지 개발해야 했다. 실패가 연속될 때는 "여러 번 모든 것을 다 창밖으로 던져 버리고 싶었다"고 토로할 만큼 좌절감도 느꼈지만 결국은 신뢰도 높은 실험 결과를 내놓았다. 에이버리는 자가면역질환의 일종인 그레이브스병Graves' Disease에 걸려 갑상샘 적출 수술을 받아 신체적으로도 굉장히 힘든 상황에서 실험을 이어갔다. 그는 실패와 아픔을 겪으며

Preparation No.	Carbon	Hydrogen	Nitrogen	Phosphorus	N/P ratio
	per cent	*per cent*	*per cent*	*per cent*	
37	34.27	3.89	14.21	8.57	1.66
38B	—	—	15.93	9.09	1.75
42	35.50	3.76	15.36	9.04	1.69
44	—	—	13.40	8.45	1.58
Theory for sodium desoxyribonucleate.....	34.20	3.21	15.32	9.05	1.69

1944년 에이버리와 매클라우드, 맥카티가 논문에 발표한 실험 데이터(형질전환 물질을 순수 분리했을 때 화학물질의 조성 분석). DNA 추출 물질의 성분 분석 결과가 아래 예측값과 잘 맞고 있다.

한 발씩 한 발씩 나아가 데이터를 얻었고, 논문을 썼다.

논문은 1944년 2월에 발표되었지만, 투고는 석 달 전인 1943년 11월에, 게재는 같은 달에 확정되었다. 그보다 먼저 1943년 12월 10일에는 록펠러 의학 연구소의 정기발표회에서 처음으로 연구 결과를 발표했다. 발표를 마친 에이버리에게 청중들은 박수를 쳤지만 질문은 아무도 하지 않았다. 사실 아무도 질문을 할 수 없었다고 하는 것이 맞겠다. 발표한 내용이 갖는 의미를 금방 이해하지 못했거나, 반박할 거리가 없었거나, 혹은 둘 다이거나.

100퍼센트 인정받지 못한 연구

대학교재나 고등학교 생명과학 교과서에서는 에이버리의 실험을 위에서 설명했던 내용을 중심으로 깔끔한 그림과 함께 명쾌하게 보여준다. 그런데 에이버리의 논문에서 중요한 부분은 또 있었다. 논문에선 그들이 분리한 인자, 즉 유전물질이 협막에 대해 만든 항체에는 반응하지 않는다는 걸 보여주고 있다. 이 결과는 유전물질이 협막을 만드는 데는 결정적으로 중요하지만 그 자체로는 협막의 당을 포함하지 않는다는 걸 의미한다. 즉, 유전물질은 당과 단백질 같은 폐렴구균의 세포 구조와는 화학적 성질이 다르고, 완전히 분리가 가능한 물질이라는 얘기다.

그의 연구는 지금 기준으로도 매우 정교하지만, 비판의 목소리를 완전히 잠재우진 못했다. 록펠러 의학 연구소에는 DNA의 구성 성분인 데옥시리보스를 발견하고 '인산-당-염기'의 단위를 뉴클레오타이드nucleotide라고 명명한 피버스 레빈Phoebus Levene이 있었다. 하지만 레빈은 DNA 구조에 관해 '4합체 뉴클레오타이드tetranucleotide 모델', 즉 아데닌, 사이토신, 구아닌, 타이민이 반복되는 '단조로운' 분자라는, 결국에는 잘못된 가설을 제시했다. 이 단조로운 분자라는 DNA에 대한 오해가 사람들이 에이버리의 발견을 받아들이는 데 암초로 작용했다.

록펠러 의학 연구소의 동료이자 핵산 분야의 세계적인 전문가인 앨프리드 머스키Alfred E. Mirsky 역시 신랄한 비판가였다. 그도 뉴클레오타이드에는 단 4가지의 염기, 즉 아데닌, 사이토신, 구아닌, 타이민밖에 없기 때문에 복잡한 유전 현상을 담당하기에는 너무 단순하다고 봤다. 머스키는 단순한 DNA 대신 염색체의 단백질 성분과 염색체를 구성하는 다양한 아미노산이 유전 암호를 구성하는 것이 옳다고 주장했다. 더 결정적으로는, 에이버리의 실험에서 오염 가능성을 끈질기게 지적했다. 실험 준비 과정에서 단백질의 흔적을 완전히 제

세균에서 생명을 보다

거했다고 확신할 수 없기 때문에 단백질이 형질전환 물질이라는 것을 배제할 수 없다며 동료의 논문을 비판했다. 아이러니한 것은, 에이버리가 논문에 DNA 정제에 도움을 준 머스키에게 감사의 글을 남겼다는 점이다. 머스키는 에이버리 연구팀에게 가슴샘에서 추출한 포유류의 DNA를 기꺼이 공급했으며, DNA를 분리하는 방법도 알려줬다. 당대 최고의 DNA 전문가가 DNA가 유전물질이라는 증거를 놓고도 이를 인정하지 않았던 것은, 편견을 가지고 있으면 진실을 보고도 외면할 수 있다는 점을 잘 보여주는 예라고 할 수 있다.

어떤 비판자들은 단백질 분해효소를 처리했을 때 형질전환이 일어나지 않은 이유는 단백질이 그 효소에 저항성을 보이기(즉, 분해되지 않기) 때문이고, DNA 분해효소에 의해 형질전환 능력이 사라진 것은 그 효소에 단백질을 분해하는 성질의 물질이 일부 들어 있기 때문이라고까지 주장했다. 파시모니parsimony, 즉 '가능한 단순한 설명을 택하라'는 최대단순성의 원칙에 의하면 에이버리의 해석을 받아들이는 것이 타당하지만, 비판해야 한다고 마음먹은 사람에게는 소용없는 일이었다.

일본의 분자생물학자이자 교양과학서 저자인 후쿠오카 신이치福岡伸一는《생물과 무생물 사이》에서 이 문제를 '순도'의 딜레마와 관련지어 이야기한다. 그는 어떤 물질이든 완벽하게 순수하게 분리하는 것이 거의 불가능한 생명과학의 실험에서 100퍼센트의 순도가 아니기 때문에 문제가 있다는 비판에는 본질적으로 대응할 방법이 없다고 지적한다. 에이버리와 그의 동료들이 전기영동, 초원심분리, UV 분광법에다 화학적, 효소학적, 혈청학적 분석, 화학적 원소분석을 통해 단백질 분해효소를 처리한 시료에 단백질이 1퍼센트 이하(정확히는 0.02퍼센트)로 남아 있다는 걸 보였어도 그랬다.

당대 최고의 화학자 라이너스 폴링Linus Carl Pauling도 오랫동안 DNA가 유전물질이라는 것을 받아들이지 못했다. 심지어 에이버리의 연구 결과를 접한 후에도 그랬다. 그는 1968년의 인터뷰에서 "나는 에이버리의 연구를 인정하지 않았다. 알다시피 단백질에 너무 만족했기 때문에, 핵산이 어떤 역할을 하기는 하겠지만, 그래도 유전물질은 단백질일 거라고 생각했다"고 말했다. 그도 나중에는 왓슨, 크릭과 별도로 DNA 구조 규명 경쟁에 뛰어들었다. 왓슨이나 크릭은 이미 노벨상을 받은 폴링이 그 존재조차 모를 정도로 풋내기들이었지만, 결국 경쟁에서 승리한 사람은 바로 그 풋내기들이었다

DNA가 유전물질이라는 에이버리의 주장이 바로 인정받지 못한 데에는 에이버리가 핵산의 작용을 너무 단순하게 생각한 탓도 있다는 견해도 있다. 프랑스의 분자생물학자이자 과학사가인 미셸 모랑쥬는 에이버리가 핵산에서 바로 형질, 즉 협막 형성으로 넘어가는 것으로 생각했던 것 같다고 지적한다. 나중에 크릭이 정립했던 'DNA → mRNA → 단백질'로 이어지는 유전 정보의 흐름, 이른바 '중심 원리central dogma'를 알 수는 없었겠지만, 에이버리는 협막을 형성하는 과정에서 단백질의 역할, 정확하게는 효소의 활성 조절에 대해서는 전혀 이해하지 못하고 있었다. 대신 단백질이 유전물질이라는 측에서는 이에 관해 명확한 답변을 준비하고 있었다. 하나의 단백질이 다른 단백질, 즉 효소의 활성을 조절한다고 설명하면 되었던 것이다. 그러나 중요한 것은 에이버리가 그 중간 과정을 설명할 순 없었지만 유전

물질의 정체에 관해서는 정확하게 파악해 냈다는 사실이다.

머스키나 폴링과 달리 에이버리는 감感에 의지하지 않았고, 선입견에 사로잡히지도 않았다. 그는 자신의 데이터를 믿었다. 후쿠오카 신이치는 이렇게 쓰고 있다.

"최대한 오염의 가능성을 줄여가며 DNA만이 유전자의 물질적 본체임을 증명해 나갔던 에이버리의 확신은 직감이나 순간의 예지가 아닌, 끝까지 실험대 옆을 지켰던 그의 현실감에서 비롯된 것이다."

에이버리는 1948년에 록펠러 의학 연구소를 떠나 테네시주 내슈빌에 사는 여동생에게 옮겨 가 여생을 보냈다. 퇴직하기 1년 전, 지금도 노벨상으로 이어지는 상이라고 여겨지는 래스커상Lasker Award을 받았다. 하지만 앞서 얘기한 대로 에이버리는 노벨상을 받지 못했다. 노벨위원회 사무총장 예란 릴리에스트란드는 1970년 노벨 생리의학상 시상 연설에서 에이버리에게 노벨상이 수여되지 않은 데 대해 다음과 같이 공개적으로 유감을 표명했다.

"1944년에 에이버리가 DNA가 유전물질의 운반체라는 사실을 발견한 일은 유전학에서 가장 중요한 업적 중 하나이며, 그가 노벨상을 받지 못한 것은 유감스러운 일입니다. 반대 목소리가 잠잠해졌을 때 그는 이미 떠나고 없었습니다."

그렇다면 에이버리 연구의 시발점을 제공한 그리피스는 어떻게 되었을까? 그는 안타깝게도 1941년 2차 세계대전 중 독일군의 런던 공습 때 폭격으로 사망해 자신의 연구가 에이버리의 기념비적인 연구로 이어진 것을 보지 못했다.

허시와 체이스의 파지 실험으로 종지부를 찍다

교과서는 앨프리드 허시와 마사 체이스의 실험으로 DNA가 유전물질이라는 것이 최종 증명되었다고 설명한다. 그들은 1952년《일반생리학 저널Journal of General Physiology》라는 저널에 '박테리오파지의 생장에서 단백질과 핵산의 독립적인 기능'이라는 논문을 발표했다. 허시와 체이스는 바로 앞 장에서 다룬 박테리오파지를 이용해서 유전물질이 DNA라는 것을 밝혀냈다. 방사성 물질로 표지한 분자를 사용한 분자생물학 최초의 실험 가운데 하나이기도 한 허시와 체이스의 실험은 파지가 숙주 세포, 즉 세균 내에서 증식할 때 핵심적인 역할을 하는 것이 DNA라는 것을 직관적으로 보여준다. 그들의 연구에 대해서도 잠깐 살펴보도록 하자. 이를 통해 과학자 사회에서 연구 결과가 인정받는 것이 단순하지만은 않은 과정이라는 것을 에이버리의 연구와 비교해서 살펴볼 수 있을 것이다.

허시와 체이스는 우선 파지를 두 그룹으로 나누었다. 파지를 구분하기 위해 방사성 물질이 포함된 배지에서 여러 세대 동안 키워, 한 종류는 방사성 황(^{35}S)으로, 다른 종류는 방사성 인(^{32}P)으로 표지했다. 당시에도 이미 황은 단백질의 구성 성분이지만 DNA에서는 발견되지 않고, 인은 단백질에는 존재하지 않지만 DNA의 구성 성분이라는 사실을 알고 있었다. 그러니까 그들은 방사성 물질로 단백질과 DNA를 명확히 구분했고, 쉽게 확인할 수 있었다. 이렇게 방사성 원소로 단백질과 DNA를 각각 표지한 파지를 대장균에 감염되도록 넣어 준 후, 일정 시간 간격을 두고 혼합물을 믹서를 이용해 격렬하게 섞었다(이런 이유로 이 실험을 '믹서 실험', 혹은 '워링 블렌더 실험'이라고 한다). 그리고 대장균의 세포벽을 파괴하고 나온 파지의 방사성 물질을 조사했다. 검출된 방사성 물질은 '모두' ^{32}P였다. DNA를 표지한 물질이었다. 파지를 만드는 데 결정적인 물질, 즉 유전물질은 DNA다. 증명 끝!

교과서는 이렇게 깔끔하게 설명한다. 하지만 실제 실험 결과는 이렇게 깔끔하지만은 않았다. 허시와 체이스의 최종 실험에서 감염 이후 대장균을 파괴하며 나온 파지 중 ^{32}P로 표지된 것은 30퍼센트 이상이었지만, ^{35}S으로 표지된 것은 1퍼센트 미만이었다(0퍼센트가 아니었다). 물론 이 실험은 파지가 세균 안으로 들어가 자신의 증식을 위해 필요로 하는 것이 DNA라는 것을 의미한다. 하지만 '모두'라는 표현은 어떻게 보더라도 과장이라는 게 분명하다. 하지만 당시 생물학계에 떠오르던 스타들이 모여 있던 '파지 그룹'*은 환호했고, 이 연구야말로 DNA가 유전물질이라는 것을 증명한 실험이라고 선언했다! 그

---

* 파지 그룹Phage group은 20세기 중반 물리학자에서 분자생물학자로 전향한 막스 델브뤼크Max Delbrück를 중심으로 모인 비공식적인 연구 네트워크를 말한다. 분자생물학의 초창기에 세균 유전학과 분자생물학 연구를 주도했으며, 이 그룹의 많은 연구자들이 실험 모델로 (박테리오)파지를 이용했기 때문에 파지 그룹이라는 이름으로 불렸다. 여기에는 살바도르 루리아, 시모어 벤저, 제임스 왓슨, 레나토 둘베코, 앨프리드 허시 등이 있다.

들은 여기서만큼은 '100퍼센트의 순도'라는 신화쯤은 기꺼이 양보해 주었다. 허시도 파지 그룹의 일원이었고, 제임스 왓슨도 여기에 포함 되어 있었다.

그런데 나중에 이들의 연구를 면밀하게 조사한 영국 브래드포드 대학의 생물학자 해럴드 와이어트Harold A. Wyatt는 이 실험이 상당히 변형되어 전해졌다고 비판한 바 있다. 즉, 믹서기로 격렬하게 섞은 후 세균에 남아 있던 황과 인의 비율이 빈번히 수정되었고, 당시 논문에 포함된 여러 실험 중 쉽게 설명할 수 있는 것만 쏙 끄집어내 교과서 에 수록되었다고 지적하고 있다. 우리는 DNA가 유전물질이라는 것 을 잘 알고 있고, 파지가 세균 속으로 어떻게 DNA를 주입하는지를 알고 있다. 따라서 이에 기초해서 허시와 체이스의 실험을 명쾌하게 설명할 수 있다. 하지만 엄밀하게 그들의 실험과 논문만 가지고 이야 기한다면 DNA가 유전물질이라는 사실을 증명해 냈다고 받아들일 수 있을까 싶다. 에이버리의 실험이 1퍼센트 미만의 단백질이 남아 있다고 해서 확실하게 인정받지 못한 데 반해, 황을 포함하는 단백질 의 아미노산은 단 2개(시스테인과 메싸이오닌)뿐인데도 방사성으로 표지되 지 않은 대부분의 단백질의 존재를 깔끔하게 잊어준 너그러움은, 어 떻게 해도 그렇게 공정해 보이지는 않는다.

그렇지만 허시와 체이스의 실험이 있었기에 에이버리의 연구가 재 조명된 측면도 있다. 또 거꾸로 에이버리의 연구가 먼저 있었고, 그게 연구자들의 뇌리에 남아 있었기에 허시와 체이스의 연구 결과가 즉 시 받아들여질 수 있기도 했다.

실제로 당대에 에이버리의 연구가 완전히 무시된 것도 아니었다.

《네이처》는 "유전학적 관점에서 함축하고 있는 의미가 상당하다"고 평가했고, 《사이언스》에서도 "모든 생물 과학 분야에서 시사하는 바가 매우 큰" 연구라고 했다. 뉴욕 의학아카데미로부터 금메달을 받았고, 영국의 왕립학회에서는 수많은 과학의 영웅들에게 수여했던 코플리 메달Copley Medal을 에이버리에게 수여했다. 무엇보다 많은 과학도에게 영감을 주었다. 대표적인 인물이 바로 1945년 당시 컬럼비아 대학에서 열아홉 살의 나이로 의과대학 과정을 시작하고 있던, 그리고 얼마 후 세균 사이의 접합conjugation 현상을 발견한 조숙한 천재 조슈아 레더버그Joshua Lederberg다.

에이버리는 유전물질이 무엇인지 밝히고자 하는 분명한 목적을 갖고 실험을 한 것은 아니었다. 자신이 평생을 두고 연구한 세균인 폐렴구균에서 나타나는 신기한 현상의 원인을 밝히고자 성실하게 실험을 수행했다. 그리고 결과를 신중하고 편견 없이 받아들였다. 그가 연구하던 폐렴구균이라는 특별한 세균, 즉 병원성과 비병원성이 뚜렷이 구분되고, DNA가 세균 내로 쉽게 들어가 재조합이 일어나는 세균이 아니었다면 우리가 지금 알고 있는 그런 결과는 나오지 않았을 것이다. 폐렴구균이 아니었다면 분자생물학의 시작은 조금 더 늦어졌을 것이다. 그만큼 무엇을 가지고 연구할 것인지 선택하는 것도 무척 중요하다.

유전자는 어떻게 작동하는가

10

프랑수아 자코브와 자크 모노의 오페론 발견

"세균에서 효소의 합성은 이중으로 유전적 제어를 받는다. 소위 구조유전자는 단백질의 분자 구성을 결정한다. 조절유전자와 작동유전자라고 하는 기능적으로 특화된 다른 유전적 결정 인자는 세포질의 구성 요소인 억제 인자의 매개를 통해 단백질 합성 속도를 제어한다. 억제 인자가 활성화되면 단백질 합성이 억제되지만, 특정 대사산물에 의해 억제 인자가 불활성화되면 단백질 합성이 유도된다. 이런 조절 시스템은 단백질 합성이 일어나는 리보솜에 결합하는 짧은 수명의 중간 생성물, 즉 메신저의 유전자에 의해 합성 수준에서 직접 작동하는 것으로 보인다."

———————

자코브와 모노의 1961년 논문
"단백질 합성의 유전적 조절 메커니즘"의 초록에서

왓슨과 크릭이 1953년에 로절린드 프랭클린Rosalind Elsie Franklin 등의 연구에 기초해 DNA 구조를 밝혔지만, 유전자가 어떻게 작동하는지는 알 수 없었다. 다세포 생물에서 세포를 구성하는 유전자는 어떤

세균에서 생명을 보다

세포든 다 똑같다. 하지만 어떤 세포는 간 세포가 되고, 어떤 세포는 이자 세포가 된다. 간에서 발현하는 유전자와 이자에서 발현하는 유전자가 다르고, 발생 과정을 봐도 같은 세포임에도 시기에 따라 발현하는 유전자가 다르다. 그러니까 모든 세포에서 모든 유전자가 한꺼번에 발현되어 작동하는 것이 아니다. 생명체 내에서 유전자의 발현은 정교하게 조절된다. 이런 발현 조절이 어떻게 이루어지는지는 아직도 활발히 연구되고 있다. 유전자의 작동 방식이 맨 처음 밝혀진 것도, 당연한 얘기일 수 있지만, 세균에서였다.

프랑스 파리에 위치한 파스퇴르 연구소의 프랑수아 자코브François Jacob, 1920~2013와 자크 모노Jacques Lucien Monod, 1910~1976는 대장균 배양 실험을 통해 세균에서 효소의 발현을 조절하는 기본적인 메커니즘을 발견하고, 1961년에 이를 발표했다. 이른바 '오페론operon' 이론이라고 불리는 것으로, 이 업적으로 그들은 파스퇴르 연구소의 앙드레 르보프André Michel Lwoff, 1902~1994와 함께 1965년 노벨 생리의학상을 수상했다. 왓슨과 크릭이 DNA 구조 논문을 발표하고 9년 후 노벨상을 받은 데 반해, 자코브와 모노의 손에는 논문 발표 후 단 4년 만에 노벨상이 쥐어졌다. 자코브와 모노의 연구는 생명체 내에서 유전자가 어떻게 조절되는지를 최초로 밝힌 성과였다. 이때부터 본격적인 분자생물학 시대가 열렸다고 해도 과언이 아니다. 이 장에서는 자코브와 모노가 밝혀낸 대장균에서의 유전자 조절 메커니즘, 오페론 이론에 대해서 알아보고, 그 의미를 생각해 본다.

자코브와 모노의 연구 내용을 알아보기 전에 그들의 삶을 먼저 살펴보는 것도 의미가 있다. 그들은 연구실에서만 빛을 발한 과학자가

자코브(맨 왼쪽)와 모노(가운데), 오른쪽은 그들과 함께 노벨상을 수상한 실험실의 책임자 앙드레 르보프

아니었다. 나이로나 연구소 내에서의 경력으로나 모노가 자코브보다 위였지만, 논문에서 저자 순서 때문인지 흔히 '자코브와 모노의 오페론 이론'이라고 하는 관행에 따라 여기서는 자코브에 대해서 먼저 알아본다.

나치에 저항한 레지스탕스, 프랑수아 자코브

미셸 모랑쥬는 자코브의 사망 기사에서 그에 대해 "유전자가 어떻게 조절되는지를 밝히는 데 도움을 준 프랑스의 자유 투사"라고 썼다. 과학자에게 '자유 투사'라는 꼬리표는 그다지 어울리지 않아 보인다.

세균에서 생명을 보다

단백질 연구를 통해 노벨 화학상을 받은 후 핵무기를 맹렬히 반대한 노력을 평가받아 노벨 평화상을 받은 라이너스 폴링과 같은 과학자도 있긴 하지만 말이다. 자코브에게 붙여진 '자유 투사'라는 평가는 2차 세계대전 당시 독일의 프랑스 점령에 맞서 싸웠던 그의 전력에서 나온 것이다.

자코브는 1920년 프랑스 북동부에 위치한 낭시라는 도시의 유대인 중산층 가정에서 태어났다. 그는 파리의 카르노 고등학교를 졸업한 후 외과 의사가 되기 위해 의과대학으로 진학했다. 그러나 그때까지 순조로웠던 그의 학업은 2차 세계대전으로 중단되고 말았다. 자코브는 1940년 6월 프랑스가 독일에 항복하자 배를 타고 영국으로 탈출하여 샤를 드골 휘하의 자유 프랑스군에 입대했다. 그 후로 4년간 아프리카와 프랑스에서 독일군과 싸웠고, 전쟁이 끝난 후에는 당시 프랑스군 최고 영예인 '해방의 동반자'로 지명되기도 했다. 그리고 60년 후 죽기 바로 직전에는 '해방 기사단' 단장이라는 명예를 얻었다.

하지만 전쟁이 끝났을 때만 해도 자코브의 앞에 놓인 것은 영예보다는 좌절이 더 컸다. 그는 퇴각하는 독일군의 포탄에 맞아 팔과 다리에 부상을 입었고, 1년이나 병상 생활을 해야만 했다. 간신히 회복되어 학교로 돌아갔지만, 친나치 비시 정부 아래서 의대 공부를 계속한 동기들은 이미 졸업하고 병원 인턴이 되어 있었다. 자코브는 팔과 다리에 입은 부상으로 어릴 적 꿈이었던 외과 의사의 꿈을 접을 수밖에 없었다. 그래도 억지로 의대를 졸업했다. 아마도 전쟁 영웅에게 주어진 최소한의 특혜였을 것이다. 졸업 후에는 군대에 공급되는 항생제를 생산하는 일을 했다. 그러던 중 사촌을 통해 물리학과 유전학,

미생물학이 융합되며 새로운 과학 혁명이 일어나고 있다는 소식을 듣게 되었다. 자코브는 이 새롭고 흥미진진한 분야에 뛰어들고 싶었다. 여러 연구소의 문을 두드렸다. 몇 군데의 정중한 거절 후에 그를 받아들인 사람은 당시에도 저명한 미생물학자였던 파스퇴르 연구소의 앙드레 르보프였다. 소수정예로 연구실을 운영하던 르보프가 연구와 관련한 경험이 일천했던 자코브를 받아들인 것이 자코브에게도 의외였던지, 자신이 르보프였다면 자기와 같은 사람은 실험실에 받아들이지 않았을 것이라고 쓰기도 했다.

자코브는 르보프의 실험실에서 파지에 관해 몇 년 동안 연구했지만 별 성과가 없었다. 파지 연구에 싫증이 난 그는 새로운 연구 주제를 찾다 르보프 연구실의 같은 층 반대편 끝에 있는 연구실에서 대장균의 특이한 생장 현상을 연구하고 있던 모노와 의기투합하게 된다.

'우연과 필연', 자크 모노

생명과학 관련 교양도서로 가장 유명한 책을 꼽으라면 어떤 걸 들 수 있을까? 아마도 우선은 제임스 왓슨의 《이중나선》을 꼽는 이들이 적지 않을 듯하다. 하지만 이 책은 진지한 과학 교양서라기보다는 한 과학자의 세기적 발견에 관한 흥미진진한, 그렇지만 다분히 편견 가득한 에피소드 모음집이라고 할 수 있다. 대신 과학자가 쓴 진지한 과학 담론 중에서 최고를 꼽으라면 물리학에서는 하이젠베르크의 《부분과 전체》, 생명과학에서는 자크 모노의 《우연과 필연》을 들지 않을까 싶다. 과학뿐 아니라 사회와 철학을 아우르는 깊은 사유를 보여주는 책들이다. 그러나 어쩔 수 없었다며 나치에 협력하고 핵무기 개발에 참여했던 하이젠베르크의 삶은 여기에 소개하는 모노의 삶과는 크게 비교된다. 왓슨이 크릭보다 대중들 사이에 유명한 것이 아마도 《이중나선》 때문이듯이 모노가 자코브보다 더 많이 알려진 것도 이 《우연과 필연》이라는 책 때문이다. 자코브도 《생명의 논리, 유전의 역사》 등을 통해 생명과 철학에 관한 수준 높은 지식과 격조 있는 관점을 보여 주었지만, 모노의 책이 대중적으로 더 큰 성공을 거두었다. 자유 프랑스군으로 활약한 자코브처럼 모노 역시 2차 세계대전 때 레지스탕스로 나치에 항거했다.

모노는 1910년 파리에서 태어났다. 아버지는 화가였고, 어머니는 미국으로 이주한 스코틀랜드 출신 목사의 딸로, 국적이 미국이었다. 1차 세계대전 중에는 가족 모두가 스위스로 피신했다 전쟁이 끝난 후 칸으로 이사했고, 1928년까지 그곳에서 자랐다. 칸에서 중등 교육을 마친 후 소르본 대학에서 생물학을 전공했고, 대학 졸업 후에는 스트라스부르의 동물학자인 에두아르 샤통Edouard Chatton의 실험실에서 연구 경험을 쌓았다. 1932년에 파리로 돌아와 원생생물을 연구하다 로스코프의 해양생물학 연구소에서 여러 선배에게 미생물학과 유전학에 관해 배웠다. 이때의 선배 중에 나중에 모노, 자코브와 함께 노벨상을 수상한 앙드레 르보프가 있었다.

과학탐사선에 승선해 그린란드에서 자연사를 연구하기도 한 모노는 미국 칼텍California Institute of Technology에서 초파리 유전학의 대가 토머스 헌트 모건Thomas Hunt Morgan의 실험실에서 1년간 연구하기도 했다. 사실 모노는 원래 첫 번째 그린란드 탐사 이후 과학탐사선에 승선해 그린란드로 다시 갈 예정이었다. 그런데 보리스 에프뤼시Boris Ephrussi라는 연구원의 권유로 중간에 마음을 바꿔 미국으로 떠났다. 모노가 원래 타기로 했던 탐사선은 그린란드 해안에서 폭풍우를 만나 난파되어 탑승자 전원이 사망했다.

모노는 칼텍에서 파리의 소르본으로 돌아온 1937년부터 대장균을 모델로 삼아 세균의 생장에 대해 연구하기 시작했다. 사실 대장균은 발견 당시에는 다른 병원균에 비해 크게 주목받는 세균이 아니었다. 하지만 오히려 그런 이유로, 즉 위험성이 적고, 생장 시간이 짧으며, 배양 조건이 까다롭지 않아 모델 생물로 이용되기 시작했다. 연구를 시작하고 얼마 되지 않아 모노는 흥미로운 현상을 발견했다. 배지에 영양성분으로 두 가지 당, 즉 포도당과 젖당을 함께 넣어주었을 때 '이원적 생장diauxic growth'('2단 생장'이라고도 번역한다)이라는 현상이 나타나는 것이었다. 대장균은 어느 시기까지 정상적으로 개체 수를 늘려가면서 생장하다 일정 시간 동안 생장이 지체되는 시기를 겪고, 그 시기가 지나면 다시 생장했다.

대장균의 이원적 생장 현상에 대해 모노는 세균이 처음에는 포도당을 이용하는데, 이때 포도당이 젖당을 이용하는 데 필요한 세균의 효소 생성을 억제한다고 생각했다. 중간에 생장이 지체되는 시기가 나타나는 이유는 포도당이 다 소모되어 억제 현상이 사라진 후 젖당 이용에 필요한 효소가 유도되는 데 시간이 필요하기 때문이라고 해석했다. 모노는 1941년에 이 연구를 바탕으로 박사 학위를 받았다. 논문 제목은 "세균 배양 시 생장에 관한 연구Recherchés sur la croissance des cultures

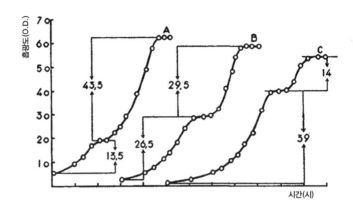

모노가 연구 초기에 발견한 대장균의 이원적 생장. 배지에 넣은 포도당과 젖당의 양에 따라 생장 곡선의 모양이 달라졌다(1941년 모노의 논문에서)

bactériennes"였다. 나중에 결국 노벨상으로 이어진 연구였지만 박사학위 심사위원들의 평가는 매우 박했다고 한다. 그런데 그의 연구는 일단 거기서 멈출 수밖에 없었다. 역시 2차 세계대전 때문이었다.

2차 세계대전이 발발하고 독일이 프랑스의 파리를 점령하자 불빛이 밖으로 새어나가지 않게 가린 소르본의 찜통 같은 실험실에서 대장균을 배양하며 연구하던 모노는 지하 저항 운동에 뛰어들었다. 당시 가장 크게 활약한 무장 저항 단체 중 하나에 합류했고, 전임자들이 사라진 후에는 책임자가 되었다. 연합군이 파리에 도착하기 며칠 전 파리 시민들에게 바리케이드를 설치하라는 호소문의 초안을 작성한 것도 모노였다고 한다. 파리가 해방된 후에는 드 타시니Jean de Lattre de Tassigny 장군 휘하의 참모로 활약하였고, 미군 장교와 접촉하며 미국의 과학 출판물을 접할 수 있었다고 한다. 그때 그가 읽은 논문 중에는 오즈월드 에이버리의 1944년 논문, 즉 폐렴구균에서 DNA에 의한 형질전환 논문도 포함되어 있었다.

전쟁이 끝나고 모노는 연구자로 돌아갔다. 파스퇴르 연구소에서 그를 받아줬고, 다락에 자리 잡은 실험실에서 다시 대장균의 생장에 관한 연구를 이어갔다. 그리고 1953년 다락의 반대편에 있는 실험실에서 진전되지 않는 연구로 고민하고 있던 자코브와 공동연구를 시작했다.

유전자 조절 메커니즘을 밝혀내다

자, 이제 자코브와 모노를 만났으니 그들이 밝힌 유전자의 조절 메커니즘에 대해 알아볼 차례다.

서로 다른 실험실에서 독자적으로 연구를 수행하던 자코브와 모노는 연구 대상은 달랐지만 둘 다 모두 유전자 조절에 관해 관심이 많다는 것을 알게 되었고 서로의 연구를 통합했다. 그들은 돌연변이체를 만들어 대장균의 유전자 조절에 관해 체계적으로 연구하기 시작했다. 거기에 미국의 칼텍에서 세균의 유전자 조작 기법을 익히고 이에 관한 연구를 수행하다 연구년을 맞아 파리로 온 생화학자 아서 파디Arthur Beck Pardee가 합류했다.

자코브와 모노가 1961년에 《분자생물학회지Journal of Molecular Biology》에 발표한 논문은 우리말로 흔히 '총설總說'이라고 불리는 리뷰 논문이었다. 그동안의 연구 결과를 종합하고 정리한 논문이었다. 그들은 이 리뷰 논문에서 자신들이 '오페론'이라고 명명한 모델이 어떻게 작

세균에서 생명을 보다

동하는지를 상세하게 밝혔다. 이전에 모노가 단독으로 연구한 결과에서 시작해 자코브와 파디, 그리고 그밖의 다른 연구자와 함께 한 연구 결과까지 모두 이 논문에 종합되어 있다. 특히 1959년 자코브와 모노가 파디와 함께 《분자생물학회지》에 발표한 논문이 핵심이었다. 이들의 연구는 연구자 셋의 이름을 따라 '파자모PaJaMo' 또는 '파자마PaJaMa' 실험이라고 불린다. 그래서 개인적으로는 자코브, 모노와 함께 노벨상을 받았어야 할 인물은 르보프가 아니라 파디가 아니었나 하는 생각을 하기도 한다.

자코브와 모노, 파디는 대장균이 젖당을 이용할 때 이를 조절하는 유전자를 두 가지로 구분했다. 한 종류는 젖당 이용에 직접적으로 관여하는 구조유전자이고, 다른 한 종류는 이들의 발현을 조절하는 조절유전자다.

그들은 '파자모' 실험을 통해 조절유전자의 존재를 추론했다. 그들은 젖당이 있을 때만 젖당을 포도당과 갈락토스로 분해하는 β-갈락토시데이스β-galactosidase 효소를 만드는 야생형 대장균lac⁺과 이 효소를 암호화하는 유전자lacZ에 돌연변이가 생겨 β-갈락토시데이스를 만들어내지 못하는 대장균lac⁻을 접합시켰다. 그랬더니 젖당 유도체가 없는 상태에서도 β-갈락토시데이스가 정상적으로 빠르게 합성되었다가 몇 시간 후에는 합성이 중단되었다. 이는 접합된 상태에서 돌연변이 대장균으로 도입된 유전자가 단백질(β-갈락토시데이스) 합성을 유도하는 직접적인 화학 신호를 만들어낸다는 걸 의미했다. 그리고 조절유전자lacI로부터 세포질의 물질이 만들어져 β-갈락토시데이스 합성을 억제한다고 생각했다. 그들은 이 조절유전자의 산물을 '억제 인자'라고 불렀다.

반면 야생형 대장균과 돌연변이 대장균을 접합한 후 도중에 젖당 유도체를 넣으면 합성이 중단되지 않고 계속해서 만들어졌다. 즉, 젖당 유도체에 의해 유전자가 억제 상태에서 벗어나면 단백질이 계속 합성된다는 것을 확인했다. 유전자에 돌연변이가 일어나면 단백질 합성이 중단되었다. 유전자와 단백질 합성 사이에 반감기가 짧은 매개체가 있어야 한다고 생각했고, 이를 전령 RNAmRNA, messenger RNA 라고 불렀다. 그렇다! mRNA 가설을 본격적으로 주장한 사람은 시드니 브레너Sydney Brenner와 프랜시스 크릭이었지만, mRNA를 발견한 공로를 언급하는 데 자코브와 모노의 이름을 빠뜨려선 안 된다. 비록 그들이 발견한 것은 아니었고, 단지 분석적 도구로 가정한 것이긴 했지만 말이다. 1961년의 논문에 mRNA의 조건을 다섯 가지로 아주 명확하게 가정하고 있으며, 나중에 밝혀진 결과 그 다섯 가지 가정은 정확했다.

이어서 그들은 3개의 구조유전자가 하나의 조절유전자에 의해 통합적으로 조절된다는 것을 밝혔다. 이런 유전자군群을 오페론operon 이라고 명명했다. 오페론이라는 용어는 자코브와 모노가 다비드 페렝 David Perrin, 카르망 산체스Carmen Sánchez와 함께 쓴 1960년 논문의 결론 부분에 이미 등장하는데, 거기서 그들은 '발현 조절의 단위unit of coordinated expression'를 오페론이라 정의했다.

구조유전자에 해당하는 3개의 유전자 중 lacZ는 β-갈락토시데이스를, lacY는 투과효소permease를, lacA는 아세틸전이효소transacetylase를 만들어 내는 유전자다. 이들 유전자는 서로 인접해 있으면서 대장균

세균에서 생명을 보다

이 젖당을 대사하는 데 모두 필요하다. β-갈락토시데이스는 젖당을 세포가 이용할 수 있는 형태인 포도당과 갈락토스로 분해하는 역할을 하고, 투과효소는 젖당을 세포 안으로 들여보내는 데 필요한 효소다. 아세틸전이효소는 아세틸-CoA의 아세틸기를 β-갈락토시드 등에 전달하는 역할을 하는데, 그 역할이 왜 중요한지는 아직까지도 명확하게 밝혀지지 않았다.

그들의 모델에서 핵심적인 부분 중 하나는 억제 인자의 개념이었다. 유전자의 발현 유도가 억제 인자가 억제됨으로써 이뤄진다는 것인데, 이런 개념은 자코브가 1958년 7월 말 영화를 보던 중에 문득 떠오른 것이었다고 고백하고 있다. 모노는 자신의 원래 생각과는 달랐던 이 개념을 선뜻 받아들이지 못했다. 결국 자코브가 아이디어를 제시하고 몇 달 후에야 조절유전자가 억제 인자를 암호화한다는 것을 받아들였다. 그들은 구조유전자의 발현을 조절하는 조절유전자가 억제 인자를 만들어내고, 이 억제 인자는 구조유전자 앞에 위치한 작동 부위, 또는 작동유전자 *lacO*(이것도 오페론에 포함된다)에 결합한다. 이렇게 억제 인자가 작동 부위에 결합하면 구조유전자의 발현이 억제된다고 설명했다. 그리고 유도 물질(여기서는 젖당이라고 봤다)이 있으면, 이 유도 물질이 억제 물질과 결합하여 억제 작용이 일어나지 않도록 하기 때문에 구조유전자의 발현이 유도된다고 했다. 즉, 구조유전자 3개의 억제와 유도가 모두 조절유전자 하나에 의해 조절된다는 것이다. 그들은 바이러스 감염에 의한 반응도 세균의 유전체와 파지 사이를 매개하는 조절유전자에 의해 조절된다는 것을 밝힘으로써 이런 조절 과정이 특정 생명체에만 한정된 것이 아니란 것을 보였다.

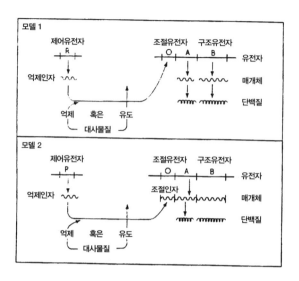

자코브와 모노의 1961년 논문에서 오페론의 작동 모델을 설명한 그림. 그들은 유전자 조절 메커니즘으로 모델 1과 2를 보여주고 있는데, 억제 물질이 작동 부위에 결합해서 작용하는 모델 1이 옳은 것으로 밝혀졌다.

현재 고등학교 생명과학 교과서의 젖당 오페론에 대한 설명에는 작동 부위 앞에 프로모터promoter라는 부위가 존재하고, RNA 중합효소RNA polymerase가 프로모터에 결합함으로써 구조유전자의 전사transcription가 일어나 mRNA가 만들어진다는 내용까지 포함하고 있다. 물론 그보다 훨씬 복잡한 메커니즘이 밝혀져 있다. 당시는 새뮤얼 바이스Samuel Weiss와 레너드 글래드스톤Leonard Gladstone에 의해 포유동물의 세포에서 RNA 중합효소가 막 발견된 직후였고, 프로모터의 존재도 알지 못했기 때문에 자코브와 모노는 이와 관련한 설명까지 자신들의 논문에 넣을 수는 없었다.

또한 그들은 억제 물질이 단백질인지 RNA인지도 명확히 알지 못

　　　　　　　　　　　　　　　세균에서 생명을 보다

했다. 아마도 RNA일 거라고 생각했던 것 같은데, 이는 잘못된 것이었다. 나중에 억제 물질은 단백질로 밝혀졌다. 또한 억제 물질이 작동 부위에 직접 결합해서 구조유전자의 발현을 억제하는 것인지, 작동 부위에서 만들어진 RNA에 작용하는 것인지도 분명하게 설명하지 못했다. 억제 물질은 작동 부위에 직접 결합해서 작용한다.

유전자 조절 메커니즘에 대한 자코브와 모노의 발견은 생물학에서 중요한 전환점이 되었다. 그들의 발견은 하나의 생명체 내에서 세포들이 모든 유전 정보를 한꺼번에 발현하지 않고, 시간과 장소에 따라 발현이 정교하게 조절되어 서로 다른 구조가 되고, 다른 기능을 수행하는 메커니즘에 관한 최초의 개념적인 힌트를 제공했다. 그들의 연구는 분자생물학의 본격적인 서막을 알렸다. 자코브와 모노는 1961년의 논문을 다음과 같이 마무리했다.

"엄격한 구조적 개념에 따르면, 유전체는 건물을 짓기 위한 청사진과 마찬가지인데, 개별적인 세포 구성 요소로 이루어진 분자들의 모자이크로 여겨진다. 이런 계획을 실행하는 과정에서 협력이 절대적인 필요조건이라는 것이 분명하다. 조절유전자, 작동유전자, 구조유전자의 활성에 대한 억제 조절이라는 (우리의) 발견은 일련의 청사진뿐만 아니라 단백질 합성에 필요한 협동 프로그램과 그 프로그램의 실행을 조절하는 방법이 유전체 내에 존재한다는 것을 보여준다."

자코브와 모노는 유전체가 단순한 청사진이 아니라는 것을 보여줬다. 유전체가 유전자의 존재 자체만으로 발현되고 조절되는 것이 아니라, 유전자들이 만들어 내는 물질들 사이의 상호 작용을 통해 정교하게 조절되는 프로그램이라는 것을 보여준 것이다. 이후 세균에서는 젖당 오페론 말고도 트립토판 오페론Trp operon 등 무수히 많은 오페론이 발견되었고, 오페론에서 발현이 조절되는 메커니즘이 매우 다양하다는 것이 밝혀졌다.

젖당 오페론은 생명체에서 유전자 조절 메커니즘에 관해 처음으로 밝혀낸 것이었을 뿐 아니라, 논리적으로 설명할 수 있으며 가장 잘 알려진 메커니즘이기 때문에 대학교재는 물론 고등학교 생명과학 교과서에서도 중요하게 다루어지고 있다.

'낮의 과학'과 '밤의 과학'

젖당 오페론의 작동 메커니즘에서 핵심 개념 중의 하나였으며 모노가 쉽사리 받아들이지 못했던 '억제 물질의 억제'라는 개념을 어떻게 떠올렸는지에 대해서는 자코브가 생생하게 전하고 있다.

1958년 7월 일요일 늦은 오후, 동료들은 휴가를 가기 위해 연구소를 떠났고, 자코브는 아내와 함께 파리에 남아서 뉴욕에서 있을 발표 준비를 하고 있었다고 한다. 일이 손에 잡히지 않았다. 머리라도 식힐 겸 아내와 영화관에 갔다. 영화에도 집중할 수가 없어 눈을 감고 있는데, 갑자기 '섬광'과 함께 깨달음이 왔다. 그가 예전에 했던 파지 증식 실험과 '파자모' 실험이 근본적으로 동일하다는 것이었다. 하나의 유전자가 하나의 산물을 만들어내고, 그 산물이 다른 유전자의 발현을 방해하는 억제 물질의 생성을 조절한다는 생각이었다.

그는 이 아이디어를 떠올린 순간에 대해 이렇게 적고 있다.

"이 가설은 상세하지도 않고, 모호하며, 잘 정리되지 않았으며, 머릿속에서만 맴돌았다. 그렇지만 이런 생각이 떠오르자 나는 강렬한 기쁨과 원초적인 즐거움을 느꼈다. 마치 등산할 때 멀리서 웅장한 경관을 볼 수 있는 산 정상에 올라선 것같았다. 나는 더 이상 평범하거나, 심지어는 죽을 운명이라고도 생각하지 않게 되었다. 나에겐 공기가 필요해. 나는 앞으로 나아가야만 해."

자코브는 나중에 이를 과학이 작동하는 방식과 관련하여 설명했다. 그는 과학에 두 가지 측면이 있으며, 그것을 '낮 과학day science'과 '밤 과학night science'이라고 부를 것을 제안했다. 그는 낮 과학과 밤 과학을 다음과 같이 구분했다.

"낮 과학은 톱니바퀴처럼 맞물린 논증과 강한 확실성을 갖춘 결과를 내놓는다. 낮 과학의 위풍당당한 구조는 다빈치의 그림이나 바흐의 푸가에 못지않게 감탄을 자아낸다. 당신은 마치 프랑스 정원에서처럼 낮 과학 안에서 산책할 수 있다. 자신의 진보를 의식하고, 과거를 자랑스러워하고, 미래를 확신하면서, 낮 과학은 빛과 영광 속에서 전진한다. … (밤 과학은) 맹목적인 방황이다. 밤 과학은 머뭇거리고, 비틀거리고, 부딪히고, 땀 흘리고, 소스라치며 깨어난다. 모든 것을 의심하고, 자신을 발견하려 애쓰며, 자신에게 조언을 구하고, 끊임없이 새로 시작한다. 밤 과학은 말하자면 가능성의 제작소이며, 거기에서 가설은 단지 어렴풋한 직감, 어스름한 예감으로 머문다."*

낮 과학은 이성적이고 논리적이다. 반면에 밤 과학은 열정적이며 들떠 있고 직관적이다. 우리가 흔히 생각하는 과학은 낮 과학이다. 하지만 자코브는 과학이란 그런 이성과 논리 말고도 직관적인 영감이 중요한 역할을 한다는 뜻으로 밤 과학을 이야기했다. 자신이 영화관에서 불현듯 유전자 조절의 아이디어를 떠올렸듯이. 그것을 과학에서 흥미로운 뒷이야기만으로 치부하면 안 된다. 엄연히 과학이 작동하는 하나의 방식이며, 사실상 많은 과학자들이 그런 밤 과학의 덕을 본다. 자코브는 생명체의 작용에 대해 남아 있는 많은 미스터리를 밝히기 위해서는 훨씬 더 많은 밤 과학이 필요할 것이라고까지 했다. 물론 밤 과학이 논문에 표현되는 경우는 아주 드물다. 대부분 논문에서 밝히는 과정과 결과는 이성과 논리가 가득한 낮 과학의 방식이기 때문이다. 그래서 우리는 그런 밤 과학의 가치와 작용에 대해 모르거나, 인정하지 않을 뿐인지도 모른다.

모노는 앞서 얘기한 《우연과 필연》이라는 명저를 남기며 명성을 떨쳤고, 1976년 백혈병으로 죽었다. "실험은 내가 끊을 수 없는 강박적 습관이 되고 마약이 되었다"고 한 자코브는 모노보다 훨씬 오랫동안 연구 활동을 이어갔고, 2013년 사망했다.

* 에른스트 페터 피셔의 《밤을 가로질러》에서 인용

　　　　　　　　　　　　　　　세균에서 생명을 보다

진화
EVOLUTION

6

"시작은 정말 단순했다. 하지만 바로 그곳에서 가장 아름답고 가장 경이로운 형태들이 끝도 없이 진화되어 나왔고, 지금도 진화하는 중이다."

– 찰스 다윈Charles R. Darwin, 1809-1882

"진화의 관점을 통하지 않고서는 생물학에서 의미 있는 것은 아무것도 없다."

– 테오도시우스 도브잔스키|Theodosius Grygorovych Dobzhansky, 1900-1975

조슈아 레더버그가 1946년 콜드스프링하버 학술대회에서 발표한 논문 첫 장(왼쪽)과 리처드 렌스키가 김지현 박사와 함께 발표한 2009년 논문 첫 장

도브잔스키가 얘기했듯이 진화는 생물학의 토대이며 결정판이다. 세균 역시 진화

11 세균에도 성(性)이 있다

조슈아 레더버그의 대장균 접합 현상 발견

"영양 요구성 돌연변이를 혼합 배양하여 분석한 결과, 대장균이라는 세균에서 새로운 유형의 생식 과정이 분명하게 존재한다는 것을 밝혀냈다."

———————

레더버그의 1946년 논문

"대장균에서의 유전자 재조합"의 첫머리

1940년대 초까지만 하더라도 과학자들은 세균은 이분법을 통해 증식하기 때문에 하나의 세균에서 나오는 모든 세균은 유전적으로 동일하다고 생각했다. 그래서 세균을 가지고 유전 연구를 하기는 힘들다고 생각하고 있었다. 무언가 확인할 수 있는 변화가 있어야 유전을 연구할 수 있을 것 아닌가? 그런데 세균에서 분열을 통한 유전 정보의 전달(이를 수직적 유전자 전달vertical gene transfer이라고 한다)만 존재하는 것이 아니라, 개체 사이에 유전 정보가 전달되는 방식인 수평적 유전자 전달horizontal gene transfer도 존재한다는 것이 1940년대와 1950년에 걸

처 발견되었다. 수평적 유전자 전달의 발견은 유전학의 개념과 방법론을 한꺼번에 확장했으며, 진화생물학에도 극적인 패러다임 전환을 가져왔다.

세균에서 수평적 유전자 전달 현상을 일으키는 메커니즘에는 세가지가 있다. 그중 하나는 이미 우리가 봤다. 바로 1928년 그리피스에 이어 1944년 오즈월드 에이버리가 폐렴구균을 이용해서 밝힌 '형질전환transformation'이다. 비록 그리피스나 에이버리는 그런 현상이 같은 종에 속하는 개체 사이에만 일어나는 것이 아니라 서로 다른 종, 심지어 서로 다른 역Domain 사이에서도 일어난다는 것은 꿈에도 생각하지 못했을 테지만 말이다.

수평적 유전자 전달의 나머지 두 가지 메커니즘은 '접합conjugation'과 '형질도입transduction'이라고 하는 것이다. 먼저 이 세 가지 메커니즘의 개념과 차이점에 대해 알아보면, 우선 형질전환이라는 현상은 노출된 DNA가 직접 세균에 도입되는 것을 말한다. 반면 접합과 형질도입은 어떤 매개를 통해서 유전 정보가 전달되는 현상이다. 접합은 살아 있는 세균과 세균 사이의 접촉을 통해, 염색체와는 별개로 세균에 존재하는 작은 고리 모양의 DNA 분자인 플라스미드plasmid가 이동하는 것이고, 형질도입은 역시 앞에서 보았던 박테리오파지를 매개로 유전 정보가 세균에 전달되는 것이다.

그런데 형질전환을 제외한 두 메커니즘, 즉 접합과 형질도입은 모두 한 명의 과학자가 주도적으로 발견한 것이다. 이는 세균에 대한 기본적인 인식을 바꿨고, 유전학과 분자생물학에 강력한 도구를 안겨줬고, 또 진화에 관한 관점도 확장했다. 그 과학자는 바로 조슈아

형질전환   접합   형질도입

수평적 유전자 전달의 세 가지 메커니즘

레더버그Joshua Lederberg, 1925~2008다. 20대에 이것들을 발견한, 전형적
인 천재 과학자로 불릴 만한 인물이었다.

세균이 유전 정보를 주고 받는 방법들

컬럼비아 의과대학의 학생으로, 예일 대학의 저명한 세균 유전학자
에드워드 테이텀Edward Lawrie Tatum*의 실험실에 잠깐 머물며 세균 배
양과 유전학을 공부하던 21살의 레더버그는 동료 학생이 건네준 에
이버리의 논문을 읽고 강렬한 충격을 받았다고 한다. "이 논문은 나
를 진정 흥분의 도가니로 몰고 갔다."

　에이버리의 논문에서 영감을 얻은 레더버그는 다른 세균, 정확히
는 대장균에서 형질전환이 일어나는지에 관한 연구에 착수했다. 그
리고 연구를 시작한 지 얼마 되지 않아 세균도 유성 생식 단계sexual

＊ 테이텀은 1941년 조지 비들George Wells Beadle과 함께 붉은빵곰팡이Neurospora crassa의 영
　양 요구성 돌연변이를 이용한 실험으로 '1유전자 1효소설'을 정립했다. 이 업적을 인정
　받아 1958년에 레더버그, 비들과 함께 노벨 생리의학상을 수상했다.

_{phase}를 가질 수 있다는 것을 발견했다.

레더버그는 뉴욕에서 유대교 랍비의 세 아들 중 장남으로 태어났다. 어려서부터 과학사나 미생물학 책을 끼고 살았다고 하며, 13살 유대교의 성인식 때는 생리화학 입문서를 선물로 받았을 정도로 조숙한 아이였다. 초기 세균학을 이끈 과학자들의 업적을 다룬 폴 드 크루이프의 《미생물 사냥꾼*Microbe Hunters*》이란 책을 무척 좋아하여, 이 책에 대해 "우리 세대 전체를 의학 연구 분야로 이끌었다"고 말했다. 16살에 콜롬비아 대학에 입학하여 동물학을 전공한 그는 3년 만에 학부 과정을 마치고 의과대학에 진학했다.

학부 시절 동물학을 전공하면서도 미생물학에 관심이 많았던 레더버그는 의과대학에 진학한 후에는 붉은빵곰팡이*Neurospora crassa*의 DNA가 다른 종류의 붉은빵곰팡이의 형질을 바꿀 수 있는지를 두고 연구했다. 1년 동안 연구에 매달렸는데도 별다른 성과를 얻지 못하자 지도교수와 상의 끝에 예일 대학의 테이텀 교수 실험실에서 세균에 관해 배우기로 했다. 1946년 3월, 21살의 레더버그는 그렇게 새로운 발견의 문 앞에 서게 되었다. 불과 3개월 후 그는 서로 다른 대장균이 유전자를 교환하는 현상을 발견했다.

그의 발견은 세균 사이에 유전자가 교환되는 방식을 처음 밝힌 것으로, 서로 다른 개체 사이에서 유전자를 전달하고 전달받아 새로운 조합의 유전자를 갖는 자손이 생길 수 있다는 걸 의미한다. 즉, 세균도 동물이나 식물처럼 성性을 가지고 있다는 것이 알려진 것이다. 물론 동물의 성과는 조금 다른 의미이긴 하지만, 유전자의 재조합을 통해서 새로운 조합의 유전자를 갖는 자손이 생긴다는 개념은 다를 바

세균에서 생명을 보다

가 없다. 앞에서 접합 현상이 플라스미드에 의해 일어나는 것이라고 언급한 바 있는데, 플라스미드라는 용어도 레더버그가 만들었다. '형태, 모양'을 의미하는 'plasma'에 '-id'란 어미를 붙여 만든 용어가 '플라스미드plasmid'다.

레더버그가 대장균에서 접합 현상을 발견한 후 예일 대학은 당시 기준으로도 정말 이례적인 조치를 취했다. 정식으로 대학원에 입학하지도 않은 그에게 약간의 연구를 추가하도록 하고는 대학원생으로 소급하여 박사학위를 수여한 것이다. 박사학위를 받은 후, 레더버그는 컬럼비아 의과대학으로 복학하려고 했다. 그런데 복귀 며칠 전 위스콘신 대학에서 온 유전학과의 조교수 제의를 받아들여 연구 쪽으로 완전히 방향을 돌렸다. 그의 나이 겨우 22살이었다!

레더버그는 또한 수평적 유전자 전달의 세 번째 메커니즘인 형질도입도 발견했다. 위스콘신 대학에 연구실을 꾸린 레더버그는 대학원생을 받았는데, 그중에는 역시 비상한 머리를 가진 10대의 노턴 진더Norton Zinder가 있었다. 그 역시 컬럼비아 대학을 3년 만에 마치고 중부로 건너왔다. 뉴욕 출신인 진더는 위스콘신 대학에서 박사학위를 받고, 1952년 에이버리가 있던 록펠러 의학 연구소의 조교수로 뉴욕으로 돌아갔는데, 그때 그의 나이가 아직 20대 중반이었다. 앞에서 얘기한 수평적 유전자 전달 방식에 세 가지가 있다는 것을 정리한 이가 바로 진더다.

진더는 레더버그가 건네준 연구 주제, 장티푸스를 일으키는 살모넬라균Salmonella enterica Typhimurium에서 접합 현상을 연구하다 접합이 아닌 다른 방식의 유전자 교환 방식을 발견했다. 바로 파지에 의한 일부 DNA의 이동이었다. 1951년(레더버그는 아직도 20대였다)에 이 현상을 발견했고, 1952년에 논문으로 발표했으며, 이 현상을 형질도입 transduction이라고 이름 붙인 것은 1956년의 일이었다. 레더버그는 이제 비로소 30대였다.

이로써 1950년대 초반, 아직 DNA의 구조가 밝혀지기도 전에 수평적 유전자 전달 방식 세 가지가 모두 밝혀졌다. 앞에서 얘기한 대로 접합은 성性과 비슷한 현상이다. 하지만 형질전환이나 형질도입은 이와는 좀 다르다. 일부의 유전자가 세균 숙주의 유전체에 도입되는 현상이기 때문이다. 레더버그는 이것이 감염과 비슷한 현상이라고 설명했다. 진더는 지도교수의 설명 취지에 맞게 형질전환과 형질도입을 '감염 유전infective heredity'이라고 불렀다.

"대장균에서 성 활동이 일어난다"

1946년에 레더버그가 테이텀과 발표한 대장균의 접합에 관한 논문은 2개다. 하나는 7월에 《콜드스프링하버 정량생물학 학술토론회지 Cold Spring Harbor Symposia on Quantitative Biology》에서 발표한 것이고, 또 하나는 10월에 《네이처》에 발표한 논문이다. 콜드스프링하버 학술대회에서 먼저 발표했으나 발표한 내용이 지면으로 나온 것은 《네이처》가 먼저라 콜드스프링하버에서 발표 내용을 실은 논문의 끝 부분에 《네이처》에 추가 실험과 데이터에 대한 해석이 있다고 밝히고 있다.

《네이처》에 실린 논문은 정말 짧아서 그림이나 표 하나 없이 한 페

세균에서 생명을 보다

이지가 채 되지 않는다. 내용만 보면 8개의 문단에 단어 수가 481개밖에 되지 않는다. 참고문헌으로는 달랑 3개가 붙어 있을 뿐이다. 그렇다고 콜드스프링하버에서 발표한 논문이 충분히 긴 것도 아니다. 표 하나를 포함해서 2쪽짜리(정확하게는 1과 1/2쪽) 논문이다. 논문 자체가 길게 설명할 것도 없는 너무나도 간결한 실험과 확정적인 결과, 그리고 명백한 의미를 보여주기 때문이다.

레더버그가 테이텀의 실험실에 들어가고 싶었던 이유는, 테이텀이 생장에 특정 아미노산이나 비타민을 필요로 하는 대장균 돌연변이체를 갖고 있기 때문이었다. 이런 돌연변이체는 생장 여부를 통해 특정 유전자가 있는지 확인할 수 있다는 이점이 있다. 예를 들어 A라고 하는 아미노산을 합성하는 유전자가 결실된 대장균 돌연변이체는 A가 포함된 배지에서는 생장하지만, A가 없는 배지에서는 살아남지 못한다. 이런 걸 세균이 '영양 요구성을 갖는다'고 한다. A를 포함하거나 포함하지 않은 배지에서 각각 대장균을 키워보면, 그 대장균이 A를 합성하는 유전자가 결실되어 있는지를 확인할 수 있는 것이다.

레더버그가 사용한 것은 아미노산과 비타민인 비오틴, 메싸이오닌, 페닐알라닌, 프롤린, 시스테인, 트레오닌을 합성하는 유전자가 일부 결실된 영양 요구성 돌연변이체였다. 유전자의 정확한 위치는 몰랐지만, 어찌 되었든 각각의 아미노산과 비타민을 포함하거나 없는 배지에서 배양해 보면 해당 유전자가 존재하는지, 아니면 결실되어 있는지를 쉽게 확인할 수 있었다. 그는 일단 이 표지가 안정적으로 작동하는지를 확인한 후, 두 종류의 돌연변이체를 배양액에 함께 넣었다. 그리고 일정 시간이 지난 후 확인해 보니 유전물질을 서로 교환한 것을 발견했다. 예를 들어 비오틴과 메싸이오닌 요구성(이 두 물질을 합성하는 유전자가 없다는 의미) 대장균 X와 프롤린과 트레오닌 요구성 대장균 Y를 섞어서 배양한 후, 비오틴, 메싸이오닌, 프롤린, 트레오닌이 모두 없는 배지에서 배양했더니 멀쩡히 생장하는 대장균이 나온 것이다. 이 얘기는 대장균 X의 프롤린, 트레오닌을 합성하는 유전자가 대장균 Y로 전달되었거나, 대장균 Y의 비오틴, 메싸이오닌을 합성하는 유전자가 대장균 X로 전달되었다는 것을 의미했다. 레더버그가 특별히 한 일은 많지 않았다. 그저 두 종류의 대장균을 섞어서 배양한 일뿐이었다. 세균은 스스로 유전자를 수평적으로 주고받고 있었던 것이다.

레더버그는 다양한 조합의 영양 요구성 돌연변이 대장균을 이용해서 배양 실험을 했고, 모두 같은 결과를 얻었다. 실험을 시작한 지 단 6주 만에 모든 게 확실해졌다. 이 놀라운 결과를 콜드스프링하버에서 열린 학술대회에서 발표했고, 열렬한 박수를 받았다.

그런데 이 결과에 미심쩍은 시선을 보낸 이가 둘 있었다고 한다. 한 명은 막스 델브뤼크Max Ludwig Henning Delbrück였고, 또 한 명은 앙드레 르보프였다. 물리학자에서 생물학자로 전향하여 파지 그룹을 이끌었던 델브뤼크는 레더버그가 발견한 현상이 큰 의미가 없다고 생각하여 관심을 갖지 않았다. 아직 자코브, 모노와 함께 노벨상을 받기 전이었지만, 세계적인 미생물학자로 인정받고 있던 르보프는 이것이 유전적인 현상이 아니라 세균 사이에 대사 물질이 교환된 것이 아닌가 하는 의심을 했다. 이 의심은 1950년 코넬 대학의 막스 젤레Max Zelle가 재조합된 세균을 분리하여 확인한 결과 해결되었다.

그런데 사실 레더버그의 성공은 아주 산뜻한 아이디어와 깔끔한 실험 덕분이기도 했지만, 상당한 행운이 깃든 결과이기도 했다. 왜냐하면 모든 대장균이 그런 접합 현상을 쉽게 보여주지 않기 때문이다. 그가 사용한 대장균 균주는 K-12였다. 현재 전 세계 거의 모든 생명 과학 실험실에서 사용하고 있는 대장균이 K-12 균주 계열일 정도로 대표적인 실험 균주다. 하지만 당시에는 일반적으로 이용하지 않던 균주였다. 그 균주가 바로 접합 현상을 잘 일으키는 균주였던 것이다.

어떤 행운이 깃들었든 레더버그는 이 간단하고 명확한 실험으로 세균에도 성이 존재하며 유전자를 주고받는다는 것을 보여줬다. 레더버그는 논문에서 이를 분명하게 표현했다.

"이 실험은 세균인 대장균에서 성 활동이 일어난다는 것을 의미한다."

22살에 이룬 업적으로 받은 노벨상

레더버그는 1958년 붉은빵곰팡이를 이용한 연구를 통해 '1유전자 1효소설'을 정립한 비들, 테이텀과 함께 노벨 생리의학상을 수상했다 (테이텀의 노벨상 선정 이유에 레더버그와의 연구는 언급되지 않았다). 지금까지도 과학 분야 노벨상 수상자 중 가장 어린 나이(22살)에 이룬 업적으로 노벨상을 수상한 것이지만, 최연소 기록은 1915년 25살의 나이에 X선을 이용한 결정 구조 연구로 아버지 윌리엄 헨리 브래그William Henry Bragg 와 함께 노벨 물리학상을 수상한 윌리엄 로렌스 브래그William Lawrence

Bragg다. 브래그의 노벨상 수상은 업적 이후 단 2년 만이었지만, 레더버그는 수상까지 12년이 걸렸다.

레더버그는 어린 나이에 큰 업적을 이루고 나중에는 그 업적의 후광만으로 살아간, 적지 않은 조숙한 천재의 길을 걷지 않았다. 물론 그 후광은 대단했다. 20대 초반의 나이에 위스콘신 대학의 조교수가 된 그는 1954년, 서른이 되기도 전에 정교수가 되었다. 노벨상을 수상한 다음 해인 1959년 스탠퍼드 대학으로 옮겼다가, 1978년에는 록펠러 대학의 총장으로 부임해 1990년까지 있었다.

그는 세균 유전학뿐만 아니라 다양한 분야에서 선구적인 발자취를 남겼다. 1958년부터 1974년까지 미국과학학술원의 우주과학위원회에서 활동하며 외계 생명체의 존재 가능성에 관한 조사에 참여하는 등 우주 생물학 연구에 앞장섰다. 1976년 화성탐사선 바이킹호가 화성 토양의 생명체 존재 가능성을 분석하는 연구에 도움을 주기도 했다. 스탠퍼드 대학에 있을 때는 컴퓨터를 활용한 연구에 관심을 가져 알려지지 않은 화학물질의 원자 구성을 추정하는 프로그램을 공동 개발하기도 했고, DNA의 화학과 진화 과정을 밝히는 모델링 연구도 했다. 특히 그는 컴퓨터를 잘 알고 있어 염기서열 데이터를 공유하는 프로젝트에서 중요한 역할을 하기도 했다. 1979년 염기서열 데이터가 급격하게 증가하자, 이 데이터를 어떻게 저장하고 분석할 것인지 논의하기 위해 많은 과학자들이 록펠러 대학에 모였는데, 당시 록펠러 대학의 총장이 생물학자로서는 드물게 컴퓨터를 활용할 줄 아는 레더버그였다. 그 회의의 결과 미국 국립보건원이 주도하여 염기서열을 저장하고 공유하는 시스템인 GenBank(https://www.ncbi.nlm.nih.gov/

조슈아 레더버그, 1958년 33살의 나이로 노벨상을 수상할 당시의 모습

genbank/)가 만들어졌다.

레더버그는 요즘 한참 관심을 받고 있는 마이크로바이옴microbiome
이라는 용어를 현재와 같은 의미로 처음 사용했다고도 한다(마이크로바
이옴에 관해서는 16장에서 자세히 알아본다). '최초'와 관련해서 논란이 없는 것
은 아니지만('최초'에는 거의 언제나 논란이 뒤따른다), 그는 2001년 《사이언티
스트 _Scientist_》에 발표한 짧은 논문에서 마이크로바이옴에 대해 '인간
의 몸에 공생하거나, 어쩌면 병원성이 있는 미생물의 생태학적 시스
템'이라고 정의했다. 레더버그는 다양한 정부 기구에 참여해 과학적
조언을 했고, 공공 정책과 공중 보건, 특히 생물 테러와 신종 및 재출
현 감염병의 위협과 관련한 강연 활동을 활발히 하다 2008년 82세의
나이에 폐렴으로 세상을 떠났다.

남편 옆에서 빛바랜 에스더 레더버그의 과학적 성취

'마틸다 효과Matilda effect'라는 게 있다. 주로 과학 분야에서 단지 여성이라는 이유로 업적과 성취가 남성에게 가려지는 현상을 말한다. 19세기 말 여성 참정권 운동가였던 마틸다 게이지Matilda Joslyn Gage가 '발명가로서의 여성'이란 에세이에서 개념을 제시했고, 1993년 과학사학자 마거릿 로시터Margaret W. Rossiter가 게이지의 이름을 따서 '마틸다 효과'라는 용어를 썼다. 로시터는 12세기의 여성 의사였던 살레르노의 트로타Trota of Salerno부터 19세기 후반 XY 성 결정 시스템을 발견한 네티 스티븐스Nettie Stevens, DNA 구조의 발견에서 결정적인 역할을 한 로절린드 프랭클린, 물리학 분야에서 핵 분열의 결정적인 아이디어를 제공하고 중요한 실험을 수행했지만 오토 한에게 그 공을 오롯이 빼앗긴 리제 마이트너Lise Meitner 등 위대한 업적을 남겼으면서도 그만큼의 인정을 받지 못했던 여러 여성 과학자를 소개했다.

여기서 난데없이 마틸다 효과를 꺼낸 이유는, 바로 조슈아 레더버그의 명성에 가려진 인물이 있기 때문이다. 바로 조슈아 레더버그의 아내였던 에스더 레더버그Esther Miriam Zimmer Lederburg다(조슈아 레더버그와 결혼하기 전의 성이 짐머Zimmer였다).

에스더 역시 훌륭한 과학자였고, 수평적 유전자 전달과 관련하여 중요한 발견을 했다. 그녀는 활동성이 떨어진 오래된 대장균을 대상으로 실험을 하다 세균 사이에 유전자를 전달하는 데에 적합성이 존재한다는 걸 발견했다. 세균들은 아무하고나 성적 관계를 맺는 게 아니었다. 물론 여기서 성性은 비유적인 의미이긴 하지만, 세균에도 짝

짓기 상대mate가 따로 있어 이게 맞아야만 접합에 의한 유전물질 교환이 일어났다. 그녀는 세균에 생식력fertility을 결정하는 요소가 있다고 여겼고, 이를 'F 인자'라고 불렀다. F 인자를 가지고 있는 대장균(F⁺)은 유전자를 상대 대장균에 전달할 수 있지만, 이 인자가 없는 대장균

조슈아 레더버그와 에스더 레더버그(1958년)

(F⁻)은 유전자를 전달하지 못하는 것으로 봤다. 이는 조슈아 레더버그가 발견한 접합 현상에 관한 새롭고 진전된 발견이자 통찰이었다. 또한 원래는 F⁻였던 대장균이 F 인자를 획득하여 F⁺로 전환되는 현상도 발견했는데, 이것이 형질도입, 즉 바이러스에 의한 것이라는 것도 밝혀냈다.

이보다도 더 중요한 에스더 레더버그의 업적으로는 박테리오파지 λlambda('람다'라고 읽는다)의 발견을 꼽는다. 이른바 용원성lysogenic 바이러스로 세균에 도입되었을 때 세포를 즉시 용해하지 않고, 숙주 세포의 유전체에 통합된다. 용원성 λ 파지의 발견은 세균의 유전체를 편집하는 데 유용한 기술로 이어지면서 미생물학과 생명공학에서 또 다른 이정표를 세웠다고 평가받는다.

또한 복제 평판replica plating이란 연구 방법을 고안한 것도 에스더 레

더버그의 중요한 업적이다. 복제 평판법이란 벨벳 천과 작은 접종 바늘의 간단한 도구를 이용해 동일한 세균을 여러 배양 접시의 동일한 위치에 접종하여 자라게 하는 방법이다. 말하자면 세균의 복제품을 만드는 방법이라고 할 수 있다. 지금도 이용되는 이 방법을 통해 에스더는 세균에서 항생제 내성이 무작위적인 변이에 의해 발생하는 것임을 밝혀냈다. 이 연구 결과는 조슈아 레더버그와 에스더 레더버그가 공동으로 1952년에 발표했다.

이렇게 평범하지 않은 연구 업적을 내놓은 에스더 레더버그는 과학자로서의 경력이 끝날 때까지 끝내 3살 연하 남편의 명성에 가려 크게 인정받지 못했다. 위스콘신 대학에서는 남편이 책임자인 연구실의 연구원으로 일해야 했다. 조슈아 레더버그는 아내가 F 인자와 λ 파지를 발견한 후에는 추가 실험하는 것을 막았다고도 한다. 그래서 에스더 레더버그는 그 발견에 대해 독립적인 공헌을 인정받지 못하고 남편의 이름에 얹혀 있을 수밖에 없었다 1958년 노벨상 시상식에도 단지 수상자의 배우자로서 초대되었을 뿐이었다. 조슈아 레더버그가 스탠퍼드 대학으로 옮겨갈 때도 정년을 보장받지 못한 연구교수로 만족해야 했다. 1966년 이혼한 후에도 스탠퍼드 대학에 남았지만 끝내 정년을 보장받지 못한 채 경력을 마감해야 했다. 과학사학자 아비르-암Pnina G. Abir-Am은 에스더 레더버그가 "과학 분야에서 단 한 차례도 자신의 능력에 맞는 직책을 가진 적이 없었다"라고 했다. 선구적인 인류유전학자인 루이지 루카 카발리-스포르차Luigi Luca Cavalli-Sforza가 썼듯이, 아주 유명한 남편과 일하는 게 특권일 수도 있지만, 에스더 레더버그에게는 결국은 좌절의 원인이었을 것이다.

수평적 유전자 전달 현상의 의학적·진화적 의미

레더버그가 발견한 접합이나 형질도입과 같은 수평적 유전자 전달은 세균에서만 의미 있는 현상이 아니다. 우선은 연구 방법의 측면에서 유전 현상을 연구하는 데 아주 중요한 도구를 제공했다. 특정 유전자를 세포에 도입하여 원하는 형질을 나타내도록 하는 실험 방법이 바로 이 현상을 응용함으로써 가능했다.

또한 수평적 유전자 전달 현상은 인류의 감염질환에 대한 싸움에서도 중요한 의미가 있다. 바로 병원균의 항생제 내성이 세균과 세균 사이에 수평적으로 전달되는 것이다. 돌연변이를 통한 선택이라는 꽤 고전적인 방법을 통한 항생제 내성은 잘 알려져 있었다. 접합이나 형질전환과 같은 수평적 유전자 전달 방식을 통한 항생제 내성의 전파는 1960년대 초 일본의 와타나베 츠토무渡邊力에 의해 밝혀지기 시작했다. 이질균에서 항생제 내성이 플라스미드를 통해 운반된다는 것을 발견한 와타나베는 레더버그와 진더의 용어를 따라, 이를 '감염 유전의 예'라고 했다. 이런 방식으로 항생제 내성이 전파되는 것은 매우 빠른 속도로 이뤄진다는 점 외에도 계통학적으로 유연관계가 아주 먼 세균 사이에도 이뤄지기 때문에 예측이 힘들다는 심각한 문제가 있다.

수평적 유전자 전달에 의해 항생제 내성이 전파되는 예로 2010년 여름에 발표되어 전 세계를 공포에 떨게 했던 NDM-1 생성 세균을 들 수 있다. NDM-1은 New Delhi metallo-beta-lactamase의 약자로, 이 효소를 생산하는 세균을 인도의 뉴델리 지역에서 처음 찾아냈다고 해서 지어진 이름이다. 이 효소는 오랫동안 그람 음성균 감염 치료에 효과적으로 이용되었던 카바페넴carbapenem 계열의 항생제를 분해하여 세균이 항생제 내성을 갖게 된다. 이 효소를 생산하는 세균을 처음 찾아내고 특성을 밝힌 논문의 제1 저자가 연세대학교 의과대학의 용동은 교수다. 카바페넴을 분해하는 효소carbapenemase는 NDM-1 발견 이전과 이후에 여러 종류가 보고되었는데, 이런 효소를 만들어내는 유전자는 대체로 플라스미드에 존재하여 수평적 유전자 전달을 통해 전달된다. 그래서 특정한 세균에만 존재하는 것이 아니라 정말로 다양한 세균에서 동일한 항생제 내성 유전자가 존재하게 되었다. 2010년에 처음 보고된 이 항생제 내성균은 금방 전 세계로 퍼졌고, 지금은 거의 만연하다고 할 정도가 되었다.

이 밖에도 콜리스틴colistin이라고 하는 항생제에 대한 내성 유전자도 마찬가지다. 1950년대 개발되었지만 신장(콩팥) 독성 문제로 사용되지 않았던 콜리스틴은 항생제 내성이 증가하면서 쓸 수 있는 항생제가 거의 없어지자 다시 쓰게 된 항생제다. 그런데 콜리스틴에 대한 내성은 잘 생기지 않았고, 주로 돌연변이에 의해 생겨 수직적으로만 전달되는 것으로 알려졌는데, 2015년 중국에서 가축에서 분리한 세균에서 플라스미드에 콜리스틴에 대한 이동성 내성 유전자mobilized colistin resistance gene, mcr가 존재한다는 것이 보고되었다. 이후 이 유전자는 전 세계 거의 모든 지역에서 발견되었다. 콜리스틴 내성도 수평적 유전자 전달을 통해 퍼져 나가고 있었던 것이다.

수평적 유전자 전달을 통해 항생제 내성을 획득하고 전파된다는 것은 진화의 분명한 예다. 항생제 자체가 진화적 압력으로 작용하기

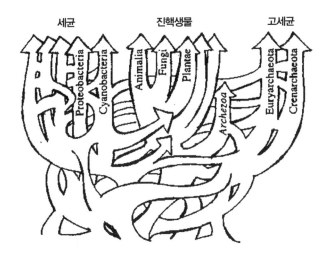

둘리틀이 그린 그물형 계통도

때문에 항생제 내성을 갖는 세균이 선택되는 것이고, 그 압력에 세균이 효과적인 방법으로 대응한 것이 바로 수평적 유전자 전달이라고 할 수 있다. 진화에서 수평적 유전자 전달이 갖는 영향은 이런 항생제 내성 말고도 계통분류학에서도 찾아볼 수 있다.

다윈이 자신의 노트에 그렸던 계통수는 나뭇가지가 항상 두 갈래로 분지하는 모양이었다. 그리고 오랫동안 계통학적 관계를 그런 식으로 그려 왔고, 또 요새도 일반적인 계통도는 그렇게 그린다. 하지만 그런 나무 모양의 계통도(따라서 보통 계통수系統樹, phylogenetic tree라고 한다)가 진실이 아니란 것이 포드 둘리틀Ford Doolittle을 비롯한 많은 연구자에 의해 밝혀졌다. 즉 생물체의 진화 관계는 나무 모양이 아니라 그물형으로 네트워크를 형성한다. 이는 바로 접합, 형질전환, 형질도입과 같은 수평적 유전자 전달 현상 때문이다. 같은 종을 넘어 종과 종 사이,

속과 속 사이, 계와 계 사이, 심지어는 서로 다른 역 사이에서도 일어난다. 수평적 유전자 전달 현상은 세균에서 처음 발견되었지만 세균에서만 일어나는 현상이 아니며, 아주 오랫동안 지구상의 생명체가 이용해 왔던 진화의 한 방편이었던 것이다.

진화를
실험실에서 보여줄게

리처드 렌스키의 대장균 장기 진화 실험

"장기 진화 실험Long Term Evolution Experiment, 줄여서 LTEE는 세 가지 측면에서 생산적이었습니다. 첫째로, LTEE는 진화의 동력학과 결과에 관해 새로운 발견을 많이 제공했습니다. … 둘째로, LTEE는 제 연구실을 비롯하여 세계 곳곳에 있는 연구실의 재능 있는 수많은 학부생, 대학원생, 박사후연구원에게 풍부한 훈련 기회를 제공했습니다. 셋째로, LTEE는 일반적으로는 진화 과정, 특히 미생물의 진화를 연구하기 위한 실험을 설계하고 수행하는 데 관심 있는 연구자들에게 하나의 모델 역할을 해 왔습니다."

렌스키의 2023년 논문

"대장균 장기 진화 실험 설계에 관한 재검토"에서

2000년대 초반 서울대학교 의과대학에서 박사후연구원으로 일할 때였다. 미국 유타주의 솔트레이크시티에서 열린 미국미생물학회 연례 학술대회에 참석한 적이 있다. 동행 없이 홀로 참석하면서 무척 떨었다. 미국 학회 참석은 겨우 두 번째였다. 첫 번째는 박사학위 과정 마지막 해에 참석했던 미국균학회였는데, 버몬트주의 벌링턴에서 열렸다. 작은 규모의 학술대회였고, 벌링턴은 작은 도시였다. 그리고 그때는 지도교수님과 함께였다. 두 번째 미국 학회 참석이었지만 홀로 미국의 솔트레이크시티 공항에 떨어졌을 땐 언어도 부족했고, 미국이라는 나라가 여전히 어색할 뿐 아니라 무서웠다. 가까스로 숙소까지 도착하고, 가까스로 체크인을 하고, 다음 날 아침 시차 적응이 되지 않아 제대로 자지도 못한 채 가까스로 일어나, 가까스로 컨벤션 센터를 찾아가 학술대회 참가 등록을 한 후에야 겨우 한숨을 돌릴 수 있었다. 처음 참석한 대규모 학술대회이니 주제도 아주 다양하고 정말 배울 게 많았다. 열심히 쫓아다니며 공부도 많이 했지만, 오랜만에 만나는 선배들도 무척 반가웠다. 학교 다닐 때 친했건, 그렇지 않았건 타국에서 만나는 같은 과 대학 선배들은 어리숙한 후배를 반갑게 대해 주었다. 식사 자리도 가졌고, 함께 맥주도 마셨다.

그때 들었다. 어느 대학인지 십여 년 동안 대장균을 매일 새로운 배지에 옮겨 배양하면서 키우는 연구자가 있다고. 무엇 때문에 그 '짓'을 하는지는 모르지만(얘기를 해줬을 가능성이 높긴 하다), 그 끈기만큼은 대단하다고 여겼다. 20년도 넘었지만 당시 나눴던 얘기 중에 아직도 기억에 남아 있는 내용이니 그때도 인상이 깊었던 것 같다. 하지만 그 '짓'을 하는 교수의 이름은 기억에 담아두지 않았다.

몇 년 후였다. 인터넷으로 이러저런 최신 논문을 검색하다 한 논문을 보고 "아, 그 사람 이름이 이랬구나!" 하면서 그 교수의 이름과 소속을 알게 되었다. 딱 그때 선배들이 말하던 연구, 그 '짓'을 배경으로 한 연구 논문이었다. 사실 우리나라의 김지현 박사(당시 한국생명공학연구원 소속, 현재는 연세대학교 교수)가 《네이처》에 교신저자로 발표한 논문이라서 한 번 더 보긴 했는데, 그 논문의 공동 교신저자가 바로 리처드 렌스키Richard Eimer Lenski, 1956~ 였다. 수십 년 동안 대장균을 매일매일 새로운 배지에 옮겨 배양해 온 장본인. 이른바 대장균을 이용한 '장기 진화 실험Long Term Evolution Experiment, LTEE'을 해왔고, 그 연구는 현재도 진행 중이다.

이번 장에서는 대표적인 진화학자이자 저술가인 리처드 도킨스Richard Dawkins와 제리 코인Jerry A. Coyne이 진화에 관한 실험적 증거를 제시했다고 극찬한 렌스키의 장기 진화 실험에 대해 알아본다. 이 연구는 연구의 결과가 나오는 장면도 중요하지만, 연구를 시작한 순간이 중요하고, 연구를 이어간 끈기가 압권이다.

장기 진화 실험의 시작

리처드 렌스키는 박사후연구원의 불안정한 생활을 끝내고 UC 어바인에 교수로 임용되었다. 이제 교수가 되었으니 그는 긴 호흡의 연구를 해봐야겠다고 마음먹었다. 그래서 계획하고 실행한 것이 바로 1988년 2월 24일 시작한 대장균을 이용한 장기 진화 실험이었다. 이 연구는 1991년 미시간 대학으로 자리를 옮긴 후에도 이어졌다.

그는 대장균 배양액을 똑같은 모양과 크기의 삼각플라스크Erlenmeyer flask 12개에 나눠 담았다. 12개의 플라스크를 진탕 배양기shaking

2017년 3월 13일, 렌스키의 10,000번째 배양

incubator에 옮기고, 적절한 온도(섭씨 37도)에서 배양하기 시작했다. 렌스키는 이 대장균을 12부족tribes이라고 불렀는데, 여기에 '부족'이라는 별칭을 붙인 데는《구약성서》에서 이스라엘 민족의 역사에 나오는 12부족(지파)을 흉내 낸 것이라고 한다. 진화를 증명한 실험이라는 점에서 조금은 아이러니하고, 또 어떤 면에서는 유머가 있다. 이후 배양된 모든 대장균의 조상은 이렇게 소박하게 플라스크에 첫 번째 옮겨 담는 것으로 시작되었다.

배지는 DM25라는 영양분이 최소한으로 들어있는 최소 배지를 이용했다. 제한적인 환경에서 대장균이 어떻게 적응해 나가는지를 보고자 했던 것이다. 이렇게 나눠진 12부족의 대장균은 지금껏 35년이 넘는 세월 동안 서로 섞이지 않은 채 각각의 독립성을 유지하고 있다.

대장균을 배양하면 금방 증식하여 배양액이 뿌옇게 된다. 대장균이 일반적인 배지에서 한번 분열하는 데 걸리는 시간은 20분에서 30분 정도이니, 30분으로 계산하더라도 1개의 개체가 존재했다면 10시간만 지나면 220개, 즉 100만 개가 넘게 된다. 물론 어느 정도 증식

세균에서 생명을 보다

한 후에는 새로 분열하는 개체 수와 죽는 개체 수가 일정하게 유지되는 정체기에 이른다. 렌스키와 그의 대학원생 그리고 연구원들은 다음 날이면 배양 플라스크를 꽉 채운 대장균의 1/100을 취해 새로운 배양액에 넣고 새로운 삶을 시작하도록 했다. 그리고 이 일을 하루도 빼놓지 않고 매일 했다.

렌스키의 실험실 홈페이지를 보면 대문 사진으로 렌스키가 피펫을 들고 무언가를 하고 있는 2017년 3월 13일의 사진이 있는데, 그 아래 실험 노트를 보면 바로 1만 번째로 새로운 배지에 대장균을 옮기는 장면이라는 걸 알 수 있다. 렌스키는 대장균 배양에 최소 배지를 썼기 때문에, 생장이 좀 늦어져 하루에 대략 예닐곱 세대쯤 진행되었을 것이다. 그러니까 2024년 1월 기준으로 1988년 처음 12개의 부족으로 나뉜 후부터 거의 8만 세대가 지난 셈이다(사람의 세대로 계산하면 약 200만 년에 해당한다).

렌스키의 실험실에서 이 대장균 부족을 배양하고 보관하는 데는 엄격한 규정이 있다. 그가 정한 배양의 규칙은 다음과 같다.

첫째, 매일 새로운 배지로 옮긴다(이 작업은 전날 접종 후 22~26시간(평균 24시간) 후에 한다).

둘째, 75일(대장균의 세대로 치면 500세대)마다 냉동시켜 보관한다.

셋째, 액체 배양할 때는 1리터당 25밀리그램의 포도당이 들어 있는 배지를 사용한다.

넷째, 평판 배양할 때는 테트라졸륨과 아라비노스를 포함한 배지(TA 배지)를 이용한다.

다섯째, 모든 배양은 섭씨 37도에서, (액체 배양할 때는) 120 rpm(분당 회전속
도)로 진탕 배양한다.

하루 동안 배양한 대장균을 새로운 배양액에 옮길 때는 각 플라스
크에 액체 배지(DM25) 9.9밀리리터를 넣고, 진탕 배양기에서 배양한
대장균 배양액에서 0.1밀리리터를 피펫으로 꺼내 새로운 플라스크에
옮겼다. 이렇게 하면 정확히 1/100로 희석해서 옮긴 셈이 된다. 냉동
시킨 대장균은 필요하면 꺼내서 다시 살린 후에 조상에 해당하는 대
장균과 비교한 상대적인 적응도fitness를 측정했고, 필요한 실험을 했
다. 아직 냉동 인간을 살릴 기술은 개발되지 않았지만, 냉동 보관한
세균 샘플은 적절한 방법만 사용하면 거의 언제든 되살릴 수 있다.

배양 중이거나 배양한 세균을 냉동하여 보관하는 동안 아무런 사고
가 나지 않으리란 법은 없다. 정전이 일어나거나 기계가 이상을 일으
켜 섭씨 영하 80도를 유지해야 하는 초저온냉동고가 고장나는 일은
실험실에서 흔히 일어나는 사고다. 혹은 실험실의 누구라도 잘못 다
뤄 샘플이 오염되는 경우도 있을 수 있다. 그래서 실험실에서는 항상
이런 상황에 대비해야 하는데, 렌스키도 마찬가지였다. 특히 오랫동안
지속하는 연구이기에 백업back-up이 필수적이다. 냉동시킨 대장균 샘
플을 무기한 분산 저장하고, 이것을 이용해서 다시 배양을 시작할 수
있도록 한 것 외에, 매일매일 배양액을 새로운 배양액에 옮긴 후에는
원래 배양되어 있던 대장균 배양액을 하루 동안 냉장고에 보관했다가
새로 배양한 대장균에 문제가 없는 것을 확인한 후에 버렸다.

12개의 플라스크에는 A+1에서 A+6까지, A-1에서 A-6까지 라벨

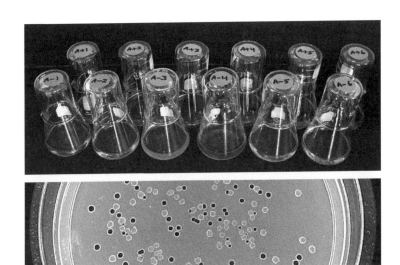

2008년 6월 25일 촬영한 12개 대장균 부족에 해당하는 플라스크(위쪽)와, Ara+(흰색)와 Ara−(붉은색)의 대장균을 TA 평판 배지에 혼합 배양했을 때의 모습(그림에서는 흰색과 검은색 원으로 보인다)

을 붙였는데, 이에 관해서는 추가 설명이 필요하다. 이것은 렌스키가 장기 진화 실험을 하기 전에 대장균에서 발견한 유전자 변이에 기초한다. 그는 대장균에서 *ara*라고 하는 유전자를 연구했는데, 이 유전자의 변이에 따라 아라비노스arabinose라고 하는 당을 세균이 이용하는지 여부가 달라졌고, 이를 Ara+(아라비노스를 이용할 수 있는 세균)와 Ara−(아라비노스를 이용할 수 없는 세균)로 표시했다. 플라스크의 라벨에서 'A'가 바로 이 Ara의 약자다.

Ara+인 대장균은 테트라졸륨과 아라비노스를 포함한 배지(TA 배지)에서 배양하면 아라비노스를 이용하기 때문에 흰색의 콜로니로 자란다. 반면 Ara−인 대장균은 붉은색의 콜로니로 나타난다. 렌스키는 이 구분이 나중에 대장균 그룹의 표지로 유용할 것이라 생각하여 처음부터 Ara+ 그룹 여섯 개, Ara- 그룹 여섯 개로 나누어 배양하기 시작한 것이다. 렌스키는 배양액을 옮길 때는 Ara+ 그룹의 배양액과 Ara- 그룹의 배양액을 교대로 하도록 했는데, 이를 통해 우발적으로 일어날 수 있는 교차 오염을 방지했다. 만약 옮기는 과정이나 배양하는 과정에서 실수가 있었다고 의심되면 TA 평판 배지에 배양해 보면 색깔로 금방 알 수 있었다. 배양에 관한 모든 사항은 일지에 적도록 했다(실험 일지를 꼼꼼하게 작성하는 것은 모든 실험실에서 당연하고 필수적인 일이지만, 이 당연한 일을 사소하게 보고, 부실하게 하는 경우도 참 많다).

연구진은 배양한 세균을 보관할 때도 매우 세심한 주의를 기울였다. 배양액에 1밀리리터 정도의 글리세롤을 넣어 잘 섞은 다음 냉동 보관하는 것은 전 세계 거의 모든 미생물학 실험실에서 하는 공통적인 사항이지만, 배양액을 바이알에 옮기는 방법도 늘 규칙적일 수 있도록 정했다. 멸균된 피펫을 이용하여 배양액 1밀리리터를 작은 바이알에 옮기고, 그다음에 5밀리리터를 큰 바이알에 옮겼다. 이 바이알을 대형 냉장고와 소형 냉장고에 분산해서 보관했고(작은 냉장고에 보관한 것은 백업용이다), 샘플에 번호를 부여하는 방법도 헷갈리지 않게 규칙을 정하는 등 신경을 많이 썼다.

그리고 이 일을 매일매일 35년 동안 했다!

대장균에는 어떤 일이 일어났을까

렌스키와 그의 연구팀은 대장균을 이용한 장기 진화 실험의 연구 결과를 초기부터 최근까지 꾸준히 발표해 왔기 때문에 관련 논문이 참 많다. 그래서 여기서 모든 연구 결과를 다 설명할 수는 없고, 일단 2009년 우리나라 김지현 박사팀과 함께 발표한 논문을 중심으로 몇 가지 중요한 발견에 대해 이야기해 보고자 한다. 내가 렌스키의 이름을 제대로 알게 된, 바로 그 논문이다.

2009년 《네이처》에 실린 논문에서 렌스키 연구팀은 4만 세대까지 배양한 대장균을 대상으로 세대별 적응도를 측정했고, 김지현 박사팀은 대용량 유전체 염기서열 해독기술을 활용하여 염기서열을 분석하고 돌연변이의 발생 여부와 정도를 확인했다.

연구진은 당시 20여 년 동안 환경 조건을 일정하게 유지하면서 배양했음에도 유전체의 변이 속도와 적응도 사이에 관계가 일정하지 않다는 것을 발견했다. 그리고 단백질을 만드는 유전자에 생긴 돌연변이는 모두 아미노산 서열이 바뀌는 것들이었으며, 대체로 개체의 생장에 유리한 것들이라는 것도 확인됐다.

좀 더 자세히 설명하면, 약 2만 세대까지는 돌연변이 수가 시간에 비례해서 일정하게 증가했다. 하지만 적응도는 초기 약 2천 세대까지는 맨 처음의 균주에 비해 1.5배 수준으로 급격히 증가하다 점차 증가의 속도가 감소하고, 2만 세대쯤에 이르러서는 증가 속도가 0.34 정도에 그쳤다. 그런데 돌연변이 발생을 봤더니 4만 세대쯤에 해당하는 대장균에서 폭증이라고 부를 정도로 증가한 것이 확인되었다. 이 시기의 대장균을 봤더니 전체 유전자의 약 1.2퍼센트가 결실되어 있었고, 이것은 2만 5600세대 쯤에 생긴 특정 유전자 돌연변이의 영향 때문인 것으로 보았다. 그 시기부터 돌연변이 발생이 증가하기 시작했는데, 그 유전자의 돌연변이로 인해 DNA 복제의 오류가 원래 세균에 비해 크게 증가했던 것이었다.

여기서 앞에서 자세히 설명하지 않고 넘어간 적응도에 대해 좀 더 살펴보자. 진화생물학의 중심 개념 중 하나인 적응도는 특정 개체가 주어진 환경에 적응하는 정도를 말하는 것으로, 동물이나 식물에서는 특정 환경에서 살아남는 확률과 다음 세대에 자손을 남기는 정도를 포함한다. 이를 포괄적으로 설명하면, 생식이 성공적으로 이루어져 다음 세대에 해당 유전자를 갖는 개체가 얼마나 되는지 비율로 표현되는 것이다.

그렇다면 렌스키는 대장균의 적응도를 어떻게 측정한 것일까? 여기서 맨 처음 렌스키가 실험을 설계할 때의 혜안이 돋보인다. 세균에서 적응도를 측정하기 위해서는 보통 함께 배양했을 때 어떤 세균이 얼마나 더 많은 자손을 만드는지로 확인하는데, 이를 위해서는 두 종류의 세균을 구분할 수 있는 표지marker가 있어야 한다. 그럼 렌스키는 무엇을 표지로 사용했을까? 바로 Ara+와 Ara-. 이 두 개의 그룹은 TA 배지에서 배양했을 때 색깔로 쉽게 구분이 가능했다. 그러니까 후손 Ara- 그룹 대장균의 적응도를 측정하기 위해서는 선조 대장균의 Ara+의 것과, 후손 Ara+그룹 대장균의 적응도를 측정하기 위해서는 Ara- 형질의 선조 대장균과 배양해서 확인하면 되는 것이다. 예를 들어 Ara+4 계열의 2만 세대 후손의 적응도는 Ara-1 계열의 최초 대장균과 함께 액체 배양한 후, TA 평판 배지에 흰색 콜로니와 빨간색 콜로니가 몇 개씩 생기는지를 확인하기만 하면 되는 것이다. 렌스키는 아라비노스를 이용할 수 있는 이 유전자의 존재 여부는 적응도에

세균에서 생명을 보다

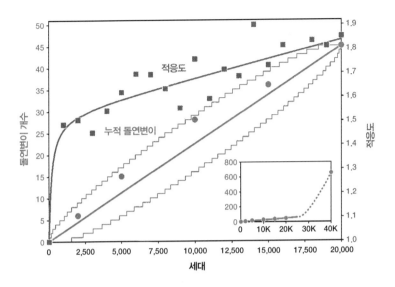

렌스키와 김지현 박사팀이 공동으로 발표한 2009년 논문에서 대장균의 적응도와 변이를 나타낸 그래프. 돌연변이는 시간에 따라 꾸준히 증가하는 데 반해, 적응도는 어느 시점에 갑자기 증가했다. 그러다 2만 5600세대 이후부터 돌연변이 발생이 갑자기 증가하기 시작했다(삽입된 작은 그래프 참고)

영향을 미치지 않는다는 것을 미리 확인해 두었다. 이것을 보면 렌스키의 실험이 단지 고되고 지루한 작업만이 전부가 아니라, 간단하지만 교묘한 장치가 있었다는 것을 알 수 있다.

렌스키와 김지현 박사팀의 연구는 렌스키의 장기 진화 실험이라는 훌륭한 재료를 당시 떠오르고 있던 차세대 염기서열 결정Next Generation Sequencing, NGS 방법과 결합하여 세균에서 유전체 변이 양상을 수만 세대 동안 추적한 최초의 연구였다. 이 연구가 유전체의 염기서열로 대장균의 진화를 확실하게 확인한 것이었지만, 이미 이전부터 대장균의 실험실 진화에 관해서는 여러 경로로 확인해 오고 있었다.

우선 대장균을 12 부족으로 나눠 배양했다고 했는데, 이 부족들 각 각은 똑같은 환경 조건에서 적응도를 높여 갔다. 일단 세균의 평균 크기가 커졌고, 생장 속도도 빨라졌다. 평균 크기도 어느 일정 시점까지는 증가의 속도가 빨랐다가 이후에는 거의 평형점에 도달했는데, 중요한 것은 열두 부족의 크기 증가가 서로 달랐고, 또 그렇게 크기가 증가하는 방식도 달랐다는 점이다. 12 부족의 대장균들은 서로 동일한 환경에서 자라고 있었지만 각자 적응도를 높여가는, 즉 크기를 증가시키는 서로 다른 경로를 찾아낸 것이다. 예를 들어 Ara+1 계통과 Ara-1 계통의 대장균을 2만 세대 후에 염기서열을 비교해보면 각각 서로 수십 개 유전자에서 돌연변이가 일어난 것을 확인할 수 있었다. 그런데 이 수십 개 유전자의 돌연변이가 Ara+1 계통과 Ara-1 계통에서 겹치지 않았다. 이는 서로 다른 돌연변이가 일어났음에도 자연선택은 동일한 환경에서 동일한 형질로의 변화(여기서는 세균의 크기)를 선호했다는 얘기다.

서로 관련이 없는 집단에서 환경에 따라 동일한 특성을 갖는 현상을 수렴진화라고 하는데, 이런 현상은 사람에게서도 볼 수 있다. 사람은 어릴 때는 우유 속의 젖당을 분해할 수 있는 효소를 만들어내지만 커가면서 그 능력을 잃어버린다. 그런데 어른이 되어서도 젖당을 소화할 수 있는 능력을 갖는 집단이 몇 있다. 오랫동안 낙농업을 해온 북유럽과 동아프리카의 집단이 그들이다. 이들에게는 서로 독립적으로 젖당분해효소를 계속 만들어내도록 하는 유전적 변이가 생겼는데, 그 변이의 종류는 다르지만 동일한 능력을 갖게 되었다.

세균에서 생명을 보다

LTEE 연구에서 또 한 가지 중요한 발견을 소개하면, 특정 계통의 대장균만 특별한 능력을 획득한 '사건'이다. 그것은 Ara-3 부족에서 일어난 일이었다. 약 3만 3000세대쯤에서 이 부족의 세균들에서 갑자기 생장 속도가 증가한 것이다. 배양하고 하루가 지나 새로운 배지로 옮기는 시점에 세균의 양을 측정해보면 다른 부족의 대장균들에 비해서 6배나 많은 수치를 기록했다. 이 부족에는 무슨 일이 일어난 것일까? 렌스키와 그의 연구팀은 세심한 연구 끝에 Ara-3 부족의 대장균이 배지에 포함된 다른 영양분을 이용할 수 있는 능력을 획득했다는 것을 알아냈다. 바로 흔히 구연산이라고도 하는 시트르산이 그것인데, 원래는 대장균이 생장에 이용하지 못하던 성분까지 Ara-3 부족의 대장균이 이용할 수 있게 되었으니 영양분이 몇 배나 늘어난 것과 마찬가지의 효과가 있던 것이다. 렌스키는 대장균이 시트르산을 이용할 수 없다는 것을 알고 있었지만, 배양액의 pH를 맞추기 위해 넣어 주었다.

그럼 도대체 이 능력은 어떻게 이 부족의 대장균만 얻게 된 것일까? 이에 관해서는 대담한 가설과 끈질긴 실험 끝에 확인되었다. 간략하게 얘기하자면, 이 역시 우연에 의한 돌연변이 때문이었다. 그런데 그게 한 차례의 돌연변이로 가능한 일이었다면 다른 부족의 대장균에서도 어느 세대에선가 일어날 가능성이 있었겠지만, 시트르산 이용에 필요한 돌연변이가 두 개 이상 필요했고 그 일이 바로 '우연히' Ara-3 부족의 대장균에서 일어난 것이다.

시트르산을 이용하기 위해서는 시트르산 운반 단백질을 만드는 *citT*라는 유전자에 돌연변이가 일어나야 했다. 연구진은 3만 1000세대와 3만 1500세대 사이에 이 유전자에 돌연변이가 일어났다. 정확히 말하면 $citT$ 유전자가 중복되었는데, 그럼으로써 대장균에서 $citT$ 유전자의 발현이 증가했다는 것을 발견했다. 그러나 돌연변이 하나로는 충분치 않았고, 2만 세대 즈음에 Ara-3 부족의 대장균에 일어났던 돌연변이가 있었기 때문에 나중에 생긴 돌연변이가 힘을 발휘하기 시작하여 시트르산 분해 능력이 급격하게 증가한 것이다. 또 일부에서는 또 특정 유전자의 돌연변이로 인해 돌연변이가 많이 생기는 녀석들(mutator라고 하는데, 어색하지만 우리말로 옮겨보면 "변이유발자"정도로 번역할 수 있다)이 생겨 자연선택의 선택지가 많아지기도 했다.

인터넷의 웹사이트를 보면 렌스키의 장기 진화 실험이 진화를 증명한 게 아니라는 주장을 심심찮게 볼 수 있다. 주로 창조과학을 내세우는 이들의 주장으로, 다소 애매하기도 하고, 조금씩 다른 이유이긴 하지만 이 주장들의 핵심은 렌스키의 대장균들이 수만 세대가 지나더라도 여전히 대장균이지 않냐는 것이다. 그래서 대장균의 한 부족이 시트르산 분해 능력을 획득한 사실이 중요하다.

원래 대장균은 유산소 환경에서 시트르산을 분해하는 능력이 없다. 그래서 이 물질을 생장에 이용하지 못하는 것이다. 반면 대장균과 유연관계가 매우 가까운 살모넬라는 시트르산을 분해하여 생장에 이용할 수 있는 특성이 있다. 바로 이 형질이 자연 상태의(흔히 야생형wild-type이라고 한다) 대장균과 살모넬라를 구분하는 중요한 특성이다. 무슨 얘기인지 알 수 있을 것이다. 새로 시트르산 분해 능력을 가지게 된 대장균은, 살모넬라라고까지는 할 수는 없지만, 이전의 대장균은 아니라는 얘기다. 비록 연속적인 실험의 균주들이기 때문에 대장균이라 부를 수밖에 없겠지만, 이 Ara-3 부족의 대장균을 자연 상태에서 발견했다면 대장균으로 분류할지, 살모넬라라고 해야 할지 고민하다 어쩌면 또 다른 새로운 종으로 구분했을 가능성도 크다. 실제로 분류학적으로는 인정받지 못했지만, 이 세균에 *Escherichia erlenmeyeri*라는 새로운 이름을 붙여주기도 했다. *erlenmeyeri*라는 종소명은 이 대장균의 진화가 이뤄진 장소가 엘렌마이어 플라스크Erlenmeyer flask라는 데서 착안해 붙인 이름이다. 참고로 세균에서 새로운 종으로 인정받기 위해서는 여러 까다로운 조건을 충족해야 하는데, 렌스키는 굳이 그런 분류학적인 특성 분석까지는 하지 않았다.

세균에서 종의 구분은 명확한 기준이 있긴 하지만 다소 임의적인 경우도 있는 것이 사실이다. DNA 혼성화hybridization 기법에서의 유사성, 16S rRNA 유전자 염기서열의 유사성 등으로 두 균주의 세균이 서로 같은 종인지, 다른 종인지를 구분하기도 하지만, 살모넬라나 이질균 같은 병원균은 그런 유전체의 유사도만을 봤을 때는 대장균에 포함해야 옳다. 하지만 병원성 등 중요한 특징 때문에 다른 종으로 구분하여 취급한다. 시트르산 분해 능력을 갖게 된 대장균이 새로운 종으로 분화되었다 해도 크게 잘못된 말은 아닌 셈이다. 렌스키의 장기 진화 실험이 진화를 증명하지 못했다는 말은 진화의 의미에 대해, 세균의 특성에 대해, 종의 의미에 대해 전혀 이해하지 못하고 있는 것이다.

도킨스는 《지상 최대의 쇼》에서 렌스키의 연구를 다음과 같이 평했다.

"실험실이라는 소우주에서의 진화, 굉장한 속도로 진행되어 바로 우리 눈앞에서 펼쳐지는 진화를 보여줌으로써, 자연선택에 의한 진화의 핵심 요소들을 몇 가지 확인시켜주었다. 무작위적인 돌연변이에 뒤이은 무작위적이지 않은 자연선택, 같은 환경에 대해 서로 다른 독립적인 경로로 적응하는 현상, 성공적인 돌연변이가 후손에게 구축되어 진화적 변화를 생산하는 현상 (성공적인 돌연변이가 후손에게 전달되어 진화적으로 변화가 확립되는 현상), 어떤 유전자가 다른 유전자의 존재를 전제로만 효과를 발휘하는 현상 … 일반적인 진화의 시간에 비하면 시시한 순간에 불과한 시간 안에 이 모든 일이 벌어진 것이다."

렌스키는 명예로운 상을 많이 받았는데, 내가 생각하기에 가장 의미 있는 상은 2017년 받은 "다윈의 친구 상Friend of Darwin Award"이 아닐까 싶다.

사람은 바뀌어도 연구는 계속된다

렌스키는 이렇게 오랫동안 유지해온 장기 진화 실험에도 중단 위기가 있었다고 밝힌 바 있다.

첫 번째는 UC 어바인에서 대장균을 배양하는 프로젝트를 시작하고 몇 년 후였다. 렌스키는 미시간 대학에서 제안을 받고 학교를 옮기게 되었다. 그 과정에서 그동안 보관해놓은 대장균 샘플을 어찌할지 잠깐 고민했던 모양이다. 하지만 글리세롤과 섞어 냉동 보관한 세균을 옮기는 것은 그렇게 힘든 일은 아니었다. 그는 모든 샘플을 미시간 대학의 실험실로 옮기고, 매일매일의 배양 실험도 그만두지 않았다.

렌스키의 연구 방향과 관련된 고민으로 인한 중단 위기도 있었다. 그는 2000년대 초반 그가 디지털 생물, 즉 컴퓨터 시뮬레이션을 통해 생명체를 구현한 인공 생명체(2장에서 본 크레이그 벤터의 인공생명체와는 개념이 다르다)에 관심을 가졌던 적이 있었다. Avida로 명명한 인공 생명 프로그램에 무작위로 돌연변이가 생기도록 하여 자연선택을 일어나게 했다. 그렇게 해서 복잡한 시스템의 진화를 구현할 수 있다고 봤다. 이렇게 컴퓨터 시뮬레이션을 통해 연구하면 대장균보다 훨씬 빠른 속도로 진화를 관찰할 수 있고, 매일매일 고된 배양 실험을 하지 않아도 된다. 렌스키는 디지털 생물에 크게 매료됐고, 대장균 장기 진화 실험을 그만두려고 심각하게 고민했다고 밝힌 바 있다. 그런데 이 실험을 계속할 수 있었던 것은 아내의 설득 때문이었다고 한다. 물론 장점도 있겠지만, 컴퓨터 시뮬레이션을 통해서는 직접 배양을 통한 실험에서 볼 수 있는 돌발적인 진화 현상은 거의 기대할 수 없다.

그런데 2020년에는 더 큰 위기가 닥쳤다. 바로 코로나19 팬데믹 때문이었다. 코로나19가 심각하게 번지자 미국의 대학과 연구소에는 폐쇄나 폐쇄에 가까운 조치가 취해졌다. 미국국립보건원의 연구실마저도 폐쇄가 강행되어 비상시를 대비한 극소수의 인원만 국립보건원 연구실 건물로 들어갈 수 있을 정도였다. 실험동물을 이용한 실험실에서는 실험동물을 관리하는 데 곤란을 겪었다. 이와 같은 상황에서 매일매일 새로운 배지에 대장균을 옮겨 배양해야 하는 렌스키의 실험실도 큰 문제에 직면했다. 렌스키는 《사이언스》와의 인터뷰에서 "1988년 이후 배양해 온 7만 3000세대 이상의 대장균을 코로나19로 인해 냉동하면서 32년 만에 처음으로 실험을 중단했다"고 밝히기도 했다. 물론 세균은 동결건조하여 안전하게 보관할 수 있기 때문에 허가받은 소수의 연구 인력으로도 현상 유지는 가능했지만, 아마 연구실이 폐쇄된 기간에 애가 달았을 것만은 분명하다.

이런 사태(?)를 겪으면서 렌스키는 자신의 평생에 걸친 연구를 지속하기 위해 몇 년 전부터 고민한 끝에 커다란 결정을 내리게 된다. 2022년 5월 장기 진화 실험과 관련한 모든 연구 시설과 샘플을 미시간 대학에서 오스틴 소재 텍사스 대학의 제프리 바릭Jeffrey Barrick의 연구실로 옮기기로 결정한 것이다. 바릭은 바로 렌스키와 김지현 교수팀의 2009년 논문에 제1 저자로 참여했던 진화생물학자다. 그 논문을 작성할 당시에는 렌스키 실험실의 박사후연구원이었다. 렌스키는 왜 '성화torch'를 옮기기로 결정했느냐는 질문에 다음과 같이 답했다.

"제가 그 곁에 영원히 있을 수는 없습니다. 그래서 신중하고 사려 깊게 계획한 끝에 지금 그렇게 하는 것이 좋다고 생각했습니다. 그래서 그렇게 되었습니다. 저는 예순다섯 살이고, 적어도 몇 년 안에는 은퇴할 계획이 없습니다. 하지만 연구실 규모는 점점 작아지고 있습니다. 장기적인 실험 라인을 유지하기 위해 중요한 것 중 하나는 매일매일의 리듬입니다. 저는 주말이나 휴일에도 유지해야 하는 이 실험을 지속하기 위해서는 실험실에 여섯 명 이상의 연구원이 있어야만 한다고 생각합니다. 그래서 제프(제프리 바릭)에게 아마도 2018년, 아니면 2019년쯤 제안했었습니다."

렌스키는 자신이 시작한 연구를 지속하기 위해서는 더 많은 시간과 공간이 필요하다고 봤다. 많은 연구자가 소속되어 활발하게 활동하는 연구실이 적합하다고 생각하여 그런 결정을 했던 것이다. 렌스키가 그동안 수행해온 연구의 가치를 누구보다도 이해하고 있던 바릭은 LTEE 웹사이트(https://the-ltee.org/)를 운영하며 렌스키의 연구를 이어가고 있다.

생명공학
BIOENGINEERING

7

"이 순간 우리가 축하하고 음미하는 동안에도 연구는 계속됩니다."

– 로저 콘버그Roger Konberg, 1947~, 노벨상 수상 연설에서

"이것이 하나의 '기교'에 불과하다면, 왜 이전에 아무도 발견하지 못했을까?"

– 미셸 모랑쥬Michel Molange, 1940~

Enzymatic Amplification of β-Globin Genomic Sequences and Restriction Site Analysis for Diagnosis of Sickle Cell Anemia

Randall K. Saiki, Stephen Scharf, Fred Faloona, Kary B. Mullis
Glenn T. Horn, Henry A. Erlich, Norman Arnheim

Specific Enzymatic Amplification of DNA In Vitro: The Polymerase Chain Reaction

K. MULLIS, F. FALOONA, S. SCHARF, R. SAIKI, G. HORN, AND H. ERLICH
Cetus Corporation, Department of Human Genetics, Emeryville, California 94608

1985년 《사이언스》에 게재된 PCR에 관한 첫 논문(왼쪽)과 1986년 케리 멀리스가 PCR의 원리를 발표한 《콜드스프링하버 정량생물학 학술토론회지》 논문

Deoxyribonucleic Acid Polymerase from the Extreme Thermophile *Thermus aquaticus*

ALICE CHIEN, DAVID B. EDGAR, AND JOHN M. TRELA*
Department of Biological Sciences, University of Cincinnati, Cincinnati, Ohio 45221

Thermus aquaticus gen. n. and sp. n., a Non-sporulating Extreme Thermophile

THOMAS D. BROCK AND HUDSON FREEZE
Department of Microbiology, Indiana University, Bloomington, Indiana 47401

존 트렐라의 *Taq* 중합효소 논문 첫 장(왼쪽)과 토머스 브록의 호열성 세균 발견 논문 첫 장

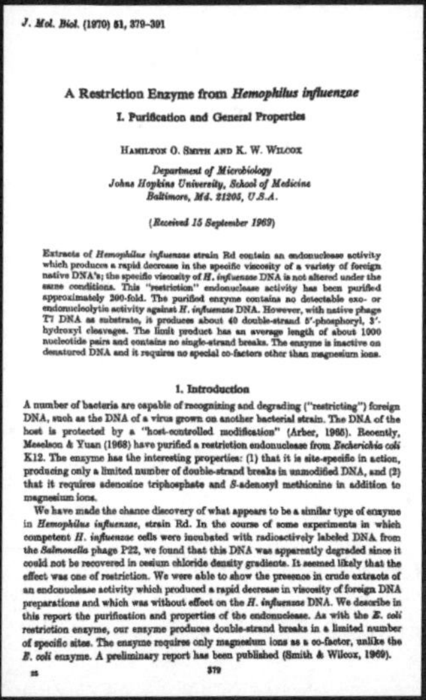

J. Mol. Biol. (1970) 51, 379–391

A Restriction Enzyme from *Hemophilus influenzae*

I. Purification and General Properties

Hamilton O. Smith and K. W. Wilcox

Department of Microbiology
Johns Hopkins University, School of Medicine
Baltimore, Md. 21205, U.S.A.

(*Received 15 September 1969*)

Extracts of *Hemophilus influenzae* strain Rd contain an endonuclease activity which produces a rapid decrease in the specific viscosity of a variety of foreign native DNA's; the specific viscosity of *H. influenzae* DNA is not altered under the same conditions. This "restriction" endonuclease activity has been purified approximately 200-fold. The purified enzyme contains no detectable exo- or endonucleolytic activity against *H. influenzae* DNA. However, with native phage T7 DNA as substrate, it produces about 40 double-strand 5'-phosphoryl, 3'-hydroxyl cleavages. The limit product has an average length of about 1000 nucleotide pairs and contains no single-strand breaks. The enzyme is inactive on denatured DNA and it requires no special co-factors other than magnesium ions.

1. Introduction

A number of bacteria are capable of recognizing and degrading ("restricting") foreign DNA, such as the DNA of a virus grown on another bacterial strain. The DNA of the host is protected by a "host-controlled modification" (Arber, 1965). Recently, Meselson & Yuan (1968) have purified a restriction endonuclease from *Escherichia coli* K12. The enzyme has the interesting properties: (1) that it is site-specific in action, producing only a limited number of double-strand breaks in unmodified DNA, and (2) that it requires adenosine triphosphate and *S*-adenosyl methionine in addition to magnesium ions.

We have made the chance discovery of what appears to be a similar type of enzyme in *Hemophilus influenzae*, strain Rd. In the course of some experiments in which competent *H. influenzae* cells were incubated with radioactively labeled DNA from the *Salmonella* phage P22, we found that this DNA was apparently degraded since it could not be recovered in cesium chloride density gradients. It seemed likely that the effect was one of restriction. We were able to show the presence in crude extracts of an endonuclease activity which produced a rapid decrease in viscosity of foreign DNA preparations and which was without effect on the *H. influenzae* DNA. We describe in this report the purification and properties of the endonuclease. As with the *E. coli* restriction enzyme, our enzyme produces double-strand breaks in a limited number of specific sites. The enzyme requires only magnesium ions as a co-factor, unlike the *E. coli* enzyme. A preliminary report has been published (Smith & Wilcox, 1969).

25 379

Proc. Nat. Acad. Sci. USA
Vol. 68, No. 12, pp. 2913–2917, December 1971

Specific Cleavage of Simian Virus 40 DNA by Restriction Endonuclease of Hemophilus Influenzae*

(gel electrophoresis/electron microscopy/DNA mapping/DNA fragments/tumor virus)

KATHLEEN DANNA AND DANIEL NATHANS

Department of Microbiology, The Johns Hopkins University School of Medicine, Baltimore, Maryland 21205

Communicated by Albert L. Lehninger, September 28, 1971

ABSTRACT A bacterial restriction endonuclease has been used to produce specific fragments of SV40 DNA. Digestion of DNA from plaque-purified stocks of SV40 with the restriction endonuclease from *Hemophilus influenzae* gave 11 fragments resolvable by polyacrylamide gel electrophoresis, eight of which were equimolar with the original DNA. The fragments ranged from about 6.5 × 10⁵ to 7.4 × 10⁴ daltons, as determined by electron microscopy. DNA content, or electrophoretic mobility.

The small oncogenic virus, SV40, contains double-stranded, covalently closed-circular DNA (1) of molecular weight about 3 × 10⁶ (2). Because of the small size of its genome, and because of its ability to transform cells in culture to a state resembling that of cancer cells, SV40 is currently under intensive study. We have been interested in preparing unique linear fragments of SV40 DNA that might be used to establish reference points on this circular genome for the mapping of such functions as initiation of DNA replication and transcription, and for the localization of genes. Unique fragments might also be helpful in nucleotide sequence determination.

Our general strategy for obtaining specific fragments has been to cleave the DNA with bacterial restriction enzymes, a group of endonucleases that make double-strand breaks in DNA at specific sites (3), and to separate the products by gel electrophoresis. Although this group of enzymes has been studied primarily with natural DNA substrates, we have found that most of those tested also cleave SV40 DNA (4). In the present paper, we present our results with the restriction endonuclease from *Hemophilus influenzae* (5, 6).

MATERIALS AND METHODS

Cell Lines and Virus. Two lines of African green monkey kidney cells, CV-1 and BSC-1, were obtained from M. A. Martin and Microbiological Associates, respectively. ...

2913

제한효소에 관한 해밀턴 스미스의 논문(1970년)과 대니얼 네이선스의 논문

RESEARCH ARTICLE

A Programmable Dual-RNA–Guided DNA Endonuclease in Adaptive Bacterial Immunity

Martin Jinek, Krzysztof Chylinski, Ines Fonfara, Michael Hauer, Jennifer A. Doudna, Emmanuelle Charpentier

Clustered regularly interspaced short palindromic repeats (CRISPR)/CRISPR-associated (Cas) systems provide bacteria and archaea with adaptive immunity against viruses and plasmids by using CRISPR RNAs (crRNAs) to guide the silencing of invading nucleic acids. We show here that in a subset of these systems, the mature crRNA that is base-paired to trans-activating crRNA (tracrRNA) forms a two-RNA structure that directs the CRISPR-associated protein Cas9 to introduce double-stranded (ds) breaks in target DNA. At sites complementary to the crRNA-guide sequence, the Cas9 HNH nuclease domain cleaves the complementary strand, whereas the Cas9 RuvC-like domain cleaves the noncomplementary strand. The dual-tracrRNA:crRNA, when engineered as a single RNA chimera, also directs sequence-specific Cas9 dsDNA cleavage. Our study reveals a family of endonucleases that use dual-RNAs for site-specific DNA cleavage and highlights the potential to exploit the system for RNA-programmable genome editing.

816 17 AUGUST 2012 VOL 337 SCIENCE www.sciencemag.org

크리스퍼-카스에 관한 제니퍼 다우드나와 에마뉘엘 샤르팡티에의 2012년 논문

우리는 세균이 가지고 있는 능력, 세균에서 벌어지는 현상을 여러 분야에 활용한다. PCR이란 기술을 활용하기 위해서는 높은 온도에서도 활성을 잃지 않는 효소가 필요했고, 높은 온도에서 자라는 세균이 바로 그런 효소를 가지고 있었다. DNA를 자르고 붙이며 유전자를 교정하는 데도 외부 바이러스의 침입에 대비한 세균의 면역 능력을 이용한다. 현대의 놀라운 생명공학 기술은 세균이 오랫동안 갈고 닦아온 능력을 가져와 응용한 것들이다.

13

이젠 너무도
친숙한 기술, PCR

케리 멀리스의 PCR 개발과 토머스 브록의 호열성 세균 발견

"PCR 방법을 적용하면 산전産前 진단을 하거나 다형성polymorphic 제한 부위를 알아내는 데 방사성 탐침을 반드시 사용하지 않아도 된다. … PCR을 이용하여 유전체의 DNA에서 표적 DNA 조각을 증폭할 수 있기 때문에, 산전 진단뿐 아니라 분자생물학의 다른 영역으로 충분히 확장해 사용할 수 있다."

사이키 등의 1985년 논문
"낫형적혈구빈혈증 진단을 위한 베타-글로빈 유전자 염기서열의 효소를 이용한
증폭과 절단 부위 분석"의 결론에서

"최적 생장 온도가 80℃인 극단적인 호열성 세균 테르무스 아쿠아티쿠스*Thermus aquaticus*에서 안정적인 DNA 중합효소를 정제했다."

트렐라의 1976년 논문
"*Thermus aquaticus*로부터 정제한 DNA 중합효소" 초록에서

새로운 속과 종에 해당하는 호열성 세균 테르무스 아쿠아티쿠스를 소개한다. 70℃와 75℃ 사이에서 성공적으로 배양할 수 있으며, 상대적으로 희석된 유기 성분을 영양 배지로 이용한다. 테르무스 아쿠아티쿠스는 옐로스톤 국립공원의 여러 온천과 캘리포니아의 한 온천에서 분리되었다. 또한 온천에서 상당히 멀리 떨어진, 인공적인 장소의 뜨거운 수돗물에서도 분리되었다.

───────────

브록의 1969년 논문
"포자를 형성하지 않는 극단적인 호열균 *Thermus aquaticus*" 초록에서

내가 대학원에 진학해서 처음 익힌 것은 배양 배지를 만들고, 유리로 된 페트리접시를 닦고, 배양이 끝난 배지를 멸균하는 일이었다. 미생물 실험실에서 일상적으로 해야 할 일이지만, 뭔가 있어 보이는 일은 아니었다. 뭔가 그럴 듯해 보이는 일로 처음 배운 것이 바로 PCR이라는 '최신' 기술이었다. 당시 미생물학과에는 교수님이 아홉 분이 계셨고, 그래서 실험실도 아홉 개가 있었는데, 학과에서 직전 해에 PCR 기계를 도입하면서 내가 들어간 실험실에 설치했다(고 들었다). 지금 기준으로 보면 매우 구식인 기계라 반응할 수 있는 구멍도 몇 개 없었고, 반응 도중 반응액이 날아가 버리지 않도록 오일을 한 방울 넣어 줘야 했으며, 온도를 올리고 내리는 데 시간도 지금보다 꽤 오래 걸려 모든 과정이 다 끝나려면 4시간이 넘게 걸렸다. 내겐 이 4시간이 휴식 시간이자, 딴짓을 할 수 있는 소중한 시간이기도 했다. 선배로부터 PCR의 원리에 관해 설명을 듣고 나서도, 이 최신의 기술을 잘 익혀야겠다며 논문이며 책을 뒤져가며 공부했던 기억이 난다. 조금 공

부도 하고, PCR을 통해 DNA를 증폭하는 데 성공과 실패를 몇 번 반복하다 보니 PCR이라는 기술이 원리도 중요하지만, 시료를 준비하고, 반응액의 성분을 조절하는 것이 내가 원하는 증폭 산물을 얻는 데 더 중요하다는 것을 알게 되었다.

코로나19 팬데믹을 거치면서 이제 PCR은 일반인에게도 정말 친숙한 기술이자 용어가 되었다. 대부분의 고등학교 생명과학 교과서에 실려 있긴 하지만, '중합효소 연쇄반응polymerase chain reaction'의 약자인 PCR이 어떤 원리의 기술인지, 어떻게 코로나19 감염을 확인할 수 있는 것인지에 대한 설명은 별로 없는 것 같다. 물론 과학의 성과를 활용하고 향유하는 데 해당 기술의 원리를 모두가 자세히 알 필요는 없다. 우리는 양자역학의 원리를 전혀 모르지만 전자기기를 쓰는데 아무 지장이 없고, GPS의 원리가 아인슈타인의 상대성원리에 기초한 것이란 걸 모르더라도 내비게이션을 아주 훌륭히 활용한다. 하지만 어느덧 우리 생활 깊숙이 들어온 PCR은 그저 활용하는 도구가 아니라 해석해야 하는 도구다. 원리를 이해하고 판단하는 것과 그저 결과를 받아들이는 것은 도구 활용의 차원 자체가 다르다. 게다가 PCR은, 앞에서 예를 든 양자역학이나 상대성 원리와는 비교도 할 수 없을 만큼 간단한 원리를 기반으로 한다. '이런 아이디어에 노벨상을 주었단 말인가'라고 할 정도로.

PCR은 흔히 기초과학이 어떻게 응용되고, 어떻게 기업에서 이익을 낼 수 있는지를 보여주는 기술로 소개된다. 생명공학에 필수적으로 활용되면서 실질적인 가치를 지닌 기술이 되었고, 코로나19 팬데믹 시국에서 증명되었듯이 진단 시장에서 결정적인 역할을 하면서 수익을 창출할 수 있는 기술이라는 것을 입증됐다. 물론 그 과정에서 논란도 있었고, 기술 개발의 공적을 둘러싼 갈등도 있었다. 그러면서도 이 기술이 개발되기까지의 과정에 대해서는 많이 주목하지 않는다. 바로 그 지점, 사람들이 많이 주목하지 않는 지점에 세균의 역할이 있다. 이번 장에서는 PCR이라는 기술의 배경과 함께 기술 개발에 결정적인 역할을 한 세균에 대해 특별히 알아보도록 하자.

PCR은 DNA 분자를 증폭한다

1993년 노벨 화학상은 특정 위치에 원하는 돌연변이site-directed mutagenesis를 만들 수 있는 기술을 개발한 마이클 스미스Michael Smith에게 돌아갔다. 단독 수상은 아니었고, 스미스보다 더 주목받은 인물인 케리 멀리스Kary B. Mullis, 1944~2019가 공동 수상했다. 노벨상 선정위원회가 밝힌 케리 멀리스의 수상 업적이 바로 'PCR 방법의 발명'이었다. 지금까지도 생명공학 회사에서 수행한 연구에 수여된 유일한 노벨상이다. 어쩌면 연구보다 다른 데 더 관심이 많았던 이에게 돌아간 노벨상이기도 하다.

우선 PCR의 원리를 간단히 살펴보자. PCR은 변성denaturation, 결합annealing, 신장extension의 세 단계로 이루어진다. 변성이란 수소결합을 하고 있는 이중 가닥 DNA를 단일 가닥으로 분리하는 단계다. 보통 섭씨 95도로 가열하면 변성이 이뤄진다. 이렇게 단일 가닥으로 만든 주형template DNA의 원하는 부분에 프라이머primer라고 하는 10~30

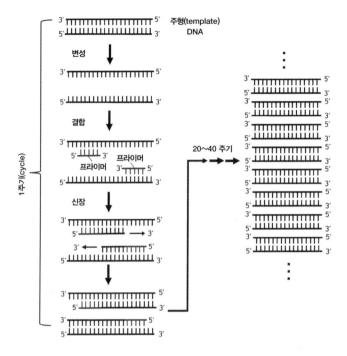

PCR의 원리. 하나의 주기는 변성, 결합, 신장의 3단계로 구성되고, 한 주기를 마치면 원하는 부위의 DNA 분자는 2배가 된다.

개 가량의 뉴클레오타이드 조각을 붙이는 단계가 결합 단계로, 주형 DNA의 염기 조성에 따라서 설정하는 온도가 섭씨 40도에서 65도 정도로 다르다. 마지막 단계는 섭씨 72도에서 이뤄지는 신장이다. 앞에서 주형 DNA에 결합한 프라이머에서 시작해 상보적인 염기가 차례차례 연결되어 이어지는 과정이다. 이 과정은 DNA 중합효소DNA polymerase에 의해 이뤄진다.

이렇게 '변성-결합-신장'이 순서대로 이어지면 1주기cycle가 완성된다. 1주기가 끝나면, 원래 이중 가닥으로 이뤄진 DNA의 원하는 부위의 분자 조각은 처음의 2배가 된다. 그리고 다시 '변성-결합-신장'의 주기를 반복한다. 이렇게 10주기가 끝나면, 1개의 DNA 분자에서 시작한 원하는 부분이 이론적으로는 2^9, 즉 512개의 분자로 증폭된다. 보통은 20회 내지는 40회 가량 반복하니 PCR이 성공적으로 수행된다면 증폭된 양은 어마어마해지는 것이다.

그럼 이렇게 DNA 분자를 증폭하는 것은 왜 중요할까? 세포 안에 존재하는 한 분자의 DNA로는 확인할 수 없는 일을 수만 배 혹은 수십만 배로 증폭한 DNA로는 쉽게 할 수 있기 때문이다. 충분한 양의 DNA를 확보할 수 있다면 특정 유전자가 존재하는지, 혹은 그 유전자에 돌연변이가 있는지도 확인할 수 있고, 원하는 유전자를 선택해 플라스미드와 결합하여 다른 생물체에 집어넣는 등 많은 일을 쉽게 할 수 있고, 성공 가능성도 훨씬 높일 수 있다.

20세기 중반부터 놀라운 발전을 거듭한 분자생물학에서도 놀라운 과학적 진전이라 일컬어지는 이 기술은 우선 생물학 연구의 방법론적인 측면에서 중요한 역할을 했다. 그뿐만 아니라 유전적 질환을 일으키는 특정 변이를 확인하고, 이식 수술 시에 조직 적합성을 판별하고, 세균이나 바이러스의 감염 여부를 확인하고, 감염 세균이나 바이러스의 종류를 알아내는 등 의학 분야에서도 필수적으로 활용된다. 드라마나 영화에서 보듯이 범죄 수사에서 범인을 확인하는 데도 이용되며, 친자 확인을 하는 데도 쓰인다. 또한 2022년 노벨 생리의학상을 수상한 스반테 페보Svante Pääbo의 고古인류에 대한 연구 역시 PCR 기술이 없었으면 가능하지 않았다. 따지고 보면 아주 간단한 절차로 이루어진 이 기술은 현대 의학과 생물학에서 쓰임새가 정말 많

세균에서 생명을 보다

은 '치트키' 같은 존재다. 그런데 이 기술은 어떻게 발명된 것일까?

여자 친구와 드라이브하다 떠오른 아이디어

PCR과 관련된 모든 도구는 이미 1960년대부터 존재하고 있었다. DNA의 구조는 1953년에 왓슨과 크릭에 의해 밝혀졌고, 서로 상보적으로 결합하고 있는 DNA의 두 가닥이 높은 온도에서는 한 가닥으로 분리된다는 것, 즉 변성되는 것도 알고 있었다. 프라이머라는 특정 염기서열에 상보적인 DNA 조각을 주형 DNA에 결합시킬 수 있다는 것도, 프라이머가 결합한 후에 새로운 염기를 이어붙일 수 있는 DNA 중합효소도 아서 콘버그Arthur Kornberg가 1956년에 발견해 놓은 상태였다. 그런데 이런 도구와 지식을 이용해서 반응을 여러 차례 연쇄적으로 진행하여 원하는 부위의 DNA 조각을 많이 얻어낸다는 아이디어는 1983년에 이르러서야 등장했다. 초기 바이오벤처에 해당하는 생명공학 회사 시터스Cetus Corporation에서 일하고 있었지만, 연구에는 큰 의욕이 없는 것 같던 괴짜 과학자 케리 멀리스가 바로 그 아이디어의 주인공이다.

멀리스는 1983년 4월 어느 금요일 여자 친구와 주말을 보내기 위해 별장으로 차를 몰고 가던 중 고속도로 한복판에서 PCR에 관한 아이디어가 떠올랐다고 한다. 이 중대한 아이디어를 여러 가지로 신경 쓸 게 많았던 순간에(!) 떠올렸다는 걸 과연 믿을 수 있을까 싶긴 하지만, 어쨌든 본인이 그렇게 얘기했으니 믿을 수밖에 없다. 케쿨레의 꿈이나, 와트의 주전자 등과 같은 과학에서 흔하지 않지만 결정적 순간이라는 신화에 해당한다고 할 수 있을까?* 멀리스는 고속도로 길가에 차를 멈추고 달빛 아래에서 막 떠오른 아이디어를 메모했다고 밝혔다.

노스캐롤라이나에서 태어나 조지아 공과대학을 졸업한 멀리스는 UC 버클리 박사과정에 입학했다. 하지만 박사과정생 멀리스는 아무리 좋게 봐도 성실하고 괜찮은 대학원생이라고 할 수는 없었다. 생화학과 조 닐랜즈Joe Neilands 교수의 실험실에서 박사과정을 밟고 있던 멀리스는 생화학과 박사과정생이면서도 천체물리학 분야 논문을 《네이처》에 발표할 정도로 실험실의 주제와는 거리가 먼 일에 손을 대기도 했다. 이걸 용인한 지도교수가 용하단 생각도 들고, 또 자신의 분야가 아닌 분야에서 《네이처》라는 저널에 그처럼 쉽게 논문을 냈다는 점에는 좀 질투가 나기도 한다. 60년대 미국에서 절정이던 히피 문화에 푹 빠져 환각제인 LSD를 실험실에서 직접 합성해 마음껏 즐기기도 했던 그는 그야말로 박사과정 시절을 연구에 찌든 모습이 아니라 자유분방하게 즐기며 만끽(?)했다고 할 수 있을, 이른바 문제 학생이었다.

1972년에 어찌어찌 박사학위를 받은 멀리스는 미래에 대한 원대한 계획 같은 것은 없었다. 일찍 결혼한 아내가 의대 진학 관계로 캔자스로 가자 그도 함께 옮겨가 지역의 의대에서 박사후연구원으로 2

* 유기화학자 아우구스트 케쿨레는 잠을 자다 뱀이 자기 꼬리를 물고 있는 모양을 보고 벤젠의 화학 구조를 떠올렸다고 했고, 제임스 와트는 펄펄 끓는 물 주전자의 뚜껑이 들썩거리는 걸 보고 증기기관을 생각해 냈다고 한다.

년 정도 연구 경력을 이어갔다. 하지만 이혼 후 다시 캘리포니아로 돌아왔고, 잠시 빵 가게 등에서 일을 하다 1979년 결국 친구가 부사장으로 있던 바이오벤처 회사 시터스에 일자리를 얻었다. 시터스에서 그는 DNA 올리고머oligomer(뉴클레오타이드 몇 개로 이루어진 조각을 말한다. PCR에 사용되는 프라이머도 올리고머의 일종이다)를 합성

케리 멀리스

하는 일과 함께 DNA에서 특정 위치에 어떤 뉴클레오타이드가 있는지를 알아내는 기술 개발에 참여하게 된다.

1971년 캘리포니아에서 설립되어 거의 최초의 생명공학 회사라 할 수 있는 시터스는 인터페론이나 인터루킨과 같은 당시 만병통치 치료제처럼 떠오르던 물질을 재조합 DNA 기술로 만들려는 시도를 하고 있었다. 그러기 위해서는 해당 물질을 합성하는 유전자를 확보해야만 했고, 원하는 유전자에 존재할 것으로 예측되는 염기서열을 이용해 올리고머를 합성하고 DNA에 결합하는 과정을 통해 유전자의 위치를 찾아내고 스크리닝하는 작업이 필요했다.

이에 더해 시터스는 유전질환의 진단에도 관심이 있었다. 특정 유전자의 돌연변이로 인한 유전질환에서 해당 돌연변이를 찾아내 진단에 활용하고자 했다. 대표적인 것이 바로 낫형적혈구빈혈증이었다. 과거에는 '겸상적혈구빈혈증'이라고 했던(지금도 이렇게 쓰는 경우가 있다) 질

병으로 '겸상鎌狀'의 '겸鎌'이 바로 풀을 벨 때 쓰는 '낫'을 의미한다. 이 질병에 걸리면 적혈구가 낫 모양으로 변한다. 낫 모양으로 변한 적혈구는 산소 결합 능력이 떨어져 환자에게 악성 빈혈이 생긴다. 이 질환은 적혈구를 이루는 헤모글로빈 베타 사슬에서 단 한 개의 아미노산이 바뀌어 생긴다. 6번째 아미노산인 글루탐산을 암호화하는 GAG라는 서열이 GTG로 변하기 때문인데, GTG는 발린을 암호화한다. 그러니까 바로 그 위치의 뉴클레오타이드가 아데닌(A)인지 타이민(T)인지만 알아내면 낫형적혈구빈혈증 여부를 알아낼 수 있다는 얘기다. 나중 일이지만 PCR에 관한 첫 논문(이 장 첫머리에 소개한 논문)이 낫형적혈구빈혈증에 관한 것이었던 이유가 바로 그래서였다. 그럼 이건 어떻게 알아낼 수 있을까?

물론 프레더릭 생어의 염기서열 결정법과 또 하나의 염기서열 결정법인 맥삼-길버트법Maxam-Gilbert sequencing이 나온 게 1977년이었으니, 그들의 방법을 이용해서 염기서열을 결정하면 가능했다. 하지만 그 길고 긴 DNA 사슬에서 해당 유전자를 어떻게 정확하게 찾아내서 염기서열을 결정할 것인가? 그게 문제였다. PCR과 같은 방법이 없으면 정말 복잡하고도 성공률이 낮은 과정을 거쳐야 하는 연구였고, 멀리스가 생각해낸 것도 바로 그 문제와 연관된 것이었다.

멀리스는 아마도 실험을 열심히 하지 않아도 되는 방법을 찾고 싶었던 것이 아닐까? 이걸 어떻게 하면 간단하게 하지? 이런 식의 마인드가 세상을 뒤집은 경우가 많듯이 말이다. 그날 밤 멀리스는 DNA를 하나의 가닥으로 분리하고, 올리고머를 붙이고, 중합효소를 이용해서 합성하는 과정을 연쇄적으로 할 수 있겠다는 생각이 떠올랐고,

세균에서 생명을 보다

회사에 출근해서는 혹시나 이런 아이디어를 떠올린 사람이 정말 아무도 없었는지 알아봤다. 그런데 없었다! 이런 간단한 아이디어를 생각해낸 사람이 없다니! 아마 멀리스는 뿌듯한 마음에 쾌재를 불렀을지도 모르는데, 의아한 생각도 들지 않았을까 싶다.

실험 테크닉은 별로였던 멀리스였기에 실험에 몇 번 실패하자, 회사 실험실의 테크니션에게 부탁을 했고(회사 연구소의 다른 연구진들은 멀리스의 아이디어에 시큰둥했다) 1984년 결국은 플라스미드의 유전자 하나를 증폭하는 데 성공한다. 그리고 사내 콘퍼런스에서 발표했다. 이후 멀리스를 비롯한 시터스의 연구자들은 이에 관한 논문을 발표하게 되는데, 여기에도 우여곡절이 있었다.

논문이 발표된 순서를 보면 고개를 갸웃거리게 되는 점이 있다. 멀리스를 제1저자로 한 PCR의 원리에 관한 논문이 《콜드스피링하버 정량생물학 학술토론회지》에 1986년에 발표된 데 반해, PCR의 응용이라고 할 수 있는 낫형적혈구빈혈증 진단에 관한 랜달 사이키 Randall Saiki 등의 논문은 《사이언스》에 이보다 1년 먼저인 1985년에 발표된 것이다.

원래는 멀리스가 PCR의 이론과 이를 입증하는 결과에 관한 논문을 쓰고, 이를 바탕으로 낫형적혈구빈혈증을 진단하는 내용의 논문을 다른 연구원이 써서 동시에 발표하기로 했다. 그런데 멀리스의 버릇은 어디 딴 데 가지 않았다. 논문을 쓰기 위해서는 추가 실험이 필요했는데, 멀리스는 실험 대신 회사에서 컴퓨터를 가지고 프랙털 프로그램을 짜는 등 딴짓에 열중했던 것이다. 하는 수 없이 PCR의 응용에 관한 논문을 먼저 발표할 수밖에 없었고, 원리를 다룬 멀리스의 논문은 뒤이어 1년 후에야 발표된 것이다.

호열성 세균의 발견으로 실험실의 필수 도구가 된 PCR

그런데 이때의 PCR 방법은 정말 불편했다. 각 과정을 서로 다른 온도에서 진행해야 했는데, 대장균에서 얻은 DNA 중합효소는 변성이 일어나는 고온에서는 활성을 잃어버렸다. 그래서 단계마다 적절한 온도를 유지하는 세 종류의 수조를 미리 준비하고 있어야 했고, 실험자가 지키고 있다가 반응 튜브를 옮겨야 했다. 또한 처음부터 중합효소를 반응액에 넣지 못하고 각 단계 시작 전에 DNA 중합효소를 반응 튜브에 넣어주어야 했다. 30주기의 반응을 한다면 3×30, 90번이나 이 일을 반복해야 했던 것이다. 시간도 많이 걸리고 정말 귀찮은 일일 수밖에 없었다. 당연히 효율도 떨어졌다.

그렇게 고된 실험을 진행하다 시터스의 연구원들은 논문 하나를 찾아냈다. 10년 전인 1976년에 신시내티 대학의 존 트렐라John M Trela, 1942~1991가 발표한 논문이었다. 최적 활성 온도가 섭씨 80도인 DNA 중합효소를 테르무스 아쿠아티쿠스Thermus aquaticus라는 세균에서 추출해 정제했다는 내용이었다. 그런데 트렐라는 이 논문 하나 달랑 내고는 이에 관한 연구를 추가로 하지 않았는데, 시터스의 연구진은 트렐라의 논문에 등장하는 효소가 자신들의 고충을 해결할 최선의 키라는 걸 직감했다. 그래서 트렐라처럼 테르무스 아쿠아티쿠스라는 세균에서 DNA 중합효소(Taq라고 한다)*를 정제했다. 그리고 처음부터 증폭하고자 하는 부분을 포함하는 주형 DNA, 올리고머(프라이머), 네 종류의 dNTP(DNA 신장에 필요한 한 개의 뉴클레오타이드로 이루어진 조각)와 함께 *Taq* DNA 중합효소를 넣어서 다시는 튜브 뚜껑을 열지 않고도, 반응 튜브를 이 수조, 저 수조 옮기지 않고도 반응을 완성할 수 있었다. 그리고 결과는 대성공이었다. *Taq* DNA 중합효소를 이용한 PCR에 관한 연구 논문은 1988년《사이언스》에 발표되는데, 이로써 PCR이라고 하는 방법이 간편해지고, 비특이적인non-specific 결합의 가능성도 줄게 되면서 생물학 실험실에 필수적인 기술과 도구가 될 조건을 갖추게 되었다.

그렇다면 PCR이라는 방법의 핵심이 된 *Taq* DNA 중합효소의 주인 테르쿠스 아쿠아티쿠스라고 하는 세균의 정체는 무엇일까? 이에 관해 이야기하기 위해서는 또 다른 과학자를 언급해야 한다. 바로 전 세계 대학에서 가장 널리 쓰이는 미생물학 교재의 저자에 관한 이야기다. 그는 토머스 브록Thomas Dale Brock, 1926~2021이라고 하는 세균학자다.

미생물학과에 입학한 후 1학년 2학기에 '일반미생물학'이라는 전공과목을 듣게 되었다. 그때 사용한 교재를 지금도 가지고 있는데 바로《브록의 미생물학*Brock Biology of Microorganisms*》(5판)라는 책이다. 제목에 보듯이 토머스 브록이 쓴 책이었다. 2021년 7월 16판이 나온, 현재도 전 세계적으로 널리 쓰이고 있는 미생물학 교재다. 1970년 처음 출판할 때는 단독 저자였고, 7판까지는 브록이 여러 명의 저자 중 첫 번

---

* *Taq*은 *Thermus*의 T와 *aquaticus*의 aq에서 왔다. '탁' 또는 '택'이라고 읽는다.

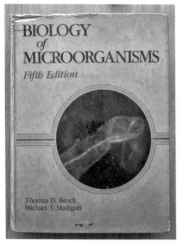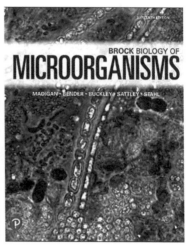

저자가 보관하고 있는 브록의 미생물학 교과서(5판)(왼쪽)와 최근에 출판된 16판 표지

째 저자로 올라 있으나 1996년에 나온 8판부터는 저자 명단에서 빠졌다. 하지만 책 제목에는 여전히 저자의 이름 브록이 붙어 있다. 그의 제자인 코넬 대학의 스티븐 진더Stephen Zinder는 브록이 미생물학뿐 아니라 과학 전반에 대해 백과사전적 지식을 가지고 있었다는 말을 남겼다.

바로 그 브록의 전공 분야가 미생물학 중에서도 극한 미생물, 특히 호열성 세균thermophiles이었다. 그가 처음부터 세균을 연구한 건 아니었다. 클리블랜드의 가난한 집안에서 태어난 그는 고등학교 졸업 후 2차 세계대전이 발발하자 징집되어 해군으로 복무했다. 전쟁이 끝난 후에야 오하이오 주립대학에 입학하여 박사 학위까지 받았다. 대학에서 그의 원래 전공은 버섯과 효모, 즉 균류fungi였다. 박사 학위를 받은 후 바로 학교에 남지는 못했고, 제약회사에서 당시 유행에 맞춰

세균에서 생명을 보다

항생제를 만드는 세균을 찾는 연구를 했다. 그러다 클리블랜드의 웨스턴리저브 대학을 거쳐 1960년에 인디애나 대학에 임용되면서 본격적으로 세균을 연구하기 시작했다.

그런 그에게 특별한 계기가 찾아왔는데, 1964년 옐로우스톤 국립공원에 처음 여행갔을 때였다. 그는 미생물 생태를 연구할 수 있는 적절한 현장을 찾고 있었다. 거기서 그는 뜨거운 온천의 색이 일정치 않은 걸 보았다. 온천 주변은 청록색이었고, 위치마다 색이 달랐다. 아마 수많은 사람이 관찰했을 그 현상을 브록은 좀 달리 보았다. 근거는 별로 없었지만, 거기에 광합성을 하는 세균이 있는 것이 아닐까 생각했고 확인해보고 싶었다. 그래서 1965년부터 옐로우스톤의 온천에서 샘플을 채취하기 시작했다. 그러다 분홍색 거품이 이는 곳이 있다는 걸 알게 되었고, 섭씨 82도가 넘는 온천물에서 나오는 분홍색의 물질에 단백질이 섞여 있다는 걸 확인했다. 무슨 얘기인가? 바로 생명체가 살고 있다는 얘기다. 그것도 매우 높은 온도에서도 멀쩡한 단백질을 만들고 생명 현상을 유지하는 생명체 말이다. 브록은 바로 연구에 돌입했다. 옐로우스톤의 뜨거운 온천물에 사는 세균에 관한 연구!

그는 학부 2학년생이던 허드슨 프리즈Hudson Freeze와 함께 옐로우스톤의 몇 군데 온천에서 샘플을 채취해 세균 배양을 시도했다. 프리즈는 배지에 샘플을 넣고 섭씨 70도에서 배양을 시도했지만, 며칠이 지나도 세균이 자라는 낌새가 보이질 않았다. 실망해서 버릴까 하다 이상하게도 배양액의 아래쪽에 모래 엇비슷한 것이 깔려 있는 걸 발견하고는, 그냥 두었다(의심스러우면 그냥 두는 게 좋은 경우가 많다). 며칠 후 그 모

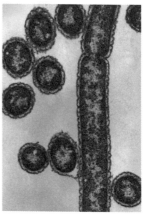

토머스 브록과 그가 발견한 테르무스 아티아티쿠스

래 엇비슷한 것이 늘어나 있는 걸 확인했고, 뭔가 있다 싶어 그걸 가져다 현미경 재물대 위에 올려놓았다. 현미경 렌즈 너머로 보이는 것은 바로 막대기 모양의 노란색 세균 무리였다.

브록과 프리즈는 다른 온천에도 세균이 살고 있는 걸 확인했고, 온천과는 관련이 없는 대학의 온수에서도 그런 세균을 분리해 냈다. 세균의 특성을 분석하고 그때까지 전혀 보고되지 않은 세균이라는 걸 확인한 후, 1969년 《세균학회지Journal of Bacteriology》라는 미국미생물학회에서 발간하는 대표적인 저널에 논문을 발표한다. 그 호열성, 즉 고온을 좋아하는 세균에 붙인 이름이 테르무스 아쿠아티쿠스Thermus aquaticus였다. 처음으로 거의 펄펄 끓는 온도에서도 세균이 살아간다는 것을 발견한 순간이었다. Thermus는 '높은' 온도에서 산다는 의미고, aquaticus는 물에서 산다는 뜻이다. 이때 처음 보고된 Thermus라는 속에는 그 후로 다른 종들이 보고되면서 현재 25개 종이 포함되어

세균에서 생명을 보다

있다.

이 세균이 가장 잘 자라는 온도는 섭씨 약 70도였는데, 세균이 가지고 있는 효소(브록이 조사한 효소는 알돌레이스aldolase라고 하는 해당과정에서 ATP를 만드는 데 관여하는 효소였다)를 정제해서 조사해 봤더니 섭씨 97도에서도 활성을 유지하고 있었다. 브록의 일은 거기까지였다. 하지만 브록이 발견한 호열성 세균 테르무스 아쿠아티쿠스에 트렐라가 관심을 가지게 되었고, 트렐라의 연구를 다시 시터스의 연구진이 활용하게 되었다. 그렇게 실용적인 PCR 방법이 완성되었다. 브록과 함께 호열성 세균을 발견한 프리즈는 나중에 한 회의에서 멀리스를 만나, 바로 당신들이 분리한 그 균주를 이용해 PCR 방법을 개선했다는 말을 들었다고 했다. 브록은 PCR 기술이 발달을 거듭하여 정량 실시간 PCRqRT-PCR이 코로나19 진단에 매일매일 그 진가를 발휘하고 있던 2021년 4월 세상을 떠났다.《뉴욕타임스》의 부고 기사에서는 "토머스 브록의 발견은 PCR 검사를 위한 길을 닦았다"고 높이 평가했다.

사실 PCR의 발명과 개발 자체에서는, 멀리스가 맨 처음 이용한 DNA 중합효소가 대장균에서 정제한 것이긴 하지만, 실제적으로는 세균이 주인공이라고 할 수 없을지 모른다. 하지만 테르무스 아쿠아티쿠스라고 하는 호열성 세균의 발견과 여기에서 내열성 DNA 중합효소의 정제와 같은 이야기는 세균학의 찬란한 순간이며, 그것이 PCR이라고 하는 대단한 기술로 연결되었다는 점에서 중요한 업적이라고 하기에 충분하다. 브록과 프리즈는 노벨상은 받지 못했지만, "당장 성과를 내지는 못하지만 훗날 인류에 큰 기여를 할 수 있는" 기초과학 연구의 중요성을 알리기 위해 미국과학진흥회American

Association for the Advancement of Science, AAAS(여기서 《사이언스》를 출판한다)가 2012년 제정한 "황금거위상Golden Goose Award을 2013년에 수상했다(https://www.goldengooseaward.org/awardees).

잘못 활용된 노벨상의 권위

멀리스는 PCR 관련 특허가 출원된 이후 보너스로 1만 달러를 받았지만, 회사 동료들과 그다지 사이가 좋지 않아 1986년에 시터스를 떠났다. 시터스는 다른 연구가 지지부진해지면서 재정이 악화되는 바람에, 1992년에 PCR 관련한 특허를 호프만-라로슈Hoffman-La Roche(줄여서 로슈)에 팔아넘겼고, 관련 인력도 로슈의 진단사업부로 옮겼다. 회사를 나와 백수 비슷한 생활을 하던 멀리스는 1993년에 노벨 화학상 수상자로 지명되었다. 시터스에서 함께 PCR 개발에 참여했던 동료들은 멀리스 혼자 공로를 차지하는 데 반발했지만, 큰 논란은 빚지 않았다. 오히려 멀리스는 PCR 특허료가 어마어마했던 데 비해 자신은 푼돈만 받았다고 투덜댔다. 맨 처음 *Taq* DNA 중합효소를 분리해서 정제했던 트렐라는 아무것도 얻지 못했다.

한두 편의 논문으로 노벨상을 수상한 그는 노벨상 수상 이후에는 단 한 편의 논문도 발표하지 않은, 아마도 유일한 과학자일 것이다. 그는 노벨상을 수상한 이후에는 전 세계를 돌아다니며 강연을 통해 수입을 올렸다. 그의 강연은 PCR과 PCR 기술의 활용에 대한 자신의 경험을 풀어 놓거나 젊은 과학도에게 영감을 주는 내용이 아니었다. 그는 기후변화라는 것 자체가 근거가 없다는 주장을 하는가 하면, 더 심각하게는 HIV가 에이즈를 일으키는 게 아니라는 주장도 펼쳤다. 틀에 얽매이지 않은 자유로운 사고가 PCR이라는 새로운 기술을 탄생시켰을지 모르지만, 노벨상 수상 후 멀리스의 활동은 노벨상의 권위가 잘못 활용된 대표적인 사례로 인용되고 있다.

세균의 면역 도구가 최첨단 생명공학 기술로

해밀턴 스미스의 제한효소와 제니퍼 다우드나와 에마뉘엘 샤르팡티에의 크리스퍼

14

"헤모필루스 인플루엔자에Hemophilus influenzae Rd 균주로부터 얻은 추출물은 다양한 외부 DNA의 점도를 빠르게 감소시키는 핵산내부가수분해효소 endonuclease 활성을 가지고 있다. 하지만 같은 조건에서 헤모필루스 인플루엔자에 자신의 DNA 점도는 변하지 않았다. 우리는 '제한' 핵산내부가수분해효소 활성이 약 200배가 되도록 정제했고, 이 정제된 효소는 헤모필루스 인플루엔자에 DNA에 대해서는 외부 및 내부가수분해활성을 나타내지 않았다."

———————

스미스와 윌콕스의 1970년 제한효소 분리에 관한 논문
"Hemophilus influenzae로부터 분리한 제한효소. I. 정제와 일반적인 특징"의 초록에서

우리는 Cas9 핵산내부가수분해효소가 표적 DNA에서 위치 특이적으로 이중 가닥을 절단하는, 이중 RNA 구조를 포함하는 DNA 간섭 메커니즘을 규명해 냈다. … 우리는 유전자 표적 유전체 편집에 응용할 수 있는 잠재력이 매우 큰 RNA-프로그래밍 Cas9 기반의 새로운 방법론을 제안한다.

다우드나와 샤르팡티에의 2012년 논문

"세균의 적응 면역에서 프로그래밍 가능한

이중 RNA 유도 DNA 핵산내부가수분해효소"의 결론에서

이번 장에서는 제한효소restriction enzyme와 크리스퍼-카스CRISPR-Cas 시스템을 다룬다. 흔히 '유전자 가위'라 부르는 것들이고, 발견되자마자 곧바로 현대 생물학의 필수적인 도구로 자리 잡은 물질 또는 기술이다. 언론에서도 많이 다루기 때문에 일반인들도 그냥 '유전자 가위'라는 표현이든, 제한효소 혹은 크리스퍼라는 명칭으로든 어디선가 들어봤겠지만, 원래는 세균의 것이라는 것은 많이들 잘 모르는 듯하다. 더군다나 이것들이 세균의 면역 체계에서 비롯되었다는 것은 잘 알려지지 않았다.

잠깐만, 세균의 면역 체계라고 한 데 대해 고개를 갸웃거릴 수도 있겠다. 보통 면역이라고 하면, 사람을 비롯한 척추동물에서 세균과 같은 외부 물질의 침입에 의한 감염을 막기 위한 방어 수단을 일컬으니까 말이다. 세균은 사람을 비롯한 동물과 식물에 감염을 일으키는 존재이지 감염의 대상이 되는 것은 아니지 않나, 이렇게 생각할지도 모르겠다. 하지만 조금만 앞으로 돌아가 '파지 요법'을 한번 떠올려 보자. 세균 감염을 치료하는 방법으로 (박테리오)파지를 이용하는 게 바로 파지 요법이다. 이 파지가 바로 세균을 감염하는 바이러스라는 얘기도 했다. 그렇다면 세균도 자기를 아프게 하고 죽이러 들어오는 존재에 대해 뭔가 대비는 해야 하지 않을까? 이렇게 바이러스 침입에 대

한 방어 작용으로 세균이 준비해 놓은 것 중에 제한효소가 있고, 또 크리스퍼-카스 시스템이라고 하는 것이 있다. 우리는 세균이 가지고 있는 이런 방어 시스템을 이용해서 별별 희한한(!) 일을 하고 있는 셈이다.

그럼 꽤 오래전에 발견되어 오랫동안 생명공학 기술로 널리 쓰여왔고, 물론 지금도 많이 쓰이는 제한효소부터 알아보자. 꽤 오래전이라고 했지만 그래봤자 약 50~60년 전이다. 그러나 이 정도의 시간은 현대 생명과학에서는 까마득한 과거다.

제한효소는 무엇을 '제한'한다는 걸까

제한효소란 말 자체부터 헷갈리는 사람들이 있을 듯하다. 제한효소를 정의하면, DNA의 특정 염기서열을 인식하여 절단하는 핵산내부가수분해효소endonuclease를 말한다. 여기서 핵산내부가수분해효소란 물이 첨가되면서 DNA의 안쪽endo을 절단한다는 말이다. 핵산말단가수분해효소exonuclease가 DNA의 끝 쪽에서부터 자르는 것과 대비된다. '제한restriction'이라는 용어는 이렇게 자신의 DNA와는 구분되는, 자신의 것이 아닌 DNA를 식별한다는 의미에서 붙여진 것이다. 즉, 외부로부터 침입한 세균의 감염체, 즉 바이러스를 '제한'하는 역할을 한다는 의미다. 이름에서부터 제한효소가 세균의 방어 작용을 위한 장치라는 게 드러나는 셈이다. 이 장 첫머리에 인용한 스미스와 윌콕스의 논문에서 그들이 발견한 효소가 외부의 DNA에 대해서는 '제

세균에서 생명을 보다

한적인' 핵산내부가수분해 활성이 있으면서도 세균 자신에게는 그런 역할을 하지 못한다는 게 바로 이런 의미다.

제한효소는 1960년대 여러 연구팀에 의해 발견된 이후 DNA 재조합 기술에 응용되면서 생명공학의 시대를 열었다. 지금까지 3000개가 넘는 제한효소가 발견되었고, 분류 기준에 따라서는 2만 개가 넘는다고도 한다. 제한효소는 인식하는 부위의 종류와 자르는 위치에 따라 1형부터 5형까지로 나뉘는데, 최근 각광 받는 유전자 가위이자 뒤에 설명할 크리스퍼-카스 시스템이 바로 5형 제한효소에 해당한다. 그렇지만 크리스퍼-카스 시스템은 제한효소와는 별개의 것으로 설명할 때가 많다.

이 중 2형 제한효소가 가장 흔하며 DNA 재조합 기술에 많이 이용된다. 실제로 제한효소라고 하면 보통 2형 제한효소를 가리킨다. 2형 제한효소를 통해 제한효소의 특성을 살펴보면, 제한효소는 4개에서 8개 정도의 뉴클레오타이드로 구성된 회문 염기서열palindrome을 인식하여 바로 그 부위를 절단한다. 회문回文은 앞에서 읽으나 뒤에서 읽으나 똑같이 읽히는 문장을 말한다.* DNA 염기서열에서도 같은 용어를 쓴다. 예를 들어 맨 처음 발견된 제한효소 중 하나인 HindⅢ가 인식하는 이중 가닥 염기서열은 $\frac{5'-AAGCTT-3'}{3'-TTCGAA-5'}$로 위쪽의 것이나 아래쪽의 것이나 5'에서 3' 방향으로 염기서열을 읽으면 똑같다는 걸 알 수 있다. 제한효소는 바로 이렇게 회문구조를 갖는 DNA 염기서열을

---

* 예를 들어, 드라마 〈이상한 변호사 우영우〉에 나왔던 "기러기, 토마토, 스위스, 인도인, 별똥별, 역삼역"과 같은 단어들(영어로는 madam, racecar 같은 것들), "다시 합창합시다", "여보 안경 안 보여"와 같은 문장이다.

절단 위치

```
5'-A AGCTT-3'          HindIII        5'-A      AGCTT-3'
3'-TTCGA A-5'       ─────────→         3'-TTCGA      A-5'
```

절단 위치

```
5'-G GCC-3'            HaeIII         5'-GG      CC-3'
3'-CC GG-5'         ─────────→         3'-CC      GG-5'
```

HindIII와 HaeIII가 인식하는 염기서열과 DNA 절단 방법. HindIII에 의해서 점착성 말단이, HaeIII에 의해서는 비점착성 말단이 형성된다.

인식한다.

바로 그렇게 인식한 회문 염기서열 부분을 자르는데, 제한효소마다 잘리는 형태가 다르다. 크게 구분하여 점착성 말단sticky end이라고 해서 잘린 부위의 DNA가 서로 엇갈리는 경우가 있고, 잘린 부위의 끝부분 중 어느 한쪽이 튀어나와 있지 않은 비점착성 말단blunt end을 만드는 경우가 있다. 바로 앞에서 설명한 HindIII는 비대칭적인 점착성 말단을 만드는 제한효소이고, HaeIII와 같은 제한효소는 5'-GGCC-3' / 3'-CCGG-5' 라는 염기서열을 인식하여 정확히 중앙을 잘라 비점착성 말단을 만든다. 이것 역시 말로 설명하는 것보다 그림으로 보는 편이 이해하기 훨씬 쉬울 것이다.

이렇게 잘린 DNA 부위는 연결효소ligase를 이용하여 상보적인 부위를 가진 또 다른 DNA 조각과 연결할 수가 있으므로 새로운 조합을 갖는 DNA 분자를 만들 수가 있다.

그렇다면 이런 제한효소의 이름은 어떻게 붙이는 걸까? 암호 같은 HindIII나 HaeIII와 같은 제한효소의 이름은 일단 각 제한효소가 추출된 세균의 학명을 이용하여 명명한다. HindIII는 헤모필루스 인플루엔자에*Haemophilus influenzae*라는 세균에서 추출한 것으로 속명의 첫 글자(H)와 종소명의 두 글자(in)를 땄고, d는 처음 추출한 균주strain Rd의 약자다. 그리고 III는 이 세균에서 세 번째로 추출되었다는 의미다. 그리고 (보통 영어로 읽으므로) '힌디쓰리'로 읽는다. HaeIII는 *Haemophilus influenzae* biogroup *aegyptius*에서 유래한 제한효소다('해쓰리'라 읽는다). 그렇다면 연습 삼아 EcoRI라는 제한효소를 보자. 이 효소는 대장균*Escherichia coli*의 R 균주(정확히는 RY13)에서 첫 번째로 추출한 제한효소라는 것을 알 수 있다('에코알원' 혹은 '이코알원'이라 읽는다). 제한효소의 이름이 세균의 이명법에서 유래하기 때문에 HindIII나 HaeIII와 같이 종 이름 부분은 이탤릭체로 적어야 했지만, 요즘엔 그냥 정자로 적는 경우가 많다. 아마 일일이 이탤릭체로 쓰는 것이 귀찮기 때문일 듯하다.

바이러스에 감염되지 않는 세균에서 찾아낸 제한효소

세균에서 제한효소의 존재를 맨 처음 알린 사람은 1962년 스위스의 미생물학자 베르너 아르버Werner Arber와 데이지 룰랑-뒤수아Daisy Roulland-Dussoix다. 룰랑 뒤수아는 1962년 논문을 낼 당시의 저자 이름은 Daisy Dussoix였으나 1964년 다니엘 룰랑Dainel Roulland과 결혼하면서 이름이 룰랑-뒤수아Daisy Roulland-Dussoix가 되었다.

사실 1950년대 초부터 여러 과학자들이 바이러스에 잘 감염되는 세균이 있는 반면, 어떤 세균은 바이러스에 잘 감염되지 않는다는 것을 알고 있었다. 당연히 이에 관심을 가진 과학자들이 있었다. 그러나 그런 현상이 왜 일어나는지, 무슨 의미를 갖는지는 설명하지 못하고 있었다. 아르버와 룰랑-뒤수아는 대장균의 파지에 대한 방어 메커니즘을 연구하는 과정에서 세균 내에서 들어온 파지의 DNA가 일정한 패턴으로 잘리는 현상을 발견했다. 이 발견에 기초해 세균이 바이러스의 DNA만을 선택적으로 공격하는 효소가 존재한다는 가설을 세울 수가 있었다.

이후 그들은 메틸화효소methylase와 제한효소가 파지의 공격에서 대장균을 방어하는 데 관여한다는 증거를 제시했다. 먼저 메틸화효소에 의해 염기에 메틸기가 붙은 대장균의 DNA가 파지로부터 보호된다는 것을 확인했다. 반면 메틸화효소를 만들지 못하는 돌연변이 대장균은 파지의 공격에 무력했다. 그리고 파지를 여러 세대 동안 연속 배양해서 파지의 DNA에 메틸화가 일어나면 처음의 파지와는 다른 DNA가 되어 대장균의 효소에 의해 분해되지 않았다. 세균 유전체에도 제한효소가 인식하는 염기서열이 존재하지만, 메틸화효소에 의해 염기가 메틸화되기 때문에 자신의 제한효소에 의해 분해되지 않는 것이었다. 그렇게 아르버와 룰랑-뒤수아는 대장균에 파지의 DNA를 공격하여 분해하는 효소, 즉 제한효소가 존재한다는 사실을 밝혀냈다. 제한효소라는 명칭을 처음 쓴 사람도 그들이었다.

하지만 아르버는 효소를 추출하여 정제하지는 못했고, 따라서 특성까지 분석하지는 못했다. 처음으로 제한효소를 정제하고 특성을 연구한 사람은 1968년 매튜 메셀슨Matthew Meselson과 로버트 유안

Robert Yuan이었다. 메셀슨은 방사성 질소를 이용해 DNA 복제가 반-보존적semi-conservative으로 일어난다는 사실을 밝혀낸 '메셀슨-스탈 실험'의 그 메셀슨이다. 메셀슨과 유안은 정제한 효소가 제대로 작용하기 위해서는 에너지원인 ATP와 마그네슘 이온이 필요하다는 것도 밝혀냈다. 그런데 문제는 그들이 정제한 제한효소는 1형이었다. 1형 제한효소는 효소가 인식하는 염기서열로부터 멀찍이 떨어져 있는 부분(약 1000 뉴클레오타이드가 넘게 떨어져 있다)의 DNA를 절단한다. 게다가 앞서 설명한 제한효소의 특성과 달리 인식하는 염기서열이 비대칭적인 두 부분으로 구성되어 있다. 그래서 쉽게 찾을 수 없고, 또 생명공학에 이용하기 힘든 측면이 있다. 아무래도 그런 이유로 제한효소 발견과 관련한 노벨상 수상자 명단에서 빠졌을 것이다. 이렇게 특이한 제한효소가 먼저 정제되었단 게 특이하다.

우리가 잘 아는 제한효소로 맨 처음 정제된 것은 앞서 예를 들어 설명했던 2형 제한효소 HindIII다. 1970년 미국의 미생물학자 해밀턴 스미스Hamilton Othanel Smith가 헤모필루스 인플루엔자에서 추출했다.* 그리고 1971년 역시 미국의 대니얼 네이선스Daniel Nathans와 캐슬린 다나Kathleen Danna가 제한효소를 이용해 SV40이라고 하는 바이러스의 DNA를 11조각으로 절단하고 바이러스의 유전자 지도를 작성했다. 이로써 아르버의 관찰에 기초한 가설을 완벽히 증명했

---

* 바이러스를 제외한 생명체에서 전체 유전체 염기서열이 결정된 것은 2장에서 소개한 대로 크레이그 벤터에 의한 헤모필루스 인플루엔자였다. 스미스는 자신이 제한효소를 처음으로 분리하는 데 이용했던 헤모필루스 인플루엔자를 벤터가 전체 유전체 염기서열 해독의 대상으로 삼는 데 결정적인 조언을 했다.

1978년 노벨 생리의학상 수상자. 왼쪽부터 베르너 아르버, 대니얼 네이선스, 해밀턴 스미스

고, 이것을 어떻게 이용할 것인지에 대한 방법도 제시되었다. 제한효소의 초기 연구를 주도한 아르버와 스미스, 네이선스는 1978년 노벨 생리의학상을 공동으로 수상했다. 제한효소에 관한 최초의 발견, 최초의 정제, 최초의 응용에 골고루 그 가치를 인정한 것이다.

이렇게 발견한 제한효소를 생명공학에 응용할 수 있는 길을 튼 사람은 1972년 폴 버그Paul Berg였다. 그는 SV40 바이러스의 특정 DNA를 제한효소 EcoRI으로 자르고, 이것을 역시 EcoRI으로 자른 플라스미드와 연결효소를 이용해 붙인 재조합 플라스미드를 만들어 대장균에 주입함으로써 대장균이 새로운 특성을 갖도록 만들었다. 폴 버그도 이 공로로 DNA 염기서열을 결정하는 방법을 독립적으로 개발한 프레더릭 생어, 월터 길버트Walter Gilbert와 함께 1980년 노벨 화학상을 수상했다. 생명공학(과거에는 유전공학이란 말이 더 보편적으로 쓰였다)이 세균에서 발견한 제한효소에서 비롯했다고 해도 그리 과장된 말은 아니다.

세균에서 생명을 보다

크리스퍼는 세균의 후천 면역 체계

제한효소처럼 크리스퍼-카스 역시 세균의 면역 시스템이다. 제한효소가 사람으로 쳤을 때 선천면역innate immunity에 해당한다면, 크리스퍼-카스는 적응 면역adaptive immunity(또는 후천 면역)에 해당한다. 제한효소가 세균이 이전에 겪은 바이러스의 침입 경험과 상관없이 작용하는 데 반해, 크리스퍼-카스 시스템은 세균이 침입했던 바이러스 DNA 조각의 염기서열을 기억하고 있다가 같은 바이러스에 다시 감염되면 빠른 속도로 바이러스 DNA의 해당 부위를 인식해 잘라버리는 방어 체계라는 얘기다. 이런 점은 2020년 노벨 화학상을 수상한 제니퍼 다우드나Jennifer A. Doudna와 에마뉘엘 샤르팡티에Emmanuelle Charpentier의 2012년 논문에서도 확인할 수 있다. 그들은 논문 제목에 아예 '세균의 적응 면역adaptive bacterial immunity'이라는 표현을 쓰고 있다.

크리스퍼CRISPR는 'Clustered Regularly Interspaced Short Palindromic Repeats'의 약자다. "규칙적인 간격으로 짧은 회문 구조가 무리 지어 반복해서 나타나는 부위"란 뜻이다. 세균이나 고세균의 유전체에서 발견되는 DNA 서열이다. 그리고 이 크리스퍼에 상보적인 서열을 절단하는 효소를 카스Cas라고 한다. 카스는 종류에 따라 일련번호가 매겨지는데, 표적이 서로 다르다. 예를 들어, 가장 많이 알려진 Cas9은 이중 가닥 DNA를 절단하는 반면, Cas13은 단일 가닥 RNA를 절단한다.

다우드나와 샤르팡티에는 CRISPR RNAcrRNA가 바이러스의 DNA를 식별하고, Cas9이 crRNA, tracrRNA와 결합하여 식별한 바

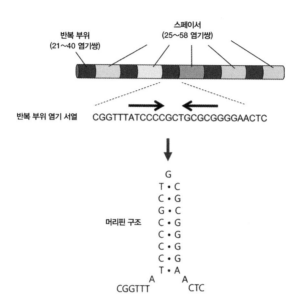

반복 부위
(21~40 염기쌍)

스페이서
(25~58 염기쌍)

반복 부위 염기 서열　CGGTTTATCCCCGCTGCGCGGGGAACTC

머리핀 구조

```
          G
      T · C
      C · G
      G · C
      C · G
      C · G
      C · G
      C · G
      T · A
   CGGTTT   CTC
       A   A
```

대장균에서 발견되는 크리스퍼 구조의 예. 반복되는 부위가 있고, 반복 부위 사이마다 스페이서 spacer가 존재한다. 반복 부위는 아래 그림처럼 염기 사이에 수소 결합이 있어 머리핀hairpin 모양 의 2차 구조를 형성한다.

이러스 DNA를 잘라내는 것을 실험적으로 확인하였다. 이에 더해 바 이러스의 DNA뿐만 아니라 결국엔 진핵생물의 세포에서도 원하는 위치의 DNA를 절단할 수 있도록 crRNA와 tracrRNA를 연결해 바 로 작동하는 방법을 개발했다. 그리고 실제로 유전자에서 절단하고 싶은 부위를 정확히 자르는 것을 보여줌으로써 '유전자 가위'를 넘어 서 간편하면서도 정확한 '유전자 편집'의 시대를 열었다. 2012년 논 문 발표 이후 다들 그들에게 노벨상이 주어지는 건 시간 문제라고 했 고, 예상대로 이 두 사람은 2020년에 스톡홀름으로부터 전화를 받았 다. 노벨상 120년 역사에서 여성 과학자만이 공동으로 수상한 첫 사

　　　　　　　　　　　　　　　　　　　　세균에서 생명을 보다

례였다.

물론 그들만이 노벨상을 받을 자격이 있는지에 관해서는 이견이 있다. 왜냐하면 다우드나와 샤르팡티에의 연구 이전에 크리스퍼-카스 시스템의 발견에 공헌한 이들이 이미 여럿 있기 때문이다.

'크리스퍼'라는 반복 서열의 발견

크리스퍼라는 반복 서열의 존재를 맨 처음 발견한 사람은 1987년 일본 오사카 대학의 이시노 요시즈미石野良純로 알려져 있다. 그는 대장균에서 *iap*라고 하는, 알칼리 인산 분해효소를 변화시키는 단백질을 암호화하는 유전자의 서열을 살펴보다가 특이한 걸 발견했다. 유전자 내부에 특이한 회문구조를 갖는 DNA 염기서열이 반복되어 있고, 그리고 회문구조 사이에는 다른 종류의 염기서열이 끼워져 있었다. 살모넬라와 같은 다른 세균에서도 같은 구조의 서열을 찾아냈지만, 그저 세균의 보편적인 특성이려니 하고 넘어가 버려 그 구조의 의미까지 알아내지는 못했다. 이시노 요시즈미는 1987년《세균학회지 *Journal of Bacteriology*》라는 미국미생물학회에서 발행하는 전통 있는 저널에 발표하는 것으로 연구를 마무리해 버렸다.

비슷한 반복 염기서열은 1990년대 초반 해양 미생물 연구자인 스페인의 프란시스코 모히카Francisco Mohica에 의해 고세균인 할로페락스 *Haloferax*에서도 발견되었다. 모히카는 이 반복 서열과 간격 서열에 어떤 중요한 생물학적 목적이 있을 거라고는 생각했지만, 당시에는 정

```
TGA|AAATGGGAGGGAGTTCTACCGCAGAGGCGGGGGAACTCCAAGTGATATCCATCATCGCATCCAGTGCGCC (1,451)
  (1,452) CGGTTTATCCCCGCTGATGCGGGGAACACCAGCGTCAGGCGTGAAATCTCACCGTCGTTGC (1,512)
  (1,513) CGGTTTATCCCTGCTGGCGCGGGGAACTCTCGGTTCAGGCGTTGCAAACCTGGCTACCGGG (1,573)
  (1,574) CGGTTTATCCCCGCTAACGCGGGGAACTCGTAGTCCATCATTCCACCTATGTCTGAACTCC (1,634)
  (1,635) CGGTTTATCCCCGCTGGCGCGGGGAACTCG (1,664)

consensus: CGGTTTATCCCCGCT GG CGCGGGGAACTC
                          AA
```

이시노 요시즈미가 찾은 *iap* 유전자에서 반복적인 회문 염기서열

확한 기능을 알아내지 못했다. 하지만 10년의 연구 끝에 이것의 기능, 즉 세균의 바이러스에 대한 방어 시스템이라는 것을 알아냈다. 'CRISPR'라는 이름을 붙인 사람이 바로 모히카와 네덜란드의 루드 얀센Ruud Jansen이었다. 얀센은 2002년 몇 종류의 진정세균과 고세균 유전체를 살펴보던 중 이시노 요시즈미가 발견한 것과 같은 특정 유전자 염기서열이 반복해서 존재한다는 것을 발견하고 CRISPR라는 명칭을 붙였고, 더불어 그 주변에 비슷한 아미노산을 갖는 단백질이 따라다닌다는 것을 알아내고는 '카스Cas'라고 불렀다. Cas란 말 자체가 'CRISPR-associated', 즉 크리스퍼와 연관되어 있다는 뜻이다. 모히카와 얀센의 연구에 이어 미국 국립생물공학정보센터의 유진 쿠닌 Eugene Viktorovich Koonin은 Cas 효소가 세균을 공격한 바이러스의 DNA 일부를 세균의 유전체에 삽입시켜 기억해 둔다는 사실을 밝혀냈다.

크리스퍼-카스 시스템에 관한 연구에서 빼놓을 수 없는 또 하나의 진전은 한 요구르트 회사에서 나왔다. 2005년 덴마크의 요구르트 회사 다니스코Danisco의 필리프 오르바트Philippe Horvath를 비롯한 연구진은 요구르트 생산에 이용되는 테르모필루스 연쇄상구균 *Streptococcus thermophilus*이라는 세균의 파지에 대한 대응을 연구하고 있었다. 세균이 보통은 파지에 취약한 데 반해, 그렇지 않은 세균이 있었던 것이

세균에서 생명을 보다

다. 그런 세균의 DNA를 자세히 분석해 봤더니 크리스퍼 부위에 세균을 공격하는 파지의 DNA 서열이 끼워져 있는 것을 알아냈다. 그리고 세균이 침입한 파지의 DNA 조각 일부를 자신의 크리스퍼의 반복서열 사이, 즉 스페이서spacer에 끼워 넣고 있다가 같은 서열을 갖는 파지가 재침입하면 크피스퍼의 스페이서에 끼워둔 파지의 DNA 서열과 비교해서 Cas 효소를 이용해 절단하는 것을 보여주었다.

그리고 마침내 크리스퍼-카스 시스템의 작동 원리를 최종적으로 규명하고, 보편적인 유전자 가위로서의 응용 방법을 제시한 사람이 바로 다우드나와 샤르팡티에다.*

다우드나와 샤르팡티에가 '발명'한 유전자 가위

프랑스의 샤르팡티에와 미국의 다우드나는 어떻게 공동으로 이 연구를 하게 되었을까? 샤르팡티에의 이름 앞에는 보통 미생물학자를 붙이고, 다우드나는 생화학자다. 둘의 연구 배경이 좀 다르다는 얘기다. 둘의 크리스퍼-카스 연구는 서로 다른 배경을 가진 연구자가 협력하

---

* 이시노 요시즈미에서 다우드나와 샤르팡티에 이르기까지 많은 연구자가 크리스퍼-카스 시스템의 정체를 밝히는 데 이바지했다. 여기에 다 소개하지 못할 뿐이다. 《셀Cell》은 2016년 '크리스퍼의 영웅들'이라는 글에서 그들을 소개하고 있다. 이것을 김홍표 교수가 《김홍표의 크리스퍼 혁명》에 잘 정리해 놓았다. 크리스퍼-카스 시스템 연구에서 일련의 과정을 보면 다우드나와 샤르팡티에가 노벨상을 받은 것은 그들이 최초로, 혹은 가장 뛰어난 연구 업적을 발표했기 때문이 아니라 어쩌면 이 모든 연구자들을 대표해서 받은 것이란 생각이 든다. 물론 그 대표성이 커다란 차이를 갖기는 하지만.

여 큰 성과를 낸 사례다.

샤르팡티에는 피에르-마리 퀴리 대학을 졸업하고 파스퇴르 연구소에서 박사학위를 받은 후 정규직으로 독립적인 연구실을 운영하기까지 25년간 무려 5개국 열 군데의 대학 혹은 연구소를 떠돌며 연구 생활을 했다. 크리스퍼-카스 시스템의 메커니즘을 발견하기 전에는 연구를 그만두고 레스토랑을 차릴 생각까지 할 정도로 힘든 시절을 보냈다.

그녀는 박사학위를 받은 후 약 2년간 미국 뉴욕의 록펠러 대학의 일레인 투오마넨Elaine Tuomanen의 연구실에서 폐렴구균의 항생제 내성을 연구했다. 그 후에는 1년 넘게 뉴욕 대학 메디컬 센터의 연구원으로 쥐에서 털의 생장을 조절하는 유전자에 관해 연구했고, 세인트 주드 어린이병원 연구소에서 1년, 뉴욕 대학의 스커볼 생체 분자 의학 연구소Skirball Institute of Biomolecular Medicine에서 2년간 연구원으로 일했다. 과학 분야에 종사하는 이들이라면, 아니 누구라도 이 경력만 보고도 그녀가 미국에서 얼마나 쉽지 않은 생활을 하면서 경력을 이어갔는지 짐작할 수 있을 것이다. 월터 아이작슨은《코드 브레이커》에서 샤르팡티에에 대해 "어느 한 곳에 뿌리를 내리거나 얽매이는 일 없이 언제든 피펫을 싸 들고 떠날 준비가 되어 있는 사람"이라며 낭만적으로 묘사했으나, 아마도 당사자는 그런 생활을 전혀 낭만적으로 여기지 않았을 게 분명하다.

2002년 그녀는 5년 좀 넘는 미국 생활을 접고 유럽으로 돌아갔다. 오스트리아 빈 대학의 미생물학 및 유전학 연구소의 실험실 책임자 겸 객원교수로 있으면서 피부감염과 함께 패혈성 인후염의 원인이 되는 화농성연쇄상구균_Streptococcus pyogenes_의 병독성 조절에 관여하는 RNA 분자를 연구하기 시작하면서 크리스퍼-카스 시스템 연구에 발을 들여놓았다. 이후 몇 군데의 대학과 연구소를 더 거치고서야 마침내 스웨덴의 우메오_Umeå_ 대학에 자리를 잡은 그녀는 2011년 크리스퍼-카스 시스템에서 아직 밝혀지지 않았던 핵심 요소인 RNA, 그녀가 tracrRNA_trans-activating CRISPR RNA_('트랜스 활성화 크리스퍼RNA'의 약자로, 트레이서 RNA라 읽는다)라 이름 붙인 분자를 발견하고 《네이처》에 발표하게 된다. 바로 이 발견으로 이 스토리의 또 다른 주인공인 다우드나와 협력 관계의 토대가 마련되었다.

샤르팡티에가 다우드나를 만난 것은 크리스퍼-카스 시스템에 관한 논문을 내고 얼마 지나지 않아서 2011년 봄 푸에르토리코에서 열린 미국미생물학회 국제학술대회에서였다. 묵고 있던 호텔 카페에서 만난 둘은 잠깐 대화를 나눈 후 공동으로 연구하기로 약속했다.

하와이 해변에서 물놀이를 즐기며 자연의 아름다움에 매료된 소녀였던 제니퍼 다우드나는 제임스 왓슨의 《이중나선》을 읽고 '여성' 과학자를 꿈꿨다. 대부분이 그렇듯이, 당시 여성은 더욱 그렇듯이, 여러 우여곡절을 겪으며 포모나 대학을 졸업하고 하버드 대학에서 박사학위를 받으면서 어린 시절의 꿈대로 과학자의 길에 접어들었다. 그의 전공은 생화학으로, 자기 복제하는 촉매 RNA(리보자임_ribozyme_이라고 한다)의 효율을 높이는 시스템 연구가 박사학위 논문 주제였다.

2002년 UC 버클리에 자리를 잡은 다우드나는 도중에 잠시 제넨테크_Genentech_라는 생명공학 회사에 몸을 담그며 샛길로 빠지기도 했지만 학교로 다시 돌아왔고, 2006년경부터 크리스퍼-카스 시스템 연

제니퍼 다우드나(오른쪽)와 에마뉘엘 샤르팡티에

구에 본격적으로 뛰어들었다. 그녀의 실험실에서는 생화학에 기반해서 Cas6의 기능을 알아내고, 구조생물학을 이용해서 구조를 밝히는 연구를 했다. 다우드나의 실험실에서도 크리스퍼-카스 시스템의 메커니즘을 완벽하게 밝혀내진 못하고 있었고, 도움이 필요했다.

푸에르토리코에서 공동연구를 약속하고 미국과 스웨덴에 있는 각자의 실험실로 돌아간 다우드나의 팀과 샤르팡티에의 팀은 스카이프로 회의하며 연구 전략을 짰다. 처음에는 crRNA와 Cas9 효소로 바이러스의 DNA를 자르려고 했지만 성공하지 못했다. 실패를 거듭한 후에야 샤르팡티에가 발견한 tracrRNA를 시험관에 넣어 보았고, 드디어 시험관에서 분해된 바이러스 DNA를 확인할 수 있었다. 그렇게 tracrRNA가 없으면 crRNA가 Cas9에 결합하지 못한다는 것을 알아냈다. 20개의 염기로 이루어진 crRNA는 비슷한 염기서열을 가진 바

세균에서 생명을 보다

이러스 DNA를 찾아내고 Cas9을 표적으로 안내하는 역할을 한다. 독립적으로 합성된 tracrRNA와 crRNA가 Cas9과 복합체를 이루어 이 복합체가 표적과 잘 결합할 수 있도록 하면, 그제서야 Cas9이 바이러스 DNA를 잘라내는 작업을 시작하는 것이었다.

그들은 크리스퍼-카스 시스템의 작동 방식을 알아냈지만, 여기서 한 발짝 더 나갔다. 사실 그 한 발짝이 커다란 진전이었다. 크리스퍼-카스 시스템의 구성요소를 다 찾고 보니, 그것으로 뭔가 더 할 수 있을 것 같았다. 즉, 어떤 염기서열의 crRNA를 넣느냐에 따라서 원하는 DNA를 잘라낼 수 있겠다는 생각이 든 것이다. 유전자 편집 도구의 발견이었다. 그리고 다우드나의 실험실에서는 이를 보다 간편하게 사용할 수 있도록 한쪽에는 crRNA가 가지고 있는 가이드 정보를, 다른 쪽에는 tracrRNA의 특성인 DNA에 결합할 손잡이 역할을 하는 RNA 분자, 즉 '단일 가이드 RNA^{single-guide RNA, sgRNA}'를 고안해서 만들어 냈다. 말하자면 크리스퍼-카스 시스템이라는 자연, 즉 세균이 가진 도구에 기초하여 다우드나와 샤르팡티에는 유전자 재프로그래밍 도구를 '발명'해낸 것이다. 2012년 이들의 《사이언스》 논문은 바로 이런 이야기를 하고 있다.

다우드나와 샤르팡티에의 논문 이후로 크리스퍼 기술은 빠르게 발전했다. 모든 생명체의 모든 유전자에서 원하는 부위를 정확히 잘라낼 수 있게 되었으니 그 응용 분야는 우리가 상상할 수 있는 모든 분야, 아니 우리의 상상을 초월한다고 할 수 있다. 특히 유전성 질환의 치료와 원하는 특성을 갖는 동물과 작물을 만들어 내는 데 많은 연구자가 뛰어들었고 하루가 멀다하고 성과를 내고 있다. 심지어는 중

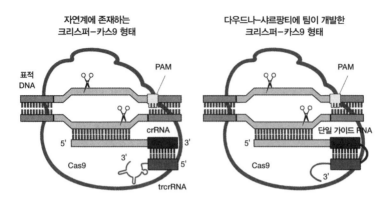

세균이 가지고 있는 크리스퍼 시스템(왼쪽)과 다우드나와 샤르팡티에가 개발한 크리스퍼 시스템 비교. 다우드나와 샤르팡티에는 crRNA와 tracrRNA를 하나의 분자인, 단일 가이드 RNA(sgRNA)로 연결해 간단하게 만들었다. PAM은 protospacer-adjacent motif의 약자로 유전체에서 Cas9이 인식하는 부위다.

국에서는 크리스퍼 기술을 활용하여 맞춤형 아기를 만들었다고 해서 과학계는 물론 사회적으로 큰 파장을 불러일으키기도 했다. 유전적으로 AIDS에 걸리지 않는 아이를 탄생시키는 것이 목적이라곤 하지만, 연구 윤리는 물론 법의 허용 범위를 넘어선 것이었다. 그 중국 연구자는 실형 선고를 받았고 감옥에 갇히기까지 했다. 그래서 앞으로 이 기술, 혹은 이 기술보다 더 진전된 기술이 어떻게 활용될 것인지에 대한 우려도 나오는 실정이다. 물론 이 기술을 제대로 활용하여 인류의 삶에 도움이 되기를 기대한다.

소통
COMMUNICATION

8

"사교적이지 않은 생물 종은 사라질 운명에 처한다."

― 표트르 크로포트킨Peter Kropotkin, 1842~1921

"미생물은 자연의 일부이며, 생물은 모든 것과의 관계를 통해서만
이해될 수 있다."

― 르네 뒤보스René Dubos, 1901~1982

존 "우디" 헤이스팅스의 1970년 쿼럼 센싱 관련 논문 첫 장(왼쪽)과 제프리 고든의 2006년 비만과 우들런드 관련 논문 첫 장

세균은 우리가 생각하는 것보다 훨씬 영리하다. 세균끼리 서로 소통하여 주변에 자신과 같은 존재가 얼마나 많이 존재하는지를 파악해서 어떻게 행동할지를 결정한다. 또한 세균은 우리가 생각하지 못했던 것에까지 영향을 미친다. 인체 내에서도 여러 기관들과 소통해 인체의 생리 작용을 조절함으로써 건강에 영향을 미친다. 여기서 소통은 은유가 아니라 실제로 일어나는 일이다.

15

세균은
서로 소통한다
우들런드 헤이스팅스의 쿼럼 센싱

"발광 세균을 플라스크에서 진탕배양했을 때, 세균이 기하급수적으로 생장하는 비교적 짧은 시간 동안 루시퍼레이스luciferase가 폭발적으로 합성되었다. 갓 접종한 세균 배양액에서는 루시퍼레이스를 합성하는 유전자가 완전히 비활성화된 것으로 보이는 반면, 세균이 생장하면서 배지의 '컨디셔닝' 효과에 의해 DNA의 전사가 활성화되어 루시퍼레이스 합성 펄스가 발생한다. 최소 배지에서 자라는 세포들에서도 발광 시스템이 폭발적으로 합성되지만, 그 합성량은 세포의 전체 양에 비해 적다. 이런 조건에서 아르기닌을 첨가하면 생물 발광이 현저하게 자극된다. 이는 생물 발광이 자체적으로 유도되거나 활성화되는 것이 아니라 이미 존재하고 있는 합성 과정을 자극하기 때문이다."

헤이스팅스의 1970년 논문
"세균 발광 시스템의 합성 및 활성에 대한 세포 수준의 제어"의 초록에서

하와이짧은꼬리오징어Hawaiian bobtail squid(학명으로는 *Euprymna scolopes*)는 하

와이 제도의 바다에서 모래밭과 해초들 사이를 오가며 산다. 이 오징 어는 저녁이 되어 어둠이 내리면 빛을 낸다. 과학자들은 이처럼 신기 한 현상이 왜 생기는지 궁금해하는 사람이면서(과학자 아니라도 궁금해할 만하다), 현상의 원인과 메커니즘을 캐는 사람이다(아마도 과학자만이 그런 일 을 한다). 과학자들은 이 신기한 오징어를 좀 더 들여다봤고, 오징어의 빛이 빛을 내는 기관, 즉 발광기관에서 나오는 게 아니라, 오징어의 밑면에 존재하는 두 개의 방房에서 오징어와 공생하고 있는 세균에 서 나온다는 것을 알아냈다. 그리고 오징어 안에 살고 있는 세균들이 자신들의 숫자가 어느 수준 이상에 도달했을 때 마치 서로 약속이라 도 한 듯 동시에 빛을 낸다는 것도 알게 되었다.

어떻게 이런 현상이 일어나는 것일까? 세균은 어떻게 빛을 내고, 또 어떻게 주변에 자신의 종족이 많이 존재한다는 걸 알아차리는 것 일까? 이런 의문을 해결하는 과정에서 과학자들은 세균이 서로 의사 소통을 한다는 사실을 알아냈다. 또한 세균의 다양한 집단적 현상이 그런 의사소통을 통해 일어난다는 것도 밝혀냈다. 이런 세균 사이의 의사소통을 '쿼럼 센싱quorum sensing'이라고 한다. 우리말로는 '정족수 인식', 혹은 '정족수 감지'라고 하는 현상으로(또는 '개체 밀도 인식'이라고도 한다), 'quorum'이란 단어가 바로 의회에서 의사 결정에 필요한 '정족 수'를 의미한다.

세균이 동시에 빛을 낼 수 있는 이유

죽은 물고기가 빛을 내는 현상은 아리스토텔레스가 기록을 남길 만큼 오래전부터 알려져 있었다. 17세기 영국의 화학자 로버트 보일Robert Boyle도 물고기의 발광 현상에 관심을 가졌는데, 화학자답게 발광 현상에 공기가 필요하다는 것을 알아내기도 했다. 1880년대 후반 라파엘 뒤부아Raphaël Dubois도 딱정벌레와 조개를 이용한 실험을 통해 산소가 존재할 때 빛이 방출된다는 것을 발견했고, 이에 필요한 물질을 루시퍼레이스와 루시페린luciferin, 즉 현재에도 사용하는 용어로 명명한 바 있다.

발광 세균의 존재는 1875년 독일의 생리학자 에두아르도 플뤼거Eduard Friedrich Wilhelm Pflüger가 처음 보고했다. 애초 포토박테리움 피셔리Photobacterium fischeri라고 명명되었던 이 세균은 나중에 콜레라균과 같은 속인 비브리오Vibrio 속으로 편입되어 오랫동안 비브리오 피셔리Vibrio fischeri란 학명으로 불렸다. 최근에 계통학적 분석에 근거해 비브리오 속이 나뉘어 새로운 알리비브리오Aliivibrio 속이 만들어지면서 이 세균은 알리비브리오 피셔리Aliivibrio fischeri로 재명명되었다. 이게 오징어에 사는 발광 세균에 대한 제대로 된 학명이다. 하지만 아직도 새로운 학명 대신에 비브리오 피셔리Vibrio fischeri라는 익숙한 학명을 쓰는 경우가 종종 있다.

그렇다면 세균은 어떻게 해서 오징어 몸속에서 동시에 빛을 내는 걸까? 여기서 특히 궁금한 것은 '빛을 낸다'는 현상보다는 어떻게 '동시에' 그럴 수 있느냐는 것이다. 우선은 외부 환경의 자극 때문에 세균이 동시에 빛을 낸다고 생각할 수 있다. 예를 들어 도시에서 저녁이 되어 어둑어둑해지면 사람들이 집의 전등을 켜는 것처럼 말이다. 세균도 환경의 변화를 감지할 수 있는 시스템을 가지고 있으니 외부의 어둠을 알아차려 그런 일을 할 수 있지 않을까? 나름 그럴듯한 생각이다.

다른 가능성도 생각해 볼 수 있다. 예를 들면, 예전에는 등화관제 훈련이라는 게 있었다. 적 항공기의 관측을 방해하기 위해 모든 집에서 특정 시간 동안 전등을 끄는 훈련을 했었다. 그런 전쟁을 대비한 훈련은 이제는 없어졌지만, 대신에 '지구의 날' 행사처럼 이벤트성으로 홍보하고, 서로 약속해서 동시에 일정 시간 전등을 끄기도 한다. 이처럼 세균도 어떤 신호를 주고받아 빛을 낼 수도 있을 것 같다. 이 생각에는 세균이 어떻게 신호를 주고받지 하는 의문이 있긴 하지만 그래도 해볼 수 있는 생각이다.

어떤 생각이 옳은지는 알리비브리오 피셔리를 액체 배양하면서 풀리기 시작했다. 조건이 동일한 상황에서 세균을 배양했을 때, 세균이 많이 존재할 때만 배양액에서 빛이 나오는 것을 발견한 것이다. 이는 세균 사이에 어떤 신호가 오가는 것이 아닌가 하는 생각을 뒷받침하는 관찰 결과였다. 처음에는 이 상황을 저해제inhibitor의 작용으로 설명했다. 즉, 개체 수가 적을 때에는 배양액에 발광 물질에 대한 저해제가 있어 빛을 내는 걸 방해하다가 개체 수가 증가함에 따라 저해제의 양이 감소하면서 빛을 내는 것으로 생각한 것이다. 하지만 1970년 하버드 대학과 우즈홀 해양 연구소 소속이던 존 우들런드 헤이스팅스John Woodland Hastings, 1929~2014에 의해 생물 발광의 메커니즘이 제대로 밝혀지기 시작했다.

"우디Woody"라는 애칭으로 불렸던 헤이스팅스는 정말 연구를 사랑했던 과학자였다. 2000년 한 강연에서 강연 제목을 '50년의 즐거움Fifty Years of Fun'이라고 한 바 있는데, 2014년 헤이스팅스가 죽고 난 후 그에 관한 회고문을 쓴 제자들은 회고문의 제

"우디" 헤이스팅스

목을 '65년의 즐거움'이라고 업데이트한 바 있다. 헤이스팅스는 과학을 '일'이 아니라 '재미있는 그 무엇'으로 봤기에 직업적인 삶과 개인적인 삶, 그리고 취미가 서로 뒤섞여 연구자로서의 삶 자체를 즐겼다. 어쩌면 그가 '빛나는 현상'에 매료되어 평생을 이에 관한 연구에 몰두한 것도 그게 신기하고 재미있는 일이라서 그랬을 것이다.

헤이스팅스는 노스웨스턴 대학과 일리노이 대학을 거쳐 1966년 하버드 대학에 자리를 잡았다. 이후 시카고 대학에서 박사학위를 취득한 케네스 닐슨Kenneth H. Nealson이 박사후연구원으로 합류하면서 오징어가, 아니 세균이 빛을 내는 현상에 관해 본격적으로 연구하기 시작했다.

헤이스팅스와 닐슨은 오징어의 발광 기관에서 자라는 세균을 액체 배지에 새로 접종하면 처음에는 30분마다 세균 수가 2배로 증가하지만 발광 현상은 배양 2시간이 지나고 5분마다 세균 수가 2배씩 증가

하는 시점 이후라야 일어난다는 것을 이미 알고 있었다. 그들은 발광 지연 현상에 관해 근본적인 이유를 알고 싶었다. 그들은 일련의 실험을 통해 원래 억제되어 있던 특정 유전자의 전사를 활성화하는 물질을 세균들이 생산해서 배지로 방출한다는 것을 알아냈고, 이 물질의 농도가 임계 수준에 도달했을 때만 발광 현상이 발생하는 것을 발견했다.* 이 임계 수준은 세균으로 보자면 밀리리터 당 약 10^{11}마리, 즉 1000억 마리의 세균 수에 해당했다.

헤이스팅스는 이 현상과 실험 결과를 보고하면서 세균들이 서로 신호를 주고받는다, 즉 의사소통의 증거라고 했다. 하지만 많은 연구자들은 헤이스팅스의 주장에 부정적인 반응을 보였고, 오랫동안 무시되었다.

세균은 어떻게 빛을 내는가

헤이스팅스의 발견이 제대로 인정받기 시작한 계기는 헤이스팅스의 논문이 나오고 10년도 더 지나서였다. 1981년 아나톨 에버하드Anatol Eberhard 등이 알리비브리오 피셔리의 발광 현상에 이용되는 물질을 분리하고 특성을 분석한 것이다. 발광 현상에서 핵심적인 물질은 N-아실호모세린락톤N-acylhomoserine lactone, AHL으로 밝혀졌다. 발광 현상

---

* 최근에는 오징어의 발광기관 형성에 알리비브리오 피셔리의 세포 표면에 존재하는 펩티도글리칸과 지질다당류lipopolysaccharide, LPS가 주도적인 역할을 한다는 것이 밝혀졌다.

이 *luxI*와 *luxR*이 조절하는 럭스 오페론Lux operon에 의한 것이란 것은 조안 엥게브레히트JoAnne Engebrecht 등에 의해 1983년에 확인되었다 (두 논문에 모두 헤이스팅스의 연구에서 제1저자였던 닐슨이 참여했다). 그리고 쿼럼 센싱이라는 용어는 1994년 피터 그린버그Everett Peter Greenberg 등에 의해 처음 도입되어 이전에 헤이스팅스가 썼던 '자가유도autoinduction'라는 다소 추상적인 용어를 대체했다.

쿼럼 센싱과 발광 단백질인 루시퍼레이스의 발현에는 *luxC*, *luxD*, *luxA*, *luxB*, *luxE* 라는 5개의 유전자로 구성된 럭스 오페론과 자가유도물질, 즉 AHL을 합성하는 *luxI*, LuxR 단백질을 암호화하는 *luxR*이 관여한다. LuxR 단백질은 *luxI* 유전자가 만들어 내는 자가유도물질인 AHL과 결합해서 활성화된다. AHL이 결합된 LuxR 단백질은 럭스 오페론의 프로모터인 Lux Box에 결합하여 럭스 오페론의 유전자들을 활성화한다. 럭스 오페론의 *luxC*, *luxD*, *luxE*는 루시퍼레이스의 기질을 만들어내고, 이 기질을 분해하여 빛을 내도록 하는 루시퍼레이스를 만들어 내는 유전자는 *luxA*와 *luxB*다.

개체 수가 얼마 되지 않아 밀도가 낮을 때는 *luxI* 유전자의 발현 수준이 낮아 AHL을 적게 만들어내고, AHL은 세포 밖으로 확산되어 버린다. AHL의 농도가 낮은 상태에서는 AHL과 결합한 LuxR 단백질도 별로 없기 때문에 럭스 오페론이 거의 발현되지 않는다.

그런데 세균 수가 많아져 밀도가 높아지면 세균이 합성하여 분비하는 AHL의 농도도 증가한다. AHL이라는 물질은 소수성hydrophobic이라 세포막 사이를 단순 확산에 의해 이동할 수 있다. 분비된 AHL이 많아지면 세균 안으로 들어오는 분자 수도 많아진다. 이에 따라

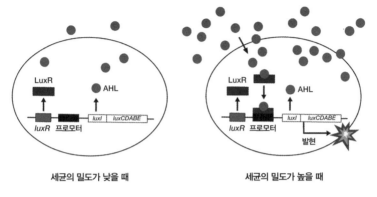

| 세균의 밀도가 낮을 때 | 세균의 밀도가 높을 때 |

알리비브리오 피셔리에서 쿼럼 센싱에 의한 발광 현상의 조절

LuxR 단백질이 AHL과 결합하여 활성화되고, LuxR과 AHL 복합체가 Lux Box, 즉 프로모터 부위에 결합하여 럭스 오페론 발현을 유도한다. 그리고 루시퍼레이스에 의해 빛을 내게 된다. 이런 연구를 통해서 쿼럼 센싱에는 루시퍼레이스라는 실질적인 발광 효소뿐만 아니라, 신호물질 합성 유전자luxI, 신호물질AHL, 신호 수용체LuxR라는 3가지 요건이 필수적이라는 것이 밝혀졌다.

발광 현상의 메커니즘이 규명되고 난 후, 1990년대가 되어서는 DNA 염기서열 분석이 쉬워지면서 luxI, luxR과 유사한 유전자가 다른 세균에도 존재한다는 사실이 밝혀졌다. 그람 음성균과 그람 양성균의 쿼럼 센싱 메커니즘이 조금 다르다는 것도 알게 되었다. 그람음성 세균은 알리비브리오 피셔리처럼 AHL을 신호물질로 사용한다. 종마다 AHL에서 아실acyl 그룹의 길이나 구조가 조금씩 다를 뿐이다. 하지만 그람 양성 세균은 올리고펩타이드oligopeptide를 신호 물질로 이용하고, 신호 물질을 분비하는 과정이나 신호를 인지하는 수용체도

세균에서 생명을 보다

그람 음성 세균과는 다르다.

쿼럼 센싱은 같은 세균 종 사이에서만 일어나는 게 아니었다. 서로 다른 종에 속하는 세균 사이에서도 일어나고, 심지어는 서로 다른 계 Kingdom, 아니 서로 다른 역 Domain에 속하는 생물 사이에서도 일어난다. 이를테면, 세균인 녹농균 _Pseudomonas aeruginosa_과 진핵생물에 속하는 곰팡이인 칸디다 알비칸스 _Candida albicans_ 사이에도 신호를 주고받는다. 생물들은 이렇게 신호를 주고받으며 군집을 유지하면서 생존 가능성을 높인다. 그래서 과학자들은 쿼럼 센싱을 세균들의 '사회성'을 의미한다고 여기고, 미생물들의 집단행동, 즉 사회적 행동을 연구하는 분야를 '사회미생물학 sociomicrobiology'이라 지칭하기 시작했다.

쿼럼 센싱이 보여 주는 세균의 사회성

세균은 쿼럼 센싱을 통해 특정 형질을 발현하는데, 가장 먼저 알려진 생물발광 말고도, 바이오필름 biofilm의 형성, 병원성 인자의 발현, 이동성 motility의 조절, 질소 고정, 포자형성 등과 같은 형질을 조절하는 데 이용한다.

우선 쿼럼 센싱은 많은 유전자의 발현에 관여함으로써 세균의 생리 현상에 중요한 영향을 미치는데, 이는 세균이 주위 환경의 변화에 적응하는 데 도움을 준다. 이런 주위 환경의 변화에는 영양물질의 부족이라든가, 다른 미생물과의 경쟁, 항생제를 비롯한 (세균의 입장에서) 유해 화합물의 증가 등이 포함된다.

쿼럼 센싱에 의해 조절되는 유전자에는 병독성virulence과 관련된 것
이 많다. 이는 쿼럼 센싱이 병원균의 감염에서 중요한 역할을 한다는
것을 의미한다. 병원균이 숙주에 침입할 때는 처음부터 많은 수가 한
꺼번에 들어오는 경우는 드물다. 그때 먼저 병독성과 관련한 물질들
을 만들어서 내보내면 숙주의 면역 시스템에 발각되어 제거될 가능
성이 크다. 따라서 숙주 내로 침입한 병원균은 일단은 병독성과 관련
한 성질을 발현하지 않고 있다가 개체 수가 충분히 많아졌을 때 동시
에 병독성 관련 물질을 만들어서 내보내게 된다. 이는 병원균 입장에
서는 매우 영리한 전략이라고 할 수 있다. 연구자들은 이와 같은 병
독성과 관련한 쿼럼 센싱의 역할을 이해하게 되면서 이를 감염을 제
어하는 데 이용하기도 한다. 즉, 세균의 쿼럼 센싱을 억제하게 되면
병원균의 병독성이 나타나지 않게 할 수 있다는 것이고, 이런 역할을
하는 물질(이를 항독력제antipathogenics라고 한다)을 많이 찾고 있다. 이를 위해
자가유도물질 유사체를 이용한 쿼럼 센싱의 교란, 자가유도물질 합
성 저해, 자가유도물질 분해를 통해 불활성화와 같은 다양한 전략이
제시되고 있다.

또한 세균에서 바이오필름의 형성이라든가, 분화와 같은 현상은
개별 세포의 독립적 활동으로 이루어질 수 없다. 그래서 이는 세균
의 집단적, 사회적 행동에 의한 것이다. 이런 집단행동의 기본 전제가
바로 쿼럼 센싱을 통한 세포 사이의 신호 전달이다. 특히 바이오필름
형성은 세균의 인체 감염에서 아주 골치 아픈 문제이기도 하다.

쿼럼 센싱의 발견과 이에 관한 연구는 아직 노벨상을 수상하지는
못했지만 꾸준히 거론되고 있다. "우디" 헤이스팅스는 2014년 세상

세균에서 생명을 보다

을 떠났기 때문에 이제는 노벨상을 받을 수 없다. 하지만 보니 배슬러Bonie Bassler, 피터 그린버그 같은 과학자들이 노벨상 후보로 물망에 오르고 있다.* 헤이스팅스의 실험실에서 박사후연구원으로 일하기도 했고, 1994년 쿼럼 센싱이라는 용어를 도입했으며, '사회미생물학'이라는 용어를 제안하기도 한 그린버그는 쿼럼 센싱에서 세균의 신호가 전달되고, 인식하는 방식을 발견했고, *luxR* 유전자의 작동 방식을 규명했다. 이 연구는 현재 서울대학교 최상호 교수가 대학원생 시절 그린버그의 실험실에서 수행한 것이기도 하다. 또한 녹농균에서 쿼럼 센싱에 의해 조절되는 유전자를 확인하였는데, 그에 따르면 전체 6000개의 유전자 가운데 300개 가량의 유전자가 쿼럼 센싱에 의해 조절 받는다고 한다.

배슬러는 박사후연구원 시절, 아직 헤이스팅스의 발견이 널리 인정받고 있지 못하던 상황에서 비브리오 하베이*Vibrio harveyi*라는 세균에서 생물발광 유전자를 조작하는 연구를 했다. 이를 통해 세균들이 서로 의사소통하면서 많은 유전자를 켜고 끄는 데 쿼럼 센싱을 이용하는 것을 알아냈다. 그리고 일련의 연구를 통해서는 붕소가 비브리오 하베이라는 세균에서 의사소통에 보조 인자로 사용된다는 것을 발견하기도 했다. 그녀는 또한 파지 등을 이용한 방법으로 쿼럼 센싱을

---

* 매년 클래리베이트Clarivate는 2002년부터 노벨상 발표 이전에 논문 인용 횟수에 근거하여 노벨상을 탈 만한 과학자들을 발표하는데, 첫 발표 이후 75명이 실제로 노벨상을 받으면서(2023년 기준) 상당히 높은 신뢰도를 쌓고 있다. 클래리베이트는 2022년 후보 명단을 발표하며 배슬러와 그린버그를 포함시켰고 "쿼럼 센싱과 화학적 커뮤니케이션 시스템을 통한 세균의 유전자 조절 연구에서 탁월한 성과를 냈다"고 했다.

무력화시켜 세균 감염을 치료할 수 있다는 것을 보임으로써 쿼럼 센싱이 단순한 관심거리를 넘어서 실질적인 응용 분야가 많다는 것을 입증했다.

오징어가 빛을 낸다든가, 그 현상이 세균에 의한 것이라든가 하는 신기한 생물의 현상에서 출발해서 세균 사이의 의사소통을 발견한 것 자체가 대단히 흥미로운 것이었다. 그런데 메커니즘과 함께, 다양한 현상에서 쿼럼 센싱이 중요한 역할을 하는 게 밝혀지면서 단순히 신기한 현상에 대한 호기심을 넘어서 산업적, 의학적으로도 매우 중요한 연구 분야가 되었다. 다른 많은 과학 분야도 그렇듯 자연 현상에 대한 호기심, 그게 꼭 어떤 응용 분야를 염두에 두지 않더라도 '재미'를 위해 연구하는 마음, 그것을 옹호하고 격려할 때, 그리고 최소한의 지원을 할 때 우리는 한 발짝씩 나아가게 되는 것이다.

세균에서 생명을 보다

16

더불어 사는
미생물

제프리 고든의 마이크로바이옴 연구

"세계적으로 퍼지고 있는 비만이라는 전염병이 체내의 에너지 균형과 관련이 있

는지, 아니면 환경적 요인이 더 중요한지를 알아내기 위한 노력이 강구되고 있다.

자발적으로 참여한 뚱뚱하거나 마른 사람은 물론이고, 쌍둥이 쥐에서 유전자 조

작으로 살찐 쥐와 날씬한 쥐를 만들어 장내 미생물 군집을 비교한 결과, 박테로이

데스*Bacteroides*와 퍼미큐테스*Fermicutes*라는, 체내에서 지배적인 두 개의 세균

군집 중 어떤 군집이 더 많은지에 따라, 그리고 두 세균 집단의 조성 변화에 따

라 비만 여부가 결정된다는 것을 밝혀냈다. 우리는 메타유전체학과 생화학적 분

석을 통해 이런 변화가 쥐의 장내 미생물 군집의 대사 잠재력에 영향을 미친다

는 사실을 알아냈다. 우리는 '비만 미생물 군집'이 ('마른 미생물 군집'에 비해)사람이

섭취한 음식에서 에너지를 얻는 능력이 더 크다는 결과를 얻었다. 심지어 이런

특성은 개체 사이에 전달될 수도 있는데, 무균 생쥐에 '비만 미생물 군집'을 이식

하면 '마른 미생물 군집'을 이식한 생쥐보다 체지방이 훨씬 많아졌다. 이런 결과

는 비만의 병리생리학적 요인에 장내 미생물 군집을 추가해야 한다는 것을 확인

시켜 준다."

대학 1학년 2학기가 시작되자 나름 고민 끝에 학생회관에 위치한 한 문학 동아리의 문을 두드렸다. 쭈뼛거리며 들어선 동아리 방은 한눈에도 난잡하기 이를 데 없었지만, 모두 흔쾌히, 아니 아주 열렬히 나를 받아줬다(나 혼자만의 기억인지도 모르겠다. 적어도 첫날 입회를 허락했고, 또 첫날 저녁엔 함께 술을 마시러 녹두거리로 나섰다). 동아리에 들어간 후, 당시 우리가 입고 다니던 '과티'가 학내에서 꽤 화제였다는 걸 알게 되었다.

지금은 대학에서 '과잠'이라 해서 점퍼(재킷)를 주로 입고 다니지만, 80년대 말, 90년대 초중반만 해도 '과티', 즉 티셔츠를 맞춰 입고 다녔다. 지금의 과잠에는 주로 학교를 나타내는 약자와 표식이 커다랗게 달려 있지만, 당시에는 학교보다 학과를 드러내는 표식이 주였다. 당시 내가 다닌 학과에서는 1학년들이 '과티'를 제작해서 과 선배와 대학원생, 교수님들께 (당연히, 가격을 조금 더 얹어서) 그걸 팔아 첫 MT 비용을 충당하는 전통이 있었다. 동기 몇몇이 박테리오파지를 형상화해 디자인한 과티에는 "더불어 사는 미생물"이라는 글귀가 커다랗게 박혀 있었다. 우리는 전혀 몰랐지만 바로 이 "더불어 사는 미생물"이라는 문구가 다른 과 학생들에게는 상당히 인상적이었던 모양이었다. 우리야 '미생물'이 '미생물학과 학생'을 의미한다고 생각했지만, 다른 과 학생들은 곧이곧대로 '미생물'이라 받아들였고, 미생물과 더불어 산다고? 좀 웃기기도 하고, 충격적(!)이기도 했던 것이다. 그때만 해도 미생물과 '더불어' 산다는 게 일반적으로 받아들여지던 생각은 아니었다. 지금은 상식이지만 말이다.

대학 1학년 시절의 저자. 입고 있는 티셔츠의 가슴 부위에 "더불어 사는 미생물"이라는 문구가 선명하다.

의도한 바는 아니었지만, '더불어 사는 미생물'이란 문구만큼 마이크로바이옴microbiome의 개념을 잘 요약하는 말도 없는 듯하다. 요즘에는 마이크로바이옴이라는 용어를 정말 쉽게 접할 수 있다. 광고에서도 많이 언급되고, 유산균 음료는 물론 화장품과 마스크팩도 마이크로바이옴 기술로 개발했다는 것을 강조한다. 덕분에 과학자뿐 아니라 일반인도 마이크로바이옴이라는 용어에 상당히 익숙하다. 마이크로바이옴과 관련하여 우리의 건강이나 생활에 영향을 줄 만한 전문적인 내용이 TV 프로그램이나 신문에 가끔 소개되기도 한다. 장 속에 사는 미생물이 비만에도 영향을 미치고, 면역력, 혈당은 물론 정신질환과도 관련이 있다는 연구 결과가 보도되기도 한다. 병원에서는 장염 환자에게 건강한 사람의 장내 미생물을 넣어주기 위해 '분변 미생물 이식fecal microbiota transplantation, FMT'(요즘은 세균요법bacteriotherapy이라고도 한다)이 시행되고 있고, 제약회사와 생명과학 벤처에서는 건강음료를 넘어 마이크로바이옴에 기반한 약까지 개발하고 있다. 이제는 세균은 무조건 해롭다는 인식은 조금씩 사라지고, 우리 몸속에 유익균과 유해균이 함께 존재하고 있으며, 유익균이 많아야 한다는 것 정도는 상식이 된 듯하다. 우리는 미생물과 더불어 살고 있다!

마이크로바이옴이라는 용어가 넘쳐나는 가운데, 과학 용어가 이렇게 일반적인 용어가 된 것은 반가운 일이지만, 과학적 이해보다는 대중의 심리에 편승한 장삿속이 도를 넘어 사회에 나쁜 영향을 끼치는 것은 우려스럽기도 하다. 어려운 말을 쓰면 뭔가 있어 보여선지, 잘 모르는 사람은 그런 말에 쉽게 현혹된다. 그런데 마이크로바이옴에 관해 설명하려다 보니, 너무나 다양한 방향으로 뻗어 나가 손대지 않은 곳이 없었다. 그에 따라 전문가들도 세분화되어 이 분야의 전모를 모두 파악하는 게 쉽지 않은 실정이 되었다. 그래도 마이크로바이옴의 기본 개념과 중요한 연구 성과, 가능성과 한계만이라도 안다면, 광고라든지, 매체에서 언급할 때 무슨 의미인지 정도는 파악할 수 있지 않을까 싶다. 현대 과학의 중요한 분야, 그리고 앞으로 더욱 중요해질 분야에 대해 조금은 더 이해할 수 있을 것이다.

미생물과 우리 몸 대사 활동의 상호작용

앞서 소개한 쿼럼 센싱을 세균 사이의 의사소통이라고 한다면, 마이크로바이옴은 미생물과 우리 몸의 대사 활동 사이의 의사소통이라고 할 수 있다. 마이크로바이옴이라는 용어 자체는 1988년 존 휩스 John M. Whipps와 그의 동료들이 '뚜렷한 물리-화학적 특성이 있으면서 잘 정의된 영역을 차지하고 있는 특정 미생물 군집'이라는 의미로 정의하면서 사용한 것이 최초다. 그들은 마이크로바이옴이라는 용어를 생태학적 의미에서 사용한 셈인데, 이런 의미라면 마이크로바이옴 연구는 1800년대 우크라이나 출신의 과학자 세르게이 비노그라드스키Sergei Winogradsky, 1856~1953까지 거슬러 올라간다고 할 수 있다.

비노그라드스키는 연못에서 진흙을 퍼와 투명한 시험관에 넣어 밀봉했더니 여러 종의 세균이 층을 이뤄 살아가는 것을 발견했다. 이른바 '비노그라드스키 칼럼Winogradsky Column'이라고 하는 것으로, 영양분이 충분한 진흙에서 다양한 세균이 탄소, 수소, 황, 산소 등 자신이 이용할 수 있는 에너지원에 따라 서로 다른 층에서 살아가는 것을 말한다. 그것은 세균을 한 종 한 종 개별적으로 파악하는 것이 아니라 전체적으로 파악하고자 한 선구적인 연구였다. 다만 요즘 핫한 주제로서 인체 내에서 각종 질병 및 대사 활동과 관련한 미생물 군집에 관한 연구라는 의미에서의 마이크로바이옴과는 조금 거리가 있다.

사람의 건강과 관련한 마이크로바이옴 연구의 선구자로는 일리야 메치니코프Élie Metchnikoff, 1845~1916를 꼽는 이들이 많다. 메치니코프는 면역에 관한 선구적인 연구로 1908년 독일의 파울 에를리히Paul Ehrlich, 1854~1915와 노벨 생리의학상을 공동 수상했다. 에를리히를 비롯한 독일의 코흐연구소에서는 면역의 기본이 항체에 의한 것이라고, 즉 후천면역이라고 주장했고, 프랑스 파스퇴르 연구소의 메치니코프는 대식세포를 발견하여 지금으로 말하자면 선천면역이 면역의 주된 기능이라고 주장했다. 노벨상 선정위원회는 이 두 주장 중 어느 한쪽의 손을 들어주는 대신 둘에게 공동수상의 영예를 줌으로써 절충적이지만 매우 합리적이고 옳은 선택을 했다.

　그런데 메치니코프라는 이름은 우리나라에서는 다른 이유로 더 많이 알려져 있다. 바로 그의 마이크로바이옴에 관한 선구적인 연구 덕분에 '메치니코프'라는 이름을 유산균 음료의 상표명으로 쓰고 있는 것이다. 그는 면역 연구와는 별개로 불가리아의 농부들이 장수하는 이유를 '불가리스'라고 하는 세균(현재의 학명은 *Lactobacillus delbrueckii* subsp. *bulgaricus*)을 포함하는 요구르트를 즐겨 먹기 때문이라고 생각했고, 죽을 때까지 시큼한 요구르트를 마셨다고 한다. 메치니코프는 일흔이 넘은 나이에 죽었기 때문에 당시의 기준으로는 단명했다고는 할 수 없지만, 그의 바람만큼이나 오래 산 것도 아니었다. 여하튼 지금의 용어로 하자면 '프로바이오틱스probiotics'*라 할 수 있는 '오르토비오시스orthobiosis'라는 개념을 도입한 사람이 바로 메치니코프였는데, 오랫동안 잊혔다 1990년대 중반 이후에 이 개념이 마이크로바이옴과 관련되어 재조명되고 있다.

　그런데 이전부터 있던 마이크로바이옴이라는 용어를 사람의 건강이나 질병과 관련해서 많은 연구자와 대중에게 인식시킨 사람은 11장의 주인공 조슈아 레더버그라고 할 수 있다. 그는 "마이크로바이옴이란 공생하거나 질병을 일으키는 미생물로 우리 몸 안에 공존하지만, 건강과 질병의 요인으로는 거의 무시되어온 생태 군집"이라고 했

---

* '프로바이오틱스'란, '적절한 양을 투여했을 때 숙주에게 건강상의 이점을 주는 살아있는 미생물'을 말한다. 이와 비슷한 용어로 '프리바이오틱스prebiotics'가 있는데, 이는 말 그대로 '생명 이전의 것'이란 뜻이고 세균의 먹이가 되는 것을 말한다. 즉, 인체 내의 미생물 균형을 유지하기 위해 사용하는 섬유질을 가리킨다.

다. 하지만 레더버그는 그와 관련한 연구를 수행했던 것은 아니기 때문에 마이크로바이옴 연구와 관련해서는 큰 지분을 갖는다고 평가받지는 못하고 있다.

내가 뚱뚱한 게 장내 세균 때문이라니

이처럼 마이크로바이옴과 관련된 결정적 시점에 관해서는 오래전의 연구부터 최근의 연구까지 어떤 연구를 선택해야 할지 의견이 상당히 크게 갈린다. 2019년 《네이처》는 인간 마이크로바이옴 연구와 관련해 이정표가 된 연구들을 소개하고 있는데(https://www.nature.com/immersive/d42859-019-00041-z/index.html), 이를 2000년대 이전까지로 한정해서 살펴보면 다음과 같다.

1944년 혐기성 세균의 배양

1958년 *Clostridioides difficile* 감염 치료를 위한 분변 미생물 군집 이식

　　　　 – 앞서 얘기한 '분변 미생물 이식'이 바로 여기서 시작되었다.

1965년 무균 동물에 장내 미생물 이식

1972년 미생물 군집이 약물의 신진대사에 미치는영향 연구

1981년 생애 초기 미생물 군집의 변화 연구

1996년 염기서열에 기초한 인체 관련 미생물 군집 동정 연구

　　　　 – 이 연구는 앞에서 본 칼 우즈의 연구에 힘입은 바가 크다. 칼 우즈는 생명체의 분류를 찾기 위해 세균의 경우 16S rRNA (진핵생물

1998년 성인에서 미생물 군집의 안정성과 개별성에 관한 연구

2000년 이후부터는 인체 마이크로바이옴과 관련한 연구의 목록이 상당히 촘촘해진다. 세균뿐만 아니라 곰팡이와 바이러스를 포함한 연구, 미생물 군집에 의해 점막의 면역이 조절된다는 연구, 음식에 의해 장내 미생물 군집이 바뀌며 이것이 대사 활동에 영향을 준다는 연구, 미생물 군집 이식으로 사람의 특성이 바뀔 수 있다는 연구, 항생제 사용이 미생물 군집에 변화를 주며 이것이 건강에 영향을 준다는 연구, 인체 내 미생물 군집에 따른 약의 효과에 관한 연구 등 굵직굵직한 것만 추렸는데도 마이크로바이옴 연구의 발전 속도가 매우 빠르다는 것을 알 수 있다.

그런데 과학자 사회는 물론 대중들에게 마이크로바이옴 연구로 깊이 각인된 연구는 아무래도 제프리 고든Jeffrey Gordon, 1947~ 의 2006년 장내 마이크로바이옴의 비만 관련 연구가 아닐까 싶다. 여기서는 제프리 고든의 연구를 통해 마이크로바이옴 연구가 어떤 식으로 이루어지는지 한번 살펴보자.

시카고 대학교 의과대학을 졸업한 고든은 소화기내과 의사 수련을 받았지만, 진료보다 연구에 관심이 더 많았다. 워싱턴 주립대학에 임용된 이후 초기에는 위장관 내 세포의 발달을 주로 연구했다.

세균에서 생명을 보다

유전자 변형 마우스와 생화학
적 기법을 결합한 연구였다. 그
러다 1990년대 중반 이후 숙주
의 장내 상피에서 특정한 반응
을 유도하는 공생 미생물 군집
에 관한 연구로 연구 주제를 바
꾸었다. 2001년에 박테로이데
스 테타이오타오미크론*Bacteroides
thetaiotaomicron*('B-theta'라고도 한다)이

제프리 고든

라는 장내 혐기성 세균이 인체
내에서 다양한 기능의 유전자 발현을 조절한다는 사실을 밝혀냈다.
이외에도 요로감염 대장균, 헬리코박터 파일로리, 리스테리아균*Listeria
monocytogenes*과 같은 병원균과 사람 상피세포의 상호 작용에 관해 여러
연구 결과를 발표했다. 그리고 2006년 비만이 장내 서식하는 세균의
종류에 따른 것이라는 매우 흥미롭고, 충격적이고, 또 내심 기대를 품
게 하는 연구 결과를 발표하게 된다.

우선 고든의 연구 그룹은 무균 쥐에 보통의 쥐에서 얻은 미생물 군
집을 이식하면 먹이를 덜 먹는데도 체지방이 급격히 증가한다는 것
을 발견했다. 그들은 이런 변화가 쥐가 소화할 수 없는 식이성 다당
류가 미생물에 발효되어, 단당류나 짧은 사슬 지방산으로 장에 흡수
되고, 이들이 간에서 보다 복잡한 지질로 전환되어, 지방세포에 지질
이 축적되는 것이 촉진되는 일련의 과정에 의해 일어난다고 여겼다.
그리고 이를 분명하게 증명하고자 했다. 그들은 렙틴leptin이라는 호

르몬을 만들지 못하게 하는 방식으로 비만 모델의 쥐를 만들었다. 렙틴은 체내에 지방이 충분히 있으면 이를 인식해서 식욕을 감퇴시키는 호르몬인데, 비만 쥐의 경우에는 렙틴을 만드는 유전자에 돌연변이가 생겨 뇌가 배부르다는 인식을 하지 못해 끊임없이 먹어대기 때문에 정상적인 쥐보다 세 배나 무거운 뚱보 쥐가 된다(렙틴과 반대로 식욕을 촉진하는 호르몬도 있는데, 그렐린ghrelin이라고 한다).

고든과 그의 연구팀은, 그렇게 만든 비만 모델의 쥐와 날씬한 쥐의 장내 세균 분포를 조사했다. 이때 쓴 방법이 바로 앞서 소개했던 칼 우즈와 크레이그 벤터의 연구에 바탕을 둔 것이었다. 즉, 세균을 동정하는 데 16S rRNA 유전자의 염기서열을 이용했으며, 크레이그 벤터가 개발한 샷건 방식의 염기서열 결정 방식을 활용해서 장내 세균의 종류를 판별했다.

그들은 쥐의 장에 존재하는 주요 세균 그룹의 비율이 뚱뚱한 쥐와 마른 쥐 사이에 서로 다르다는 것을 확인했다. 쥐의 장내에는 박테로이데테스Bacteroidetes(의간균이라고도 한다)와 퍼미큐테스Firmicutes(후벽균이라고도 한다)*라고 하는 두 개의 세균 그룹이 대부분(거의 90퍼센트)을 차지하고 하는데, 뚱뚱한 쥐에는 퍼미큐테스에 속하는 세균이 상대적으로 많이 존재했으며, 이는 사람을 조사했을 때도 마찬가지였다. 이를 바탕으로 일단은 세균의 조성이 비만과 매우 밀접한 관련이 있다는 결론을 내릴 수 있었다.

---

* 박테로이데테스 또는 의간균을 '날씬균', 퍼미큐테스 또는 후벽균을 '뚱보균'이라고도 부른다. 이런 용어는 이해하기는 쉬울지 모르지만, 세균의 특성을 지나치게 단순화한 용어라 생각한다.

그런데 여기서 연구를 그치면, 피상적인 현상만 기술하고 중요한 핵심을 놓치는 격이다. 비만 쥐나 살찐 사람에게서 나타나는 세균의 조성이 과연 비만의 원인인지 결과인지를 밝혀야 했다. 즉, 단순한 상관 관계인지, 아니면 인과 관계가 있는 것인지가 중요했다. 이를 밝히기 위해 비만 쥐와 날씬한 쥐의 장내 세균을 각각 서로 다른 무균 쥐에 넣어주고, 똑같은 조건에서 키우면서 똑같은 종류와 양의 음식을 먹였다. 그렇게 14일 동안 쥐들의 변화를 관찰했다. 단 2주였지만 결과는 분명했다. 비만 쥐의 미생물 군집을 이식받은 쥐는 뚱뚱해졌고, 날씬한 쥐의 미생물 군집을 받은 쥐는 그렇지 않았다.

이는 장내 세균의 조성이 쥐에서 비만의 '원인'이라는 것을 강력하게 가리키는 결과였다. 분변 미생물 이식을 통해서 비만 형질이 개체 사이에 전달될 수 있다는 것도 의미했다. 굉장히 의미심장한 결과였다. 사람에게서도 마른 사람의 미생물 군집을 이식하면 뚱뚱한 사람도 굳이 그 괴로운 다이어트라는 과정을 견디지 않더라도 체중을 뺄 수 있다는 얘기가 아닌가? 단순한 관찰을 넘어서 현대인의 가장 큰 고민 중 하나를 해결할 수 있다는 희망을 안겨주는 결과였다. 여기서 왜 고든의 연구가 과학적 측면뿐 아니라 대중적인 영향 면에서 이정표가 되는 연구인지를 알 수 있다.

고든의 연구팀은 여기에 머무르지 않고 더 나아갔다. 의욕 있는 과학자라면 왜 그런 일이 벌어지는지 심층적인 원인을 밝히고자 하는 법이다. 도대체 세균이 몸속에서 하는 일이 어떻길래 살찌게 하는 것일까? 이 질문에 대한 답은 세균의 생리에서 나왔다. 퍼미큐테스에 속하는 세균은 박테로이데테스에 속하는 세균보다 동일한 기질에서

고튼의 논문이 실린 2006년 12월 21일 자 《네이처》 표지

더 많은 에너지를 뽑아낸다. 즉, 똑같은 먹이 혹은 음식을 먹더라도 퍼미큐테스의 세균이 많다면 더 많은 열량을 숙주, 그러니까 쥐나 사람에게 전달해 주는 셈이다. 만약 신석기 시대와 같이 음식이 충분하지 않았던 시대라면 더 할 나위 없이 고마운 세균이었을 퍼미큐테스가, 먹을 것이 넘쳐나는 현대의 선진국에서는 쓸데없이 고효율을 발휘하는 세균이 되어 버린 것이다.

물론 장내 마이크로바이옴'만'이 비만을 결정하는 요소는 아니다. 그렇지만 무시할 수 없는 중요한 조건인 것만은 분명하다. 예를 들어 퍼미큐테스가 많은 사람 A가 그렇지 않은 사람 B에 비해 똑같은 음식에서 5퍼센트의 열량을 더 많이 얻어낸다고 해보자(실제로는 차이가 더 많이 나서 10퍼센트 이상 차이 나는 경우도 있다). 둘 다 하루에 2000칼로리에 해당하는 음식을 섭취한다고 했을 때, A는 B보다 100칼로리의 열량을 더 흡수하는 셈이다. 100칼로리의 추가 열량이면 1시간 이상 운동을 해야만 소모할 수 있는 양이다. 모든 조건이 같다는 걸 전제로 할 때 1년이 지나면 이 추가 열량은 고스란히 약 5킬로그램의 체중 증가로

세균에서 생명을 보다

이어진다. 단지 내 몸속에 있는 세균의 차이 때문에.

이런 놀라운 내용을 담은 고든의 논문은 당시 《네이처》의 표지 논문으로 소개되었고, 이후 이어진 여러 비만과 영양실조의 마이크로바이옴 관련성 연구의 시발점이 되었다.

장을 넘어 뇌로 넓혀진 마이크로바이옴 연구

비만과 미생물 군집의 연관성에 관한 연구는 고든 그룹뿐 아니라 많은 연구팀으로 이어졌다. 대표적으로, 식단이 체내 마이크로바이옴을 변화시키는데, 고섬유질 식단은 몸속에 프레보텔라*Prevotella*나 자일라니박터*Xylanibacter* 속에 속하는 세균이 자랄 수 있는 환경을 제공하고, 이런 세균은 짧은 사슬 지방산을 증가시켜 대사 질환을 감소시킨다는 것을 밝혀내기도 했다. 이는 이탈리아 피렌체에 사는 아이들과 아프리카 부르키나파소에 사는 아이들의 식단과 마이크로바이옴을 비교한 결과에서도 그대로 확인되었다.

이어진 연구에서는 한 세균 종*species*이 비만과 관련이 있는 것으로 특정되기도 했다. 바로 아커만시아 뮤시니필라*Akkermansia muciniphila*라고 하는 세균이다. 여러 연구 그룹에서 이 세균 종을 연구했는데, 여기에는 우리나라 경희대학교의 배진우 교수팀도 기여했다.

'뮤시니필라'라고 하는 이름 자체가 장 내벽의 점액질*mucin*을 좋아해서 그곳에서 살아가는 세균을 말하는데, 이 세균이 체내에 적게 존재할수록 체질량지수가 높아진다. 마른 사람의 경우에는 이 세균이 차지하는 비율이 많게는 4퍼센트까지 이르지만, 비만인 사람에게는 거의 존재하지 않는다. 아커만시아는 장의 점액질층에 서식하면서 장 내벽 세포를 자극하여 점액질을 더 많이 만들어내도록 하는데, 점액질층은 병원균의 외막에 존재하는 LPS lipopolysaccharide(지질다당류)가 혈관으로 침투해서 질병을 일으키는 것을 방어하는 일종의 보호막이라고 할 수 있다. 아커만시아가 적을수록 점액질층이 얇아져서 LPS가 혈관으로 더 많이 들어가게 된다. 세균의 LPS는 체내에서 지방세포의 분열을 방해해서 지방이 에너지로 소비되지 않고 지방세포에 더 많이 저장되도록 하는 역할을 하는데, 바로 이 때문에 체중이 증가하는 것이라고 설명한다. '아커만시아라는 세균의 부족하면 점액질층이 줄어들어 LPS의 혈관 침투가 증가해 체중이 늘어난다'는 일련의 사건이 연쇄적으로 일어나는 것이다.

비만이 많은 대사질환과 연관이 있다는 것은 잘 알려진 사실이다. 따라서 체중 증가와 관련이 깊은 아커만시아가 대사질환과도 관계가 있을 거라는 짐작은 충분히 가능하다. 배진우 교수팀은 당뇨와 아커만시아의 연관성을 연구했다. 그들은 쥐에게 고지방식을 먹여 비만이 되게 한 다음, 대표적인 당뇨약인 메트포민metformin을 투여하고 장내 미생물 군집의 변화를 조사했다. 아니나 다를까(물론 당시에는 예측할 수 없었지만), 아커만시아 뮤시니필라가 다른 세균에 비해 월등히 늘어났다는 사실을 발견했다. 그리고 아커만시아를 키운 배양액을 비만이 된 쥐에게 먹였더니 메트포민과 같은 효과를 보였다. 쥐의 혈당량이 현저하게 줄어들고 체내 염증도 감소했다. 식물성 섬유질 식단이 왜 체중 조절과 당뇨 예방에 좋은지, 그 이유의 일부가 밝혀진 것이다.

아커만시아가 그런 식단을 좋아하는 것이다.

비만이나 당뇨와 같은 대사질환뿐 아니라 많은 질환이 마이크로바이옴과 관련이 있다는 연구가 쏟아지고 있다. 그중 대표적인 것이 뇌와 관련된 것이다. 우선 비만과 관련해서도, 위나 장에 서식하는 세균이 만들어 내는 물질이 뇌에 화학적 신호를 보내 우리의 식욕에 영향을 준다. 즉, 우리가 먹는 것이 미생물에 영향을 주고, 미생물이 먹는 것이 우리가 어떤 것을 먹을지에 영향을 주는, 서로가 서로에게 영향을 주는 강력한 순환 고리가 형성되어 있는데, 그 과정에 뇌가 관련되어 있다. 하지만 이런 간접적인 영향뿐 아니라 세균이 직접적으로 각종 뇌 질환과 관련이 있다는 연구도 속속 발표되고 있다.

그중 첫 번째가 자폐 스펙트럼 장애다. 인플루엔자나 홍역 같은 감염증에 걸린 임산부가 자폐 스펙트럼 장애나 조현병을 앓는 자식을 낳을 확률이 높다는 관찰 결과가 있다. 그리고 자폐 증상을 보이는 쥐와 자폐아가 설사나 소화관 장애를 앓는 경우가 많은데, 쥐와 자폐아의 장내 마이크로바이옴을 조사해 본 결과 서로 비슷하다는 결과도 있다.

그런데 박테로이데스 프라질리스*Bacteroides fragilis*(흔히 B-frag라고 한다)라는 세균을 자폐 쥐에게 먹였더니 자폐 증상이 상당히 완화되는 걸 확인한 것이다. 박테로이데스 프라질리스는 앞서 언급했던 박테로이데스 그룹에서도 대표적인 세균 종으로, 세포 표면에 존재하는 다당체 A polysaccharide A, PSA라는 당 분자를 통해 도움 T 세포 Th cell의 수준을 유지하는 데 중요한 역할을 한다. 그래서 면역 장애를 치료할 수 있는 세균으로도 알려져 있다.

이 연구를 수행한 폴 패터슨Paul Patterson은 신경과학자로, 그는 임신한 쥐에게 세균이나 바이러스 유사체를 주사하여 어떤 영향이 있는지 알아보는 실험을 했다. 그는 임신했을 때 마이크로바이옴이 변해 소화관 투과성이 증가했고, 그에 따라 장내에 비정상적인 세균 군집이 형성되면서, 이 세균이 만들어낸 화학물질이 혈류를 통해 뇌까지 침투해 비정상적인 행동, 즉 자폐 증세를 보인다고 설명했다. 그리고 그 주범이 되는 화학물질로 4-에틸페닐설페이트를 지목했다. 그는 실험 쥐에게 박테로이데스 프라질리스를 먹였을 때 소화관의 투과성이 감소하고, 4-에틸페닐설페이트가 뇌로 이동하는 것이 차단되는 것을 확인했다. 패터슨의 이른 죽음 이후 그의 연구를 이어받은 동료들의 후속 연구에서는 자폐 스펙트럼 장애 아이에게서 채취한 장내 미생물을 쥐에게 이식한 결과 쥐에서 사회성 부족과 같은 자폐 증상이 나타났다.

마이크로바이옴은 자폐에 이어 알츠하이머와의 연관성도 주목받고 있다. 알츠하이머 환자와 건강한 사람 수천 명을 대상으로 장내 마이크로바이옴을 연구한 결과, 알츠하이머의 위험도를 높이는 세균과 낮추는 세균이 존재한다는 것을 발견했다. 알츠하이머의 위험도와 연관이 깊은 물질은 중추신경계에서 콜레스테롤과 같은 지방의 운반을 돕는 단백질인 아포리포단백질 E apolipoprotein E, APOE로 알려져 있다. 알츠하이머 환자에게 많이 존재하는 콜린셀라Collinsella 같은 세균은 혈중 총 콜레스테롤 농도와 저밀도 지단백LDL, low-density lipoprotein 콜레스테롤의 농도를 높이는 역할을 하여 APOE와 관련이 있다. 또한 알츠하이머 환자의 경우 앞서 얘기한 세균 표면 분자인

LPS가 정상인보다 혈액에 3배나 많다는 데이터 역시 세균이 알츠하이머와 관련이 있음을 시사한다. 아직은 인과 관계를 증명하지는 못했지만, 적어도 상관 관계는 있는 셈이다.

과거에는 뇌가 몸의 모든 부분을 관장한다는 것이 상식이었지만, 지금은 이런 상식이 위협받고 있다. 이른바 '장-뇌 축gut-brain axis'이라고 언급되는데, 장과 뇌 사이의 관계가 한 방향이 아니라 양방향 커뮤니케이션의 관계라는 것을 의미한다. '육감gut feeling'이라는 말이 근거가 있단 얘기다. 그리고 이제는 장내 마이크로바이옴이 장-뇌 축의 중요한 구성 요소라는 것이 상식이 되어가고 있다.

퓰리처상을 수상한 과학 저널리스트 에드 용는《내 속엔 미생물이 너무도 많아》에서 마이크로바이옴과 관련된다고 언급된 질병을 수십 가지 나열하면서, 비만이나 고든 팀이 연구한 말라위 아이들의 단백열량부족증, 염증성 장질환 알레르기 정도를 제외하면 대부분은 인과 관계가 아닌 상관 관계에 머물러 있다고 지적한다. 일부 업체나 연구자들이 마이크로바이옴 기반한 제품이 마치 모든 것을 해결해주는 것처럼 홍보하지만, 아직은 갈 길이 멀다고 볼 수 있다. 하지만 마이크로바이옴 연구는 분명 지금까지 우리가 생각해왔던 세균을 비롯한 미생물의 역할을 다시 인식하게 했으며, 많은 질병에 대해서도 새로운 관점을 갖도록 했다. 그리고 이를 극복할 수 있는 또 하나의 방식을 제시하고 있는 것만은 확실하다.

좀 부담될지도 모르지만, 다음 문제를 한번 풀어보자. 2021학년도 대학수학능력시험 생명과학I의 3번 문제다.

표 (가)는 사람의 5가지 질병을 A~C로 구분하여 나타낸 것이고,
(나)는 병원체의 3가지 특징을 나타낸 것이다.

구분	질병
A	말라리아
B	독감, 홍역
C	결핵, 탄저병

(가)

특징
• 유전 물질을 갖는다.
• 세포 구조로 되어 있다.
• 독립적으로 물질대사를 한다.

(나)

이에 대한 설명으로 옳은 것만을 〈보기〉에서 있는 대로 고른 것은?

① ㄱ ② ㄷ ③ ㄱ, ㄴ ④ ㄴ, ㄷ ⑤ ㄱ, ㄴ, ㄷ

이 문제에 대해 나름대로 설명해보겠다.

표 (가)에서 A의 질병인 말라리아는 원생생물에 의한 질병이다. B의 독감과 홍역은 모두 바이러스에 의한 질병이고, C의 결핵과 탄저병은 세균에 의한 질병이다(참고로 모두 본문에서 얘기한 코흐가 발견한 병원균에 의한 질병이다). 이번에는 표 (나)를 보자. 먼저 바이러스를 포함한 모든 생명체는 DNA나 RNA와 같은 유전 물질을 가지고 있다. 다음은 세포 구조와 독립적인 물질대사인데, 이것은 원생생물이나 세균에는 해당되지만, 바이러스에는 해당되지 않는다. 바이러스는 세포 구조가 아니라 단백질로 되어 있는 표피 안에 유전 물질이 들어있으며, 물질대사도 스스로 하지 못해 숙주의 기관을 이용해야 한다.

그렇다면 이제 〈보기〉의 답도 찾을 수 있다. ㄱ에서 말라리아의 병원체는 원생생물에 속한다. 곰팡이는 균류이고, 말라리아의 병원체는 곰팡이가 아니다. ㄴ에서 독감의 병원체는 바이러스이므로 세포 구조로 되어 있지 않다. ㄷ에서는 C의 병원체, 즉 세균은 표 (나)의 특징을 모두 갖는다. 그렇다면 옳은 것은 ㄷ뿐이니까, 정답은 ②이다. 생명과학을 제대로 배우지 않은 학생이라면 모를까, 수능 준비를 한 학생이라면 아마도 그렇게 어려운 문항으로 여겨지는 않았을 것 같다.

대입 수험서도 아닌 책에서 왜 골치 아프게(?) 수능 문제를 꺼냈을까? 바로 세균과 바이러스의 차이를 좀 설명해보고 싶어서다.

나는 이 책에서 고집스럽게 '세균'이라는 용어를 썼다. 사실 나도 강의할 때나 편한 자리에서는 박테리아bacteria란 말을 쓰기도 한다. 그렇지만 웬만하면 세균이란 말을 쓰려고 한다. 왜냐하면 적지 않은 사람들이 세균을 바이러스와 헷갈리기 때문이다. 이 단어를 영어로 쓰면, bacteria와 virus로 매우 달라 보이지만, 우리말로 쓰면 박테리아와 바이러스, 아마도 같은 'ㅂ'자로 시작하는 단어여서 그런지, 어쩐지 뜻도 비슷한 듯도 하다. 주변에 얘기해도 둘이 비슷한 거 아니냐고 한다. 차이를 얘기할라치면 사람 아프게 하는 점에선 그게 그건데 왜 그렇게 어렵게 구분하려 하냐며 통박을 주기도 한다. 그래서 말이라도 크게 다르면 이 둘을 다르게 생각하지 않을까 싶어, 나는 굳이 세균이라는 단어를 쓴다.

그럴 수밖에 없는 것이, 앞의 수능 문항에서 분명하게 정답이 나오듯 세균과 바이러스는 정말 다른 존재다. 그런데 둘의 차이를 설명하기 전에 우선 미생물microorganism 또는 microbe이라는 용어에 대해서 먼저 설명해야 할 것 같다. 말 그대로라면 미생물微生物은 아주 작은 생물, 즉 눈에 보이지 않는 생물을 의미한다. 물론 틀린 말은 아니다. 그렇지만 보통 미생물에 포함해서 다루는 것들을 보면 좀 생각이 달라진다. 미생물 하면 세균을 떠올리는 것은 당연하다. 하지만 미생물에는 곰팡이나 버섯과 같은 균류菌類, fungi는 물론이고, 원생생물protista 과 미세 조류藻類, algae도 포함된다. 이렇게 따지면 미생물을 처음 관찰해서 보고한 사람은 레이우엔훅의 발견을 적극 옹호하여 왕립학회

세균에서 생명을 보다

회지에 논문을 싣게 한 로버트 훅이 된다. 그는 《마이크로그라피아 *Micrographia*》란 책에서 현미경을 통해 본 세계를 맨 처음 보고했다. 어쨌든 식물 같은 버섯이나 조류, 동물 같은 원생생물이 미생물로 불린다는 얘기다. '진핵미생물eukaryotic microorganisms'이라는 다소 애매하지만, 정확한 용어를 쓰기도 한다. 이렇듯 미생물이란 용어는 다소 넓은 범주의 생물을 포함하고, 또 좀 애매하다. 미생물의 범위가 어찌되었든 미생물의 가장 분명하고 대표적인 예가 세균이란 점만은 틀림없다.

　바이러스가 생물인지 아닌지에 관해 오랫동안 논쟁이 있어 왔고, 아마도 결론이 나기는 쉽지 않으리라 생각한다. 생명의 본질과 관련해서는 충분히 의미 있는 논쟁이다. 하지만 바이러스가 사람의 생명을 위협하는 존재이면서, 또 살리기도 하는 존재로 강력하게 인지되고 있기 때문에 어떤 의미에서는 별 의미 없는 논쟁이기도 하다. 세균은 세포막과 세포벽이 존재하고, 내부에 핵산과 단백질을 갖는 독립된 세포로 이루어져 있어 스스로 물질대사를 하고, 또 스스로 세포분열해서 자손을 만들어 내는 '생명체'다. 반면 바이러스는 유전정보를 전달하는 핵산은 가지고 있지만, 그밖에는 핵산을 담고 있는 단백질 결정이 바이러스 구조의 전부다. 또한 바이러스는 스스로 증식을 할 수 없기 때문에 숙주의 기구를 이용해야만 한다. 그래서 '생명체'라고 부르기에 주저하는 것이다. 크기 면에서도, 무척이나 작은 세균도 있고, 세균만큼 커다란⑴ 바이러스도 발견되곤 하지만, 대체로 세균과 바이러스의 크기는 약 100배가량 차이가 난다. 생물학적 특징으로 보자면 유사점이 거의 없을 정도로 거리가 먼 게 세균과 바이러스인 셈이다.

　이렇게 다르기 때문에 병원체로서의 세균과 바이러스에 대한 대처도 다를 수밖에 없다. 세균에 감염되면 항생제를 써서 치료한다. 물론 1940년대 이후의 대처법이긴 하다. 항생제는 세포벽이나 세포막을 파괴하거나 이들의 생성을 막고, 단백질 합성 구조인 리보솜의 작용을 방해하는 등 세균의 생명 현상을 공격 목표로 한다. 반면 바이러스에 대해서는 바이러스가 숙주 세포의 표면에 부착하거나 침투하지 못하게 하거나, 숙주 세포 내에서 증식할 때 초기 단계를 저해하여 대항한다. 그러니까 항생제는 바이러스에 효과가 없고, 항바이러스제는 세균에 효과가 없다. 결핵에 항바이러스를 써 봤자이듯 독감에 항생제를 쓰는 것은 소용이 없다. 독감 환자가 2차 감염으로 세균에 감염되지 않을까 우려될 때 항생제를 사용하는 경우가 있긴 하지만, 원칙적으로는 거의 소용없다. 이 책은 바이러스가 아닌 세균과 세균학에 관한 이야기다. 딱 한 차례 바이러스에 관해 이야기했다. 세균 감염을 치료하는 바이러스인 박테리오파지에 대해 이야기할 때다. 그렇게 세균에 대한 이야기를 하면서 다음과 같은 생각을 해봤다.

　우리나라를 비롯하여 적지 않은 국가에서 2020년대에 태어난 아이들의 기대수명은 80세가 넘는다. 그렇다면 20세기 초반은 어땠을까? 고작 30대 초중반이었다. 선진국이라 불리던 나라라고 그리 다르지 않았다. 겨우 100년 남짓 만에 갓 태어난 아기들이 살아가리라 예상되는 날이 무려 50년이나 증가했다. 날짜로 따지면 약 2만 일에 가깝고, 시간으로는 40만 시간이 넘는다. 이 40만 시간은 우리 아이들에게 평균적으로 주어진 '추가' 시간이다. 이 40만 시간은 도대체 어떤 의미가 있을까?

그 시간 동안 우리는 슬픔에 눈물 흘리기도 하고, 괴로움에 몸서리 치기도, 고통에 시달릴 수도 있겠지만, 우리가 무엇을 할 수 있을지 꿈을 꾸고, 그 꿈을 실현하기 위해 노력할 수 있다. 좌절도 하겠지만, 남아 있는 시간이 있으므로 다시 일어설 기회도 생길 것이다. 이 시 간은 평균이고, 또 통계적 수치이므로 누구에게나 주어지는 것은 아 니지만, 누구나 꿈꿀 수 있는 시간이다. 이 40만 시간은 우리에게 가 능성의 시간이다.

그렇다면 이 가능성은 어디에서 왔을까? 상하수도 시설을 비롯한 위생학적 발전과 모든 분야의 의학적 성취가 이뤄낸 성과다. 경제 수 준의 발달에 따른 영양 상태의 호전도 한몫했을 것이다. 나는 여기에 세균학의 지식과 발견, 개발이 적지 않게 공헌했다고 본다. 과학 저술 가 스티브 존슨이 《우리는 어떻게 지금까지 살아남았을까》에서 '수 십 억 명의 목숨을 구한 혁신'과 '수억 명의 목숨을 구한 혁신'으로 지 목하고 있는 것들 가운데 화장실/하수도, 백신, 항생제, 염소 소독법, 저온살균법을 비롯한 대부분이 세균학을 포함한 미생물학과 관련이 있다.

항생제는 말할 필요도 없고, 전 세계의 과학자와 의학자를 대상으 로 한 조사에서 20세기의 가장 중요한 보건학적·의학적 혁신으로 지 목되곤 하는 '화장실/하수도'의 경우를 보자. 화장실의 개선, 하수 시 스템의 확립은 먹는 물과 버리는 물의 확실한 구분이라는 기본적인 인식에서 시작되었다. 그런데 그런 인식은 질병이 대기 중에 존재하는 독기에 의한 것이라는 미아즈마miasma설을 극복해야만 했다. 그 일을 해낸 것이 바로 파스퇴르와 코흐의 세균병인론이며, 그들을 이어 많은 질병의 원인균을 밝혀낸 과학자들, 즉 세균학자들이 있었다. 세균에 대한 인식이 보편화된 시점과 인류의 기대수명이 획기적으로 늘어난 데는 분명한 인과 관계가 있다.

나는 세균과 세균학 관련 여러 혁신이 20세기에 많은 사람들의 목숨을 구하고 기대수명을 획기적으로 늘리는 데 아주 큰 공헌을 했다고 생각한다. 세균에 관한 지식과 응용은 인류에게 가능성의 시간을 선사했다.

이 책에서 나는 바로 인류에게 가능성의 시간을 선사한 세균학의 결정적 연구들에 관해 살펴보았다. 처음부터 치료와 같은 실용적 목적을 두고 연구한 경우도 있지만, 아무런 실용적 가치가 없다고 한 칼 우즈의 연구도 있었다. 하지만 칼 우즈의 연구도 단순히 생명체에 대한 우리의 인식을 넓히는 데에 그치지 않았고, 결국은 실질적인 응용으로 이어졌다. 쓸모없는 연구와 가치 있는 연구의 경계가 그리 분명하지 않다는 게 세균학의 역사를 통해서도 드러난다. 그래서 쓸모없어 보이는 연구를 수행하고 있는 모든 연구자들에게 응원의 박수를 보낸다.

이 이야기를 하면서 고독하고, 위대한 '천재'를 이야기하고 싶지는 않았다. 본문에서 편의상 자주 "크레이그 벤터가", "리처드 렌스키가"처럼 연구를 주도한 사람의 이름만을 쓰긴 했다. 하지만 여러분은 읽을 때 마음속으로 "벤터와 그의 동료들은", "렌스키와 렌스키 실험실의 박사후연구원과 대학원생들은", 이렇게 읽어줬으면 한다. 비록 동

세균에서 생명을 보다

료와 연구원, 대학원생의 이름을 모두 언급하지 못했지만(언급한 경우가 없지는 않다), 오즈월드 에이버리의 연구라고 했을 때 에이버리'만'의 연구가 아니라 매클라우드, 맥카티와 함께 한 연구이며, 샤르팡티에와 다우드나의 연구라고 했을 때 그들의 논문에 공저자로 오른 적지 않은 연구자들, 그리고 그들의 연구에 이르기까지 크리스퍼의 발견과 이용에 공헌한 연구자들이 모두 포함된 연구다. 언급한 이들만이 무엇을 했다는 것이 아니라, 그들과 함께 고민하고, 실험하고, 논문을 쓴 많은 공동 연구자들이 있음을 기억해 주었으면 좋겠다.

세상사가 모두 그렇듯 연구도 네트워크가 중요하다. 최근 들어 더더욱 그렇게 되어가고 있다. 인식하던, 그렇지 않던 모든 연구가 다른 연구자의 위대하거나, 혹은 보잘것없는 연구의 토대 위에서 이뤄지고 있다. 그런 의미에서 모든 연구는 공동 연구다. 모쪼록 여기에 소개한 연구자들만이 아니라, 주목받았던 혹은 주목받고 있는 연구자들의 연구에는 그 이전과 이후가 있음을 알아줬으면 한다.

감사의 글 　ACKNOWLEDGEMENT

세 번째 책을 낸다.

　왠지 마음이 몽글몽글하다. 첫 번째, 두 번째 책을 낼 때와는 좀 다른 느낌이다. 이 느낌이 뭔가 싶다. 오래전 마음 한구석에 남겨 두었던, 어떤 숙제를 이제 마저 한 기분이라 그럴까? 써서 남기고 싶었던 이야기를 비로소 풀어내 그런 것일까? 정신없이 달려온 질주 끝에 작은 매듭을 짓는 것 같아서일까? 어찌 되었든 그런 간질간질한 느낌, 부들부들한 느낌으로 이 책이 나오는 광경을 목격하고 있다.

　나름 부지런한 대학생이었지만, 성실한 미생물학과 학생은 아니었다. 책을 쓰면서 나머지 공부를 한다는 생각을 했다. 물론 30년 전에 배웠을 세균학과 지금의 세균학 내용은 비슷하면서, 또 상당히 다르다. 많은 발전이 있었고, 아예 새로운 분야가 만들어지기도 했다. 그럼에도 당시 이미 전설이었던 세균학자들, 그때 벌써 탄탄하게 확립되었던 여러 이론과 실험을 검토하고 공부하며 감탄을 금치 못했다. 건실한 토대 없이 높은 건물을 올릴 수 없다는 깨달음을 얻었다는 말은 너무 구태의연할 테지만, 그래도 할 수밖에 없다. 진실이 그러하니.

이번에도 여러분이 원고 상태의 불완전하고 거친 글을 읽고 소중한 조언을 해주었다. 우선 백진양 씨, 김진영 선생님, 민선기 선생님, 김현우 학생에게 고맙다는 말을 전한다. 쿼럼 센싱과 크리스퍼 관련한 내용을 검토해 준 부산대학교 약대 이준희 교수, 성균관대학교 의대 김대식 교수에게도 감사의 인사를 전한다. 책을 쓰면서 그렇게 되지는 않겠다고 다짐했지만, 어쩔 수 없이 내가 신경을 쓰지 못한 구석이나, 덜 챙긴 이들이 없지는 않을 것이다. 그로 인해 구멍이 생기고, 부담이 있었다면 고개 숙여 미안함과 이해를 구한다.

이번 책은 더더욱 가족의 응원이 컸다. 낯설 수밖에 없는 내용인데도 남편의 책이라며 끝까지 읽어 준 아내 양선이, 책에 관한 소식이 들려올 때마다 관심을 보이고 감탄사를 던지는 딸 은아는 물론, 특별히 시간 내어 본문의 그림을 그려준 아들 민석에게 더할 나위 없이 고맙다.

참고한 책과 글   REFERENCE

들어가며

티머시 브룩(박인균 옮김).《베르메르의 모자》(추수밭)

폴 드 크루이프(이미리나 옮김).《미생물 사냥꾼》(반니)

고관수.《세균과 사람》(사람의무늬)

01 루이 파스퇴르의 생물속생설

르네 뒤보(이재열 옮김).《과학을 향한 끝없는 열정 파스퇴르》(사이언스북스)

존 월러(이미리나 옮김).《왜 하필이면 세균이었을까》(몸과마음)

폴 드 크루이프(이미리나 옮김).《미생물 사냥꾼》(반니)

아르망 마리 르로이(양병찬 옮김).《과학자 아리스토텔레스의 생물학 여행 라군》
  (동아엠앤비)

프랭크 M. 스노든(이미경, 홍수연 옮김).《감염병과 사회》(문학사상)

로널드 L. 넘버스, 코스타스 캄푸러키스(김무준 옮김).《통념과 상식을 거스르는

과학사》(글항아리)

Cavaillon JM, Legout S. Louis Pasteur: Between Myth and Reality. *Biomolecules* 2022;12:596.

Pasteur L. Sur les corpuscules organisés qui existent dans l'atmosphère: Examen de la doctrine des générations spontanées. *Société chimique de Paris*, 1861.

Pasteur L. "On Spontaneous Generation". An address delivered by Louis Pasteur at the 'Sorbonne Scientific Soirée' of April 7, 1864. (Translated in 1993 by Bruno Latour).

02 크레이그 벤터의 인공생명체 합성

크레이그 벤터(노승영 옮김).《게놈의 기적》(추수밭)

크레이그 벤터(김명주 옮김).《인공생명의 탄생》(바다출판사)

존 브록만 엮음(이한음 옮김).《궁극의 생명》(와이즈베리)

Hutchison III CA et al. Design and synthesis of a minimal bacterial genome. *Science* 2016;351:aad6253.

Gibson D et al. Creation of a bacterial cell controlled by a chemically synthesized genome. *Science* 2010;329:52-56.

Pennisi E. Synthetic genome brings new life to bacterium. *Science* 2010;328:958-959.

Callaway E. 'Minimal' cell raises stakes in race to harness synthetic life. *Nature* 2016;531:557-558.

"Life after the synthetic cell". *Nature* 2010;465:422-424. (오철우 번역)

Lartigue C et al. Genome transplantation in bacteria: Changing one species to another. *Science* 2007;317:632-638.

Gibson DG et al. Complete chemical synthesis, assembly, and cloning of a *Mycoplasma genitalium* genome. *Science* 2008;319:1215-1220.

Lartigue C et al. Creating bacterial strains from genomes at have been cloned and engineered in yeast. *Science* 2009;325:1693-1696.

03 로베르트 코흐의 병원균 최초 발견

존 윌러(이미리나 옮김).《왜 하필이면 세균이었을까》(몸과마음)

폴 드 크루이프(이미리나 옮김).《미생물 사냥꾼》(반니)

무하마드 H. 자만(박유진 옮김).《내성 전쟁》(7분의언덕)

대한미생물학회.《의학미생물학(8판)》(범문에듀케이션)

프랭크 M. 스노든(이미경, 홍수연 옮김).《감염병과 사회》(문학사상)

마이어 프리드먼, 제럴드 W. 프리들랜드(여인석 옮김).《의학의 도전》(글항아리)

후나야마 신지(공영태, 나성은 옮김).《독의 발견》(북스힐)

Koch R. Die Ätologie der Milzbrand-Krankheit, begründet auf die Entwicklungsgeschichte des Bacillus Anthracis. *Beiträge zur Biologie der Pflanzen* 1876;2:277–310.

Blevins SM, Bronze MS. Robert Koch and the 'golden age' of bacteriology. *International Journal of Infectious Diseases* 2010;14:e744-0e751.

Sternbach G. The history of anthrax. *Journal of Emergency Medicine* 2003;24(4):463-467.

https://www.nobelprize.org/prizes/medicine/1905/koch/biographical/

04 배리 마셜의 헬리코박터균 발견

브렛 핀레이, 제시카 핀레이(김규원 옮김).《마이크로바이옴, 건강과 노화의 비밀》(파라사이언스)

마틴 블레이저(서자영 옮김).《인간은 왜 세균과 공존해야 하는가》(처음북스)

강석기. '헬리코박터의 두 얼굴'《과학을 취하다 과학에 취하다》(MID)

제임스 르 파누(강병철 옮김).《현대의학의 거의 모든 역사》(알마)

이시 히로유키(서수지 옮김).《한 권으로 읽는 미생물 세계사》(사람과나무사이)

Marshall BJ, Warren JR. Unidentified curved bacilli in the stomach of patients with gastritis and peptic ulceration. *The Lancet* 1984;323:1311-1315.

Warren JR, Marshall BJ. Unidentified curved bacilli on gastric epithelium in active chronic gastritis. *The Lancet* 1983;321:1273-1275.

La Scola B et al. Description of *Tropheryma whipplei* gen. nov., sp. nov., the Whipple's disease bacillus. *International Journal of Systematic and Evolutionary Microbiology* 2001: 51(4): 1471–1479.

https://www.nobelprize.org/prizes/medicine/2005/marshall/biographical/

Lim JH et al. Inverse relationship between *Helicobacter pylori* infection and asthma among adults younger than 40 years: a cross-sectional study. *Medicine* 2016;95(8):e2609.

Amedei A et al. The effect of *Helicobacter pylori* on asthma and allergy. *Journal of Asthma and Allergy* 2010;3:139-147.

05 알렉산더 플레밍의 페니실린 발견

데이비드 윌슨(장영태 옮김).《페니실린을 찾아서》(전파과학사)

앨런 라이트먼(박미용 옮김).《과학의 천재들》(다산초당)

무하마드 H. 자만(박유진 옮김).《내성 전쟁》(7분의언덕)

제임스 르 파누(강병철 옮김).《현대의학의 거의 모든 역사》(알마)

맷 매카시(김미정 옮김).《슈퍼버그》(흐름출판)

스티브 존슨(강주헌 옮김).《우리는 어떻게 지금까지 살아남았을까》(한국경제신문)

도널드 커시, 오기 오거스(고호관 옮김).《인류의 운명을 바꾼 약의 탐험가들》(세종)

Bud R. *Penicillin: Triumph and Tragedy* (Oxford University Press)

Fleming A. On the Antibacterial Action of Cultures of a *Penicillium*, with Special Reference to their Use in the Isolation of *B. influenzae. British Journal of Experimental Pathology* 1929;10(3):226-235.

Spink WW. Staphylococcal infections and the problem of antibiotic-resistant staphylococci. *AMA Archives of Internal Medicine* 1954;94(2):167-196.

06 킴 루이스의 테익소박틴과 프레더릭 트워트의 파지 요법

D'Cost VM et al. Antibiotic resistance is ancient. *Nature* 2011;477:457-461.

Ling LL et al. A new antibiotic kills pathogens without detectable resistance. *Nature* 2015;517:455-459.

Wright G. An irresistible newcomer. *Nature* 2015;517;442-333.

Lewis K. Recover the lost art of drug discovery. *Nature* 2012;485439–440.

Shukla R et al. Teixobactin kills bacteria by a two-pronged attack on the cell envelope. *Nature* 2022;608:390-396.

"National Action Plan for Combating Antibiotic-Resistant Bacteria". The White House. 2015.

Imain Y et al. A new antibiotic selectively kills Gram-negative pathogens. *Nature* 2019;576:459-464.

무하마드 H. 자만(박유진 옮김).《내성 전쟁》(7분의언덕)

칼 짐머(이한음 옮김).《바이러스 행성》(위즈덤하우스)

이마노우치 가즈야(오시연 옮김).《조용한 공포로 다가온 바이러스》(하이픈)

강석기. '생물권의 암흑물질 박테리오파지를 주목하라'《동아사이언스》(2015년 11월)

Duckworth DH. "Who Discovered Bacteriophage?" *Bacteriological Reviews* 1976;40(4):793-802.

Obituaries. "Prof. Felix d'Herelle". *Nature* 1949;163:984-985.

Fildes PG. Frederick William Twort, 1877-1950. *Obituary Notice Fellows of Royal Society* 1951;7:504-517.

Lu TK, Collins JJ. Dispersing biofilms with engineered enzymatic bacteriophage. *Proceedings of the National Academy of Sciences of the United States of America* 2007;104(27):11197-11202.

Altamirano FLG, Barr JJ. Phage therapy in the postantibiotic era. *Clinical*

세균에서 생명을 보다

Microbiology Reviews 2019;32(2):e00066-18.

Smith HW, Huggins MB. Successful treatment of experimental *Escherichia coli* infections in mice using phages: its general superiority over antibiotics. *Journal of General Microbiology* 1982; 128(2): 307-318.

07 한스 크리스티안 그람의 세균 염색법

Gram HC. "Über die isolierte Färbung der Schizomyceten in Schnitt- und Trockenpräparaten". *Fortschritte der Medizin* (in German). 1884; 2:185–189. An English translation is in Brock TD (1999). *Milestones in Microbiology 1546–1940* (2nd ed.). ASM Press. pp. 215–218. "The differential staining of Schizomycetes in tissue sections and in dried preparations".

Silhavy TJ. Classic Spotlight: Gram-Negative Bacteria Have Two Membranes. *Journal of Bacteriology* 2016;198:201.

Hardy J. Gram's Serendipitous Stain. 2016.

Madani K. Dr. Hans Christian Jaochim Gram: Inventor of the Gram stain. *Primary Care Update for OB/CYNS* 2003;10(5):235-237.

08 칼 우즈의 고세균 발견

데이비드 쾀멘(이미경, 김태완 옮김).《진화를 묻다》(프리렉)

강석기.《사이언스 소믈리에》(MID)

강석기.《생명과학의 기원을 찾아서》(MID)

Woese CR, Fox GE. Phylogenetic structure of the prokaryotic domain: The primary kingdoms. *Proceedings of the National Academy of Sciences of the United States of America* 1977;74:5088-5090.

Woese CR, Kandler O, Wheels ML. Towards a natural system of organisms: Proposals for the domains Archaea, Bacteria, and Eucarya. *Proceedings of the National Academy of Sciences of the United States of America* 1990;87:4576-

4579.

Woese CR. Q&A Carl R. Woese [interview]. *Current Biology* 2005;15
(4):R111-R112.

"Scientists Discover a Form of Life That Predates Higher Organisms" *The New
York Times* November 3, 1977.

Prashant N. Woese and Fox: Life, rearranged. *Proceedings of the National Academy
of Sciences of the United States of America* 2012; 109(4): 1019–1021.

Bult CJ et al. Complete genome sequence of the methanogenic archaeon,
Methanococcus jannaschii. Science 1996;273(5278):1058-1073.

Kyrpides NC et al. Methanococcus jannaschii genome: revisited. *Microb Comp
Genomics* 1996;1(4):329-38.

09 오즈월드 에이버리의 형질전환 실험

미셸 모랑쥬(강광일, 이정희, 이병훈 옮김).《실험과 사유의 역사 분자생물학》(몸
과마음)

매튜 코브(한국유전학회 옮김).《생명의 위대한 비밀》(라이프사이언스)

후쿠오카 신이치(김소연 옮김).《생물과 무생물 사이》(은행나무)

하워드 마르켈(이윤지 옮김).《생명의 비밀》(늘봄)

존 M. 베리(이한음 옮김).《그레이트 인플루엔자》(해리북스)

싯다르타 무케르지(이한음 옮김).《유전자의 내밀한 역사》(까치)

앙드레 피쇼(이정희 옮김).《유전자 개념의 역사》(나남)

Avery OT, MacLeod CM, McCarty M. Studies on the chemical nature of
the substance inducing transformation of pneumococcal types. Induction
of transformation by a desoxyribosenucleic acid fraction isolated from
pneumococcus type III. *Journal of Experimental Medicine* 1944;79:137–158.

Matthew Cobb. Oswald Avery, DNA, and the transformation of biology. *Current
Biology* 2014; 24(2): R55-R60.

Dubos RJ. Oswald Theodore Avery, 1877-1955. *Biographical Memoirs of Fellows of the Royal Society* 1956; 2(2): 35-48.

Hershey AD, Chase M. Independent functions of viral protein and nucleic acid in growth of bacteriophage. J*ournal of General Physiology* 1952;36(1):39-56.

Wyatt HV. How history has blended. *Nature* 1974; 249: 803-805.

10 프랑수아 자코브와 자크 모노의 오페론 발견

미셸 모랑쥬(강광일, 이정희, 이병훈 옮김).《실험과 사유의 역사 분자생물학》(몸과마음)

싯다르타 무케르지(이한음 옮김).《유전자의 내밀한 역사》(까치)

매튜 코브(한국유전학회 옮김).《생명의 위대한 비밀》(라이프사이언스)

프랑수아 자콥(이정희 옮김).《파리, 생쥐, 그리고 인간》(궁리출판)

프랑수아 자콥(박재환 옮김).《내 마음의 초상》(맑은소리)

프랑수아 자콥(이정우 옮김).《생명의 논리, 유전의 역사》(민음사)

자크 모노(김진욱 옮김).《우연과 필연》(범우사)

에른스트 페터 피셔(전대호 옮김).《밤을 가로질러》(해나무)

강석기. '분자생물학의 거성(巨星) 떨어지다'《과학동아》(2013년 5월 7일).

Jacob F, Monod J. Genetic regulatory mechanisms in the synthesis of proteins. *Journal of Molecular Biology* 1961; 3: 318-356.

Jacob F et al. The operon: a group of genes whose expression is coordinated by an operator. *Comptes rendus hebdomadaires des séances de l'Académie des sciences* 1960; 250: 1727-1729 (English translation by Edward A. Adelberg).

Pardee AB, Jacob F, Monod J. The genetic control and cytoplasmic expression of "Inducibility" in the synthesis of β-galactosidase by *E. coli. Journal of Molecular Biology* 1959; 1: 165-178.

Jacob F. The birth of the operon. *Science* 2011; 332: 767.

Morange M François Jacob (1920-2013). *Nature* 2013; 497: 440.

Shapiro L, Losick R. François Jacob (1920-2013). *Science* 2013; 340: 939.

Ullmannj A. In Memoriam: Jacques Monod (1910-1976). *Genome Biology and Evolution* 2011;3:1025-1033.

Stanier RY. Obituary: Jacques Monod, 1910-1976. *Journal of General Microbiology* 1977; 101: 1-12.

11 조슈아 레더버그의 대장균 접합 현상 발견

미셸 모랑쥬(강광일, 이정희, 이병훈 옮김),《실험과 사유의 역사 분자생물학》(몸 과마음)

데이비드 쾀멘(이미경, 김태완 옮김),《진화를 묻다》(프리렉)

매튜 코브(한국유전학회 옮김),《생명의 위대한 비밀》(라이프사이언스)

이성규,《20가지 재미있는 노벨상 이야기》(두리반)

무하마드 H. 자만(박유진 옮김),《내성 전쟁》(7분의언덕)

칼 짐머(전광수 옮김),《마이크로코즘》(21세기북스)

Lederberg J, Tatum EL. Gene recombination in *Escherichia coli*. *Nature* 1946;158:558.

Lederberg J, Tatum EL. Novel genotypes in mixed cultures of biochemical mutants of bacteria. *Cold Spring Harbor Symposia on Quantitative Biology* 1946;11:113-114.

National Library of Medicine – Profiles in Science. "Joshua Lederberg: Biographical Overview". https://profiles.nlm.nih.gov/spotlight/bb/feature/ biographical

Doolittle WF. Phylogenetic classification and the universal tree. *Science* 1999;284(5423):2124-2128.

"Resistant Bacteria Pose A New Danger" *The New York Times.* October 18, 1970

"The Surprising Way Drugs Become Useless Against Bacteria" *National Geographic* September 2018.

Yong D et al. Characterization of a new metallo-beta-lactamase gene, bla (NDM-1), and a novel erythromycin esterase gene carried on a unique genetic structure in *Klebsiella pneumoniae* sequence type 14 from India. *Antimicrob Agents Chemother* 2009;53(12):5046-5054.

12 리처드 렌스키의 대장균 장기 진화 실험

리처드 도킨스(김명남 옮김).《지상 최대의 쇼》(김영사)

제리 코인(김명남 옮김).《지울 수 없는 흔적》(을유문화사)

칼 짐머(전광수 옮김).《마이크로코즘》(21세기북스)

이일하.《이일하 교수의 생물학 산책》(궁리)

이대한.《인간은 왜 인간이고 초파리는 왜 초파리인가》(바다출판사)

Lenski RE. Revisiting the design of the long-term evolution experiment with *Escherichia coli*. *Journal of Molecular Evolution* 2023. https://doi.org/10.1007/s00239-023-10095-3.

Lenski RE. Convergence and divergence in a long-term experiment with bacteria. *American Naturalist* 2017;190:S57–S68.

Barrick JE et al. Genome evolution and adaptation in a long-term experiment with *Escherichia coli*. *Nature* 2009;461:1243-1247.

Blount ZD et al. Genomic analysis of a key innovation in an experimental *Escherichia coli* population. *Nature* 2012;489:513-520.

"Legendary bacterial evolution experiment enters new era." *Nature* 2022;606:634-635 (23 June 2022).

13 케리 멀리스의 PCR 개발과 토머스 브록의 호열성 세균 발견

미셸 모랑쥬(강광일, 이정희, 이병훈 옮김).《실험과 사유의 역사 분자생물학》(몸과마음)

매튜 코브(한국유전학회 옮김).《생명의 위대한 비밀》(라이프사이언스)

후쿠오카 신이치(김소연 옮김).《생물과 무생물 사이》(은행나무)

남궁석. '돈 되는 기술의 원천을 찾아서: PCR 이야기'. https://madscientist.
wordpress.com/2016/09/28/

Perkel JM. PCR: Past, Present, & Future. *The Scientist*, 2013.

Saiki RK et al. Enzymatic amplification of β-globin genomic sequences
and restriction site analysis for diagnosis of sickle cell anemia. *Science*
1985;230:1350-1354.

Mullis K et al. Specific enzymatic amplification of DNA in vitro: the polymerase
chain reaction. *Cold Spring Harbor Symposia on Quantitative Biology*
1986;51:263-273.

Saiki RK et al. Primer-directed enzymatic amplification of DNA with a
thermostable DNA polymerase. *Science* 1988;239:487-491.

Chien A, Degar DB, Trela JM. Deoxyrebinucleic acid polymerase from the
extreme thermophile *Thermus aquaticus. Journal of Bacteriology* 1976;127:1550-
1557.

Brock TD, Freeze H. *Thermus aquaticus* gen. n. and sp. no., a non-sporulating
extreme thermophile. *Journal of Bacteriology* 1969;98:289-297.

"Thomas Brock, Whose Discovery Paved the Way for PCR Tests, Dies at 94" *The
New York Times.* April 22, 2021

14 해밀턴 스미스의 제한효소와 제니퍼 다우드나와
에마뉘엘 샤르팡티에의 크리스퍼

미셸 모랑쥬(강광일, 이정희, 이병훈 옮김).《실험과 사유의 역사 분자생물학》(몸
과마음)

Arber W, Dussoix D. Host specificity of DNA produced by *Escherichia coli*: I.
Host controlled modification of bacteriophage λ. *Journal of Molecular Biology*
1962;5(1):18-36.

Meselson M, Yuan R. DNA restriction enzyme from *E. coli*. *Nature* 1968;217:1110-1114.

Smith HO, Wilcox KW. A restriction enzyme from *Hemophilus influenzae*. I. Purification and general properties. *Journal of Molecular Biology*, 1970;51:379-391.

Dana KJ, Nathans D. Specific cleavage of simian virus 40 DNA by restriction endonuclease of *Hemophilus influenzae*. *Proceedings of the National Academy of Sciences of the United States of America* 1971;68(12):2913-1917.

김홍표.《김홍표의 크리스퍼 혁명》(동아시아)

월터 아이작슨(조은영 옮김).《코드 브레이커》(웅진지식하우스)

강석기. '바이러스의 창 막는 박테리아의 방패'《동아사이언스》(2020년 10월 13일) https://www.dongascience.com/news.php?idx=40567

Jinek M. A programmable dual-RNA-guided DNA endonuclease in adaptive bacterial immunity. *Science* 2012;337;816-821.

Lander ES. The Heroes of CRISPR. *Cell* 2016;164:18-28.

Ishino Y et al. Nucleotide sequence of the *iap* gene, responsible for alkaline phosphatase isozyme conversion in *Escherichia coli*, and identification of the gene product. *Journal of Bacteriology* 1987;169(12):5429-5433.

Mojica FJM et al. Transcription at different salinities of *Haloferax* mediterranei sequences adjacent to partially modified PstI sites. *Molecular Microbiology* 1993;9(3):613-621.

Jansen R et al. Identification of genes that are associated with DNA repeats in prokaryotes. *Molecular Microbiology* 2002;43(6):1565-1575.

15 우들런드 헤이스팅스의 쿼럼 센싱

한국미생물학회.《미생물학》(범문에듀케이션)

김혜성.《미생물과의 공존: 내 안의 우주》(파라사이언스)

에드 용(양병찬 옮김).《내 속엔 미생물이 너무도 많아》(어크로스)

이미애, 이규호. 개체군 밀도 인식을 통한 세균의 상호 신호전달 과정의 특징. *J. Environ. Sci. Eng.* 2005;7:19-27.

Nealson KH, Platt T, Hastings JW. Cellular control of the synthesis and activity of the bacterial luminescent system. *Journal of Bacteriology* 1970;104(1):313-322.

Turovskiy Y et al. Quorum sensing: fact, fiction, and everything in between. *Adv. Appl. Microbiol.* 2007;62:191-234.

Miller MB, Bassler BL. Quorum sensing in bacteria. *Annual Review of Microbiology* 2001;55:165-99.

Greenberg EP, Nealson KH, Johnson CH. Woody Hastings: 65 years of fun. *Proceedings of the National Academy of Sciences of the United States of America* 2014;111(42):14964-14965.

Davis TH. Biography of E.P. Greenberg. *Proceedings of the National Academy of Sciences of the United States of America* 2004;101(45):15830-15832.

"Michael Silverman and Bonnie Bassler win 2021 Paul Ehrlich and Ludwig Darmstaedter Prize" EurekAlert!. January 27, 2021.

Parsek MR, Greenberg EP. Sociomicrobiology: the connections between quorum sensing and biofilms. *Trends in Microbiology* 2005;13(1):27-33.

16 제프리 고든의 마이크로바이옴 연구

데이비드 쾀멘(이미경, 김태완 옮김).《진화를 묻다》(프리렉)

에드 용(양병찬 옮김).《내 속엔 미생물이 너무도 많아》(어크로스)

앨러나 콜렌(조은영 옮김).《10% 인간》(시공사)

브렛 핀레이, 제시카 핀레이(김규원 옮김).《마이크로바이옴, 건강과 노화의 비밀》(파라사이언스)

빌 설리번(김성훈 옮김).《나를 나답게 만드는 것들》(브론스테인)

캐슬린 매콜리프(김성훈 옮김).《숙주 인간》(이와우)

루바 비칸스키(제효영 옮김).《메치니코프와 면역》(동아엠앤비)

김혜성.《미생물과의 공존》(파라사이언스)

Goins J. "Microbiomes: An origin story". ASM (American Society for Microbiology) Web Sites (March 8, 2019).

"Milestones in human microbiota research" *Nature* (June 18, 2019)

Turnbaugh PJ et al. An obesity-associated gut microbiome with increased capacity for energy harvest. *Nature* 2006;444:1027-1031.

Shin NR et al. An increase in the *Akkermansia* sp. population induced by metformin treatment improves glucose homeostasis in diet-induced obese mice. *Gut* 2014;63(5):727-735.

나가며

스티브 존슨(강주헌 옮김).《우리는 어떻게 지금까지 살아남았을까》(한국경제신문)

그림 출처　　　　　CREDIT

INDEX

찾아보기

세균에서 생명을 보다

세균에서 생명을 보다

세균에서 생명을 보다

생물학의 미래를 보여준 세균학의 결정적 연구들

지은이 고관수

1판 1쇄 발행 2024년 1월 30일
1판 2쇄 발행 2024년 5월 20일

펴낸곳 계단
출판등록 제25100-2011-283호
주소 (04085) 서울시 마포구 토정로4길 40-10, 2층
전화 070-4533-7064
팩스 02-6280-7342
이메일 paper.stairs1@gmail.com
페이스북 facebook.com/gyedanbooks

값은 뒤표지에 있습니다.
ISBN 978-89-98243-29-6 03470